Aufbau und Eigenschaften der Materie im Mikro- und Makrokosmos

von

Friedrich Klages

Mit 52 Abbildungen und 13 Tabellen

1979

Walter de Gruyter · Berlin · New York

SAMMLUNG GÖSCHEN 2618

Dr. *Friedrich Klages*
Professor für Organische Chemie i. R. an der Universität München

CIP-Kurztitelaufnahme der Deutschen Bibliothek

Klages, Friedrich
Aufbau und Eigenschaften der Materie im Mikro- und Makrokosmos / von Friedrich Klages. – Berlin, New York: de Gruyter, 1979.
(Sammlung Göschen; Bd. 2618)
ISBN 3-11-007382-X)

Satz und Druck: Saladruck, 1000 Berlin 36 – Bindearbeiten: Berliner Buchbinderei Wübben & Co., 1000 Berlin 42

Vorbemerkung

Bis zum ausgehenden 19. Jahrhundert beschränkte sich unser Wissen von der Struktur der Materie auf die Erkenntnis, daß sämtliche bekannten Stoffe aus Atomen und Molekülen, also aus kleinsten Materieteilchen, aufgebaut sind und daß bei jedem Versuch, diese Teilchen weiter zu zerlegen, das uns gewohnte Bild von der Materie mehr oder weniger weitgehend verschwindet. Dagegen wußte man damals noch sehr wenig über die physikalischen Gesetze, nach denen der Zusammenschluß der Atome und Moleküle zu den makroskopisch sichtbaren Substanzen vor sich geht und wie infolgedessen das uns geläufige Erscheinungsbild der Materie zustande kommt.

Erst im 20. Jahrhundert trat hier ein grundlegender Wandel ein. Abgesehen davon, daß bereits der Atom- und Molekülbegriff geringfügig variiert werden mußte, gewann man sehr bald die wichtige neue Erkenntnis, daß diese Bausteine nur noch hinsichtlich ihrer chemischen Zusammensetzung mit den uns geläufigen makroskopischen Stoffen verglichen werden können, d. h., daß nicht die Existenz von Einzelatomen bzw. Einzelmolekülen an sich, sondern das Zusammenwirken einer Vielzahl von ihnen für das äußere Erscheinungsbild der Materie maßgebend ist.

Für eine Ableitung der physikalischen Materieeigenschaften benötigt man deswegen außer dem Nachweis der bloßen Existenz von Atomen und Molekülen in erster Linie eine genaue Kenntnis aller Kräfte und sonstigen Beziehungen, die zwischen diesen Bausteinen auftreten können. Erst nachdem die moderne Atom- und Molekülphysik diese Kräfte weitgehend aufgeklärt hatte, war daher eine Deutung des Zustandekommens der makroskopischen Materieeigenschaften möglich.

Im vorliegenden Buch soll einem etwas breiteren Kreis naturwissenschaftlich interessierter Leser gezeigt werden, in welch hohem Ausmaß man heute schon das typische Erscheinungsbild der verschiedensten irdischen Materiearten auf nur einige wenige, physikalisch genau bekannte zwischenatomere Effekte zurückführen kann. Darüber hinaus wird ausgeführt, wie diese unter den Bedingungen der Erdoberfläche „normal“ wirkende Materie bei Änderung allein der physikalischen Umweltbedingungen eine mehr oder weniger tiefgehende Umwandlung erfährt, so daß man in Extremfällen direkt von einer „entarteten Materie“ spricht.

Den Herren Prof. Dr. E. Wiberg (†), München, und Prof. Dr. F. Liebau, Kiel, bin ich für wertvolle Hinweise auf den Gebieten der Anorganischen Chemie bzw. der Silikatchemie zu großem Dank verpflichtet.

München, im Juli 1978

Friedrich Klages

Inhalt

1. Einführung

Bei oberflächlicher Betrachtung erscheinen uns die verschiedenen Stoffe unserer Umgebung wie kontinuierliche Massen. Selbst im Mikroskop sind keinerlei in die Augen fallenden Merkmale vorhanden, die ihren Aufbau aus kleinen, durch leere Räume voneinander getrennten Partikelchen erkennen lassen. Trotzdem stellte der griechische Philosoph Demokrit schon um das Jahr 400 v. Chr. eine derartige Hypothese auf, und schon damals nannte er diese kleinsten Materieteilchen *Atome* (von griech. ατομος, etwa = das Unteilbare). Später geriet diese ältere Atomtheorie allerdings wieder in Vergessenheit, um erst gegen Ende des 18. Jahrhunderts neu aufzuleben. Nur mit Hilfe dieser Atomvorstellung ließ sich damals eine Reihe grundlegender Beobachtungen auf dem Gebiete der Chemie befriedigend erklären, so daß die neue Atomlehre bald die Grundlage der chemischen Wissenschaft überhaupt wurde. Der Chemiker ist es also gewesen, der erstmals die atomare Natur der Materie richtig erkannt und einwandfrei nachgewiesen hatte.

Auch die Weiterentwicklung der Atomlehre ging zunächst nur vom Chemiker aus. Hier ist vor allem die Entwicklung des Molekülbegriffs erwähnenswert. Man wußte schon seit etwa 1700, daß eine Reihe von nicht mehr zerlegbaren Grundstoffen, die sog. *chemischen Elemente*, die Baustoffe sämtlicher auf der Erde vorkommender Materiearten darstellen, und daß sich in der Mehrzahl der Fälle mehrere derartige Elemente zu sogenannten *chemischen Verbindungen* vereinigen. Danach konnten die Atome nur die kleinsten Teilchen von Elementen sein, und es fragte sich, wie die Elementatome zu den chemischen Verbindungen zusammengeschlossen werden.

Hier lag die Annahme nahe, daß auch die chemischen Verbindungen aus kleinsten Teilchen aufgebaut sind, die sich ohne Zerstörung der betreffenden Substanz nicht mehr weiter zerlegen lassen. Jedoch sind diese kleinsten Verbindungsteilchen keine einzelnen Atome mehr, sondern aus mehreren Atomen – und zwar von jeweils mindestens einem Atom sämtlicher am Aufbau der Verbindung beteiligten Elemente – zusammengesetzte Gebilde höherer Ordnung, für die der Name *Molekül* oder *Molekel* (von lat. *molecula* = kleine Masse) geprägt wurde. So besteht etwa das Molekül der Wasserstoff-Sauerstoff-Verbindung Wasser aus zwei Wasserstoffatomen und einem Sauerstoffatom und kann nur noch in die nicht mehr wasserähnlichen Einzelatome der Elemente Wasserstoff und Sauerstoff zerlegt werden.

Diese erweiterte Vorstellung des Aufbaus der Materie unserer Umwelt aus Atomen und Molekülen fand bald allgemeine Zustimmung, so daß sie schon vor der letzten Jahrhundertwende in jeder Schule als gesicherte wissenschaftliche Erkenntnis gelehrt wurde.

Die *Leistung des Chemikers* bei der Aufstellung dieser modernen Atomlehre muß um so höher bewertet werden, als es sich nur um einen „Indizienbeweis" gehandelt hat. Niemals war es vor 1900 möglich, die Atome und Moleküle selbst „in die Hand zu nehmen" und zu untersuchen, d. h. irgendwelche von den einzelnen Teilchen ausgelöste Effekte nachzuweisen. Unser Wissen beschränkte sich vielmehr bloß auf die Tatsache, daß die Materie aus Atomen und Molekülen aufgebaut ist, und daß diese Partikelchen sehr klein sind, denn sonst wären sie unter dem Mikroskop erkennbar. Aber ob ein Likörglas voll Wasser (ca. 30 ml) 1 Million, 1 Milliarde, eine Billion oder gar 1 Billion × 1 Billion Wassermoleküle enthält – erst der letztere Wert trifft annähernd zu! – konnte der Chemiker allein mit den ihm zur Verfügung stehenden Mitteln nicht entscheiden. Er war daher gezwungen, alle von ihm gewonnenen und, wie sich später herausstellte, auch durchaus richtigen (!) Erkenntnisse über den Aufbau der Materie aus Atomen und Molekülen indirekt aus dem Verhalten einer sehr großen Anzahl dieser kleinsten Partikelchen abzuleiten.

Trotz dieser großen Erfolge versagte die vom Chemiker aufgestellte Atomlehre aber vollständig bei dem Versuch, etwas über den äußeren Habitus der verschiedenen Materiearten auszusagen. Warum ist Stickstoff trotz des relativ hohen Molekulargewichts von 28 eine bei – 196 °C siedende gasförmige Substanz, während das wesentlich leichtere Wasser (Molekulargewicht 18) die um nahezu 300° höhere Siedetemperatur von + 100 °C aufweist? Warum unterscheiden sich Quarz und Stahl bei vergleichbarer Siedetemperatur und Härte (also offenbar ähnlich starken zwischenatomaren Kräften) so grundlegend in den optischen (Quarz ist durchsichtig, Stahl absolut undurchsichtig) und elektrischen (Quarz ist ein Isolator, Stahl als Metall ein guter Leiter des elektrischen Stroms) Eigenschaften? Warum ist Kautschuk (als Polyisopren) im Gegensatz zum chemisch sehr ähnlichen Kunststoff Polyäthylen hochelastisch?

Wie wenig man diese und ähnliche Fragen mit Hilfe der Tatsache allein beantworten kann, daß alle Materiearten aus Atomen und Molekülen aufgebaut sind, geht sehr anschaulich aus dem folgenden Vergleich der Elemente *Helium* und *Kohlenstoff* (letzterer in Form des kristallinen Diamanten) hervor. Beide Stoffe lassen sich ohne Auftreten definierter Zwischenstufen – d. h. insbesondere, ohne daß in beiden Substanzen ein engerer Zusammenschluß einiger weniger Atome zu abgeschlossenen kleinen Molekülen erkennbar ist – bis herab zu den freien Atomen aufteilen. Sie weisen somit bis zu einem gewissen Grade ein ähnliches Bauprinzip auf.

Und doch, wie verschieden sind ihre Eigenschaften! Helium ist die bei weitem am niedrigsten siedende Substanz, die wir kennen, weil die zwischen den Heliumatomen auftretenden Anziehungskräfte so gering sind, daß die kinetische Energie der Atome schon beim Siedepunkt von – 269 °C ausreicht, um diese Anziehungskräfte zu überwinden und das Helium verdampfen zu lassen. Demgegenüber gehört der Kohlenstoff mit einer Verdampfungstemperatur von 3370 °C zu den höchstsiedenden Stoffen der Erdoberfläche. Die Kohlenstoffatome müssen im Diamanten im Gegensatz zu den Heliumatomen im flüssigen oder kristallisierten Helium also außerordentlich fest miteinander verknüpft sein.

Dieses eine Beispiel gibt bereits den Schlüssel für die Beantwortung der oben gestellten Frage. Die Tatsache, daß die Materie aus Atomen und Molekülen aufgebaut ist, vermag für sich allein nur eine Reihe von *chemischen Gesetzmäßigkeiten* aufzuklären. Sie sagt aber nicht das Geringste über das *physikalische Erscheinungsbild* der Materie aus. Hierfür maßgebend sind vielmehr in erster Linie die zwischen den Atomen und Molekülen auftretenden Anziehungskräfte und sonstigen physikalischen Effekte, die zu erforschen der Chemiker mit der von ihm allein durchführbaren Untersuchung einer stets sehr großen Zahl von kleinsten Materieteilchen nicht in der Lage ist.

Die Aufklärung des Zustandekommens der (nicht-chemischen) Substanzeigenschaften ist vielmehr ein *physikalisches Problem* und gehört damit in den Aufgabenbereich der erst nach der Jahrhundertwende entwickelten neuen Teildisziplin der *Atom-* und *Molekülphysik*. Diese hat jedoch in der Zwischenzeit derartige Fortschritte gemacht, daß es heute ohne Schwierigkeiten möglich ist, die wesentlichen Eigenschaften aller bekannten Materiearten als Folge der verschiedenen zwischenatomaren Kräfte abzuleiten. Es ist die Aufgabe des vorliegenden Buches, diese Zusammenhänge zwischen Aufbau und Eigenschaften der Materie einem größeren Leserkreis verständlich zu machen.

Dieser Problemstellung entsprechend werden wir uns zunächst im Teil I mit dem *Atomaufbau* und den sich sekundär aus diesem ergebenden *zwischenatomaren Beziehungen* beschäftigen müssen, ehe im Teil II das Zustandekommen der einzelnen *Materieeigenschaften* beschrieben werden kann. Im Teil III folgen schließlich die aus dem Zusammenwirken aller Materiearten resultierenden charakteristischen Eigenschaften unserer *Umwelt* an der Erdoberfläche sowie im Vergleich dazu die bereits stark abweichenden Eigenschaften der *inner-* und *außerirdischen Welten.*

Teil I Die Atome und die zwischen ihnen auftretenden Kräfte

2. Die Natur der Atome

2.1 Die Atome als kleinste Materieteilchen

Wie in der Einführung gezeigt wurde, sind die Atome zweifellos charakteristische Bausteine der Materie. Aber sind sie auch die *kleinsten Materieteilchen?*

Diese Frage muß gleichzeitig bejaht und verneint werden. Wenden wir uns zunächst den Gegenargumenten zu. Die große Zahl von (heute) mehr als 100 bekannten Elementen (bzw. bei Berücksichtigung aller Isotope sogar von nahezu 300 verschiedenen Atomarten) legte schon frühzeitig den Gedanken nahe, daß die Atome nicht die kleinsten Teile dieser Elemente darstellen, sondern sich ihrerseits aus gewissen Urbausteinen – heute spricht man allgemein von *Elementarteilchen* – zusammensetzen.

Diese Vermutung hat sich weitgehend bestätigt. Spätestens im Jahre 1913, als Niels Bohr seine bekannte Theorie vom Aufbau der Atome aufstellte, wußte man, daß die Atome jeweils aus einem elektropositiv geladenen *Atomkern* und einer diesen Kern umgebenden Schar von elektronegativ geladenen *Elektronen*, der sog. *Atomhülle*, bestehen. Ferner stellte sich später heraus, daß nur der Kern des Wasserstoffatoms ein selbständiges Elementarteilchen ist, das deswegen den eigenen Namen *Proton* (von griech. πρωτον = das erste [Teilchen]) erhalten hat. Sämtliche höheren Atomkerne bauen sich dagegen aus einer mehr oder weniger großen Zahl derartiger Protonen und eines weiteren Elementarteilchens, des elektrisch ungeladenen *Neutrons* auf.

Danach sind die Atome nicht mehr unteilbar, wie der Name Atome sagt (s. oben), sondern ihrerseits aus noch kleineren Teilchen zusammengesetzt. Diese Erkenntnis bringt den großen Vorteil mit sich, daß als Bauelemente der Materie nunmehr nicht mehr ca. 300 verschiedene Atomarten, sondern nur noch drei verschiedene Elementarteilchen[1] in Betracht gezogen werden müssen. Unsere Vorstellungen vom Wesen der Materie haben dadurch eine wesentliche Vereinfachung erfahren.

Wenn man die Atome trotzdem auch heute noch mit einem gewissen Recht als *kleinste Materieteilchen* bezeichnet, so geschieht dies hauptsächlich aus dem Grunde, weil die Elementarteilchen in ihren Eigenschaften schon weitgehend von den uns geläufigen Stoffen der Erdoberfläche abweichen.

Während sich z. B. an keiner Stelle, an der sich ein normales *Materieteilchen* (bis herab zum Atom) befindet, ein anderes aufhalten kann, können sich sämtliche *Elementarteilchen*, also *Elektronen, Protonen, Neutronen* und selbst schwerere *Atomkerne*, bei größeren Fluggeschwindigkeiten nicht nur gegenseitig durchdringen, sondern sich bei geeigneter Überlagerung auch gegenseitig durch *Interferenz* auslöschen. Sie stellen damit von diesem Gesichtspunkt aus überhaupt *keine Materie* im üblichen Sinne mehr dar, sondern schnell schwingende *physikalische Kraftfelder*, die man viel eher mit den elektromagnetischen Wellen vergleichen sollte. Ja, diese Wellennatur der Elektronen (und nicht ihr Teilchencharakter) stellt, wie wir in 2.2.2 sehen werden, heute bereits die Grundlage der modernen Atom- und Molekülphysik dar.

Für die in diesem Buch hauptsächlich interessierende irdische Materie ist noch ein anderer Punkt von maßgebender Bedeutung: Die beim Zusammenschluß der Elementarteilchen zu den Atomen freigesetzten Energiebeträge sind so ungeheuer groß, daß die Elementarteilchen unter den physikalischen Bedingungen der Erdoberfläche überhaupt nicht in größeren Mengen frei auftreten können, sondern sich schon lange vor Entstehung der Erde zu den seither

[1] Neben den Protonen, Neutronen und Elektronen hat man in neuerer Zeit eine Reihe weiterer Elementarteilchen entdeckt (z. B. die *Mesonen, Neutrinos, Neutrettos* usw.), die aus den ersteren bei starker Energieeinwirkung entstehen und sich von ihnen vor allem durch ihren hohen Energieinhalt unterscheiden. Diese energiereichen Elementarteilchen spielen für den Aufbau der ruhenden Atome und damit der Materie unserer Umwelt jedoch nur eine untergeordnete Rolle, so daß sie an dieser Stelle übergangen werden können.

nicht mehr veränderten[2] Atomen unserer irdischen Materie vereinigt haben. Für die Stoffe unserer Umwelt gilt daher der uneingeschränkte Satz: Sämtliche Materiearten der Erdoberfläche sind aus Atomen aufgebaut, und diese Atome sind gleichzeitig die kleinsten Partikelchen, die noch *alle typischen Merkmale der „normalen" Materie* – wie z. B. die oben erwähnte gegenseitige Undurchdringlichkeit von Materieteilchen – aufweisen.
Erst wenn man zu den extremen Bedingungen im Innern von Fixsternen, insbesondere im Innern von weißen Zwergen, schwarzen Löchern usw. übergeht, werden auch die Atome instabil. Hier bilden die Elementarteilchen daher ohne die Zwischenschaltung von Atomen (in unserem Sinne) mehr oder weniger unmittelbar völlig neue Materiearten aus, die man zusammenfassend als *entartete Materie* von den „normalen", aus intakten Atomen aufgebauten Stoffen der Erdoberfläche abgrenzt.
Das gezeigte vereinfachte Bild des Aufbaus sämtlicher irdischer Substanzen aus Atomen als kleinsten Teilchen, die noch voll als Materieteilchen angesprochen werden können, reicht im allgemeinen aus, um qualitativ das Zustandekommen der verschiedenen Substanzeigenschaften zu erklären, denn alle den Substanzzusammenhalt bewirkenden zwischenatomaren Kräfte verbinden stets die Atome als ganze, nicht weiter unterteilte Einheiten miteinander. Erst bei dem Versuch der Deutung dieser Kräfte muß man auch den Atomaufbau berücksichtigen. Alle zwischenatomaren Kräfte gehen nämlich primär von den das Atom aufbauenden Elementarteilchen aus und bewirken nur deswegen den Zusammenschluß der ganzen Atome zu Gebilden höherer Ordnung, weil sie nicht ausreichen, die jeweiligen Elementarteilchen aus dem Verband des Atoms herauszulösen.
Zum besseren Verständnis der zwischen den Atomen auftretenden Anziehungskräfte und sonstigen physikalischen Effekte müssen wir uns daher zunächst etwas näher mit dem Aufbau der Atome aus den angeführten Elementarteilchen befassen.

2.2 Die Bausteine der Atome

2.2.1 Der Atomkern

Der wichtigste Bestandteil eines jeden Atoms ist der *Atomkern*. In

[2] Eine Ausnahme machen lediglich die langsam zerfallenden Atome der radioaktiven Elemente.

ihm sind 99,95–99.98 % der jeweiligen Atommasse vereinigt. Ferner ist er der Träger der gesamten zum Zusammenhalt der Elektronen der Atomhülle erforderlichen *positiven Elektrizität.* Durch den Atomkern sind infolgedessen die charakteristischen Eigenschaften der betreffenden Atomart und damit auch des betreffenden Elements bereits eindeutig festgelegt.

Wie schon erwähnt, setzen sich die höheren Atomkerne ihrerseits aus *Protonen* und *Neutronen* zusammen. Diese beiden Elementarteilchen sind mit Atomgewichten von 1,00728 (Proton) und 1,00867 (Neutron) nahezu gleich schwer und auch nahezu gleich schwer wie ein vollständiges Wasserstoffatom (1,00797). Ihre nahe Verwandtschaft geht u. a. auch daraus hervor, daß sie durch Aufnahme bzw. Abgabe eines Elektrons leicht wechselseitig ineinander übergehen können. Die Kräfte, durch die die Protonen und Neutronen zu den Atomkernen verknüpft werden, sind außerordentlich hoch, werden aber bereits im Atominnern praktisch *vollständig abgesättigt.* Sie spielen daher für die folgenden Ausführungen keine Rolle, so daß wir uns an dieser Stelle mit der vereinfachten Vorstellung begnügen können, daß die Neutronen eine Art „Kitt" darstellen, durch den mehrere, sich zunächst außerordentlich stark gegenseitig abstoßende Protonen zu einem mehrfach positiv geladenen Gebilde vereinigt werden können.

Nur das Proton selbst kann wegen dieser starken Abstoßungskräfte zwischen gleichnamig geladenen Teilchen ohne Neutron als Atomkern existieren. Alle höheren Atomkerne enthalten demgegenüber eine mehr oder weniger große Zahl von Neutronen. Das *Protonen-Neutronenverhältnis* schwankt bei den stabilen natürlichen Atomarten nur relativ wenig zwischen den Grenzen 1 : 1 [3], die insbesondere bei den leichtesten Isotopen vieler niedriger Elemente, und zwar beim $^{2}_{1}H$ [4] (= Deuterium), $^{4}_{2}He$, $^{6}_{3}Li$, $^{10}_{5}B$, $^{12}_{6}C$, $^{14}_{7}N$, $^{16}_{8}O$, $^{20}_{10}Ne$, $^{24}_{12}Mg$, $^{28}_{14}Si$, $^{32}_{16}S$, $^{36}_{18}Ar$ und $^{40}_{20}Ca$ exakt verwirklicht ist, und 1 : 1,6 beim schwersten relativ beständigen Element, dem Plutonium.

[3] Nur das ziemlich energiereiche und daher äußerst seltene Heliumisotop der Massenzahl 3 (^{3}He, s. Anm. 4) ist mit einem Protonen-Neutronenverhältnis von 2 : 1 ungewöhnlich neutronenarm.

[4] Zur Kennzeichnung der verschiedenen Isotopen eines Elements setzt man links oben neben das Elementsymbol die sog. *Massenzahl*, die als die Summe

Die elektrische Ladung der Protonen ist stets exakt gleich groß (4,80298 · 10^{-10} elektrostatische Einheiten) und nicht weiter unterteilbar. Sie stellt somit eine Art „Atom" der positiven Elektrizität dar und wird aus diesem Grunde *Elementarladung* oder auch *Elementarquantum* genannt. Da sie beim Zusammenschluß von Protonen und Neutronen zu den Atomkernen nicht die geringste Veränderung erfährt, beträgt die Aufladung der Kerne stets ein ganzzahliges Vielfaches dieses Elementarquantums. Umgekehrt gibt die als *Kernladungszahl* bezeichnete Anzahl der Elementarladungen, die ein Atomkern trägt, die Zahl der am Kernaufbau beteiligten Protonen an. Wie in 2.2.2 gezeigt wird, hängt ausschließlich von dieser Kernladungszahl die Größe und die Struktur der Atomhülle der betreffenden (neutralen) Atome ab. Sie stellt infolgedessen eine wichtige Atomkonstante dar.

Eine weitere interessante Eigenschaft der Atomkerne ist ihre außerordentlich kleine räumliche Ausdehnung. Ihr Durchmesser beträgt im Mittel nur etwa 1/10 000 des Atomdurchmessers. D. h. nahezu die gesamte Masse des Atoms ist in nur dem billionensten (!) Teil seines Volumens enthalten.

Wie sehr die Atomkerne infolge dieser außerordentlichen Kleinheit bereits von dem uns gewohnten Erscheinungsbild der Materie abweichen, obgleich ihr Anteil am Materiegewicht mehr als 999 ‰ beträgt, sie hinsichtlich ihrer trägen Masse also schon in sehr hohem Grade die Materie selbst darstellen, geht sehr schön aus der folgenden Betrachtung hervor:

Wäre es möglich, die Atomkerne eines Stahlwürfels von 1 m Kantenlänge, der äußerlich so kompakt erscheint und dem Menschen als Sinnbild nahezu der höchsten auf Erden erreichbaren Festigkeit gilt, in allen drei Dimensionen unmittelbar aneinanderzureihen, dann würde dieser riesige Eisenklotz zu einem gerade noch mit bloßem

der Protonen- und Neutronenzahl definiert ist und infolgedessen bei den nahe 1 liegenden Atomgewichten dieser Elementarteilchen stets das auf ganze Zahlen abgerundete Atomgewicht des betreffenden Isotops wiedergibt. Ferner setzt man links unten neben das Elementsymbol die unten als Kernladungszahl definierte Zahl der am Kernaufbau beteiligten Protonen. ${}^{2}_{1}H$ bedeutet also das (auch Deuterium genannte) Wasserstoffatom der Masse 2, ${}^{16}_{8}O$ das Sauerstoffisotop der Masse 16, usw.

Auge erkennbaren Würfelchen von 1/10 mm Kantenlänge zusammenschrumpfen. Aber dieses „Staubkorn" würde immer noch 8 t (!) wiegen. Es gibt keine irdische Materie, die diese Last bei einer derartig kleinen Auflagefläche von nur 1/100 mm^2 überhaupt tragen könnte. Sie würde mit einem Druck von ca. 80 Mrd. Atmosphären (!) auf die Unterlage einwirken und infolgedessen in kürzester Zeit auch die härteste Granitplatte durchbohren und unwiederbringlich im Erdinnern verschwinden.

Das sind aber Eigenschaften, wie sie bei den Supermaterialien selbst der kühnsten Science-fiction-Romane nicht annähernd beschrieben werden. Nein, die Atomkerne kann man mit dem besten Willen nicht mehr mit der normalen Materie der Erdoberfläche vergleichen.

Eine weitere Folge der enormen Kleinheit der Atomkerne ist deren (im Verhältnis zu ihrem Durchmesser) relativ große Abstand von der Atomoberfläche. Die bei der Kernbildung wirksamen Kräfte zwischen Protonen und Neutronen werden infolgedessen vollständig im Atominnern abgesättigt und tragen nicht im geringsten zu den für die Materieeigenschaften maßgebenden zwischenatomaren Beziehungen bei.

Diese Unabhängigkeit der Materieeigenschaften von den Bindungskräften zwischen Protonen und Neutronen zeigt am eindrucksvollsten die Erscheinung der *Isotopie*. In isotopen Atomen wird jeweils die gleiche Anzahl von Protonen durch eine unterschiedliche Zahl von Neutronen zum Kern zusammengeschlossen. Die Bildungsenergien und damit die Stabilität derartiger isotoper Elemente differieren deswegen mitunter sehr stark. Trotzdem verhalten sich die aus ihnen aufgebauten Stoffe wegen der *gleichen Ladungszahl* der Atomkerne und damit der exakt *gleichen Atomhülle* (s. 2.2.2) so außerordentlich ähnlich, daß sie kaum unterschieden werden können. Bis heute sind daher noch keine allgemein gültigen Arbeitsmethoden bekannt, isotope Elemente und die sie enthaltenden Substanzen auf Grund von (nicht auf ihrer unterschiedlichen Masse beruhenden) physikalischen oder chemischen Effekten zu trennen. Erst wenn man Trennverfahren anwendet, die in irgendeiner Weise die *Massenunter-*

schiede zwischen den isotopen Atomarten auswerten, ist dies möglich.

Zusammenfassend kann man über die Bedeutung der Atomkerne für das Zustandekommen der Materieeigenschaften aussagen, daß sie nur in zweierlei Hinsicht nach außen in Erscheinung treten. Es sind dies einerseits die in ihrem Gewicht zum Ausdruck kommende träge Masse, andererseits ihre elektrische Aufladung. Für unsere Betrachtung können wir uns deswegen auf die folgenden beiden Atomkernkonstanten beschränken:

1. die *Atommasse*, von der unmittelbar die Dichte aller das betreffende Element enthaltenden Substanzen abhängt. Sie stimmt, wie oben bereits angedeutet, sehr nahe mit der als Massenzahl definierten Summe der Protonen- und Neutronenzahlen der betreffenden Atome überein.

2. die ebenfalls oben bereits definierte *Kernladungszahl*, die die Summe der im Kern enthaltenen Protonen angibt.

2.2.2 Die Atomhülle

Die Elektronen sind im Gegensatz zu den Protonen die kleinsten Teilchen der negativen Elektrizität. Ihre Ladung ist bis auf das Vorzeichen exakt gleich groß wie die der Protonen, stellt also das *negative Elementarquantum* dar. Protonen und Elektronen neutralisieren sich aus diesem Grunde immer vollständig.

Trotzdem kann man die Elektronen nicht einfach als „negative Protonen" (bzw. umgekehrt die Protonen als „positive Elektronen") bezeichnen, wie man auf den ersten Blick vielleicht vermuten könnte, denn sie weichen in anderen Eigenschaften weitgehend von den Protonen ab. Z. B. weisen sie nur den 1837sten Teil der Masse und ca. den tausendsten Teil des Volumens eines Protons auf. Ferner können sie nicht durch Neutronen zu negativ geladenen Atomkernen verknüpft werden[5].

[5] Derartige wirkliche negative Protonen und positive Elektronen, die die Namen *Antiprotonen* und *Positronen* (oder *Antielektronen*) erhalten haben, hat man später tatsächlich aufgefunden. Es ist gut denkbar, daß sich aus ihnen in voller Symmetrie von elektropositiven und elektronegativen Erscheinungen eine *Antimaterie* aufbauen läßt, die allerdings beim Zusammentreffen mit normaler Materie unter Abgabe extrem hoher Energiebeträge sofort „zerstrahlen" würde.

Die Kompensation der positiven Kernladung in der elektroneutralen Materie geschieht stets ausschließlich durch derartige Elektronen, die in Form einer ausgedehnten Elektronenwolke den Kern „umschwärmen". Diese aus Elektronen bestehende Atomhülle, die deswegen häufig auch Elektronenhülle genannt wird, ist der für das Zustandekommen der chemischen und physikalischen Eigenschaften der Materie wichtigste Atomteil, denn hauptsächlich von ihr gehen die verschiedenen zwischenatomaren Effekte aus. Mit ihrem Aufbau müssen wir uns daher etwas näher befassen.

Schon aus der Existenz einer derartigen Elektronenwolke um den Atomkern lassen sich einige wichtige Gesetzmäßigkeiten ableiten. Z. B. muß die *Zahl der Hüllenelektronen* in den neutralen Atomen wegen der exakten Neutralisierung der Kernladung stets genau gleich der *Kernladungszahl* sein. Andererseits hängt von der Zahl der Hüllenelektronen aber auch die Einordnung des betreffenden Elements in das Periodensystem ab. Sie wird aus diesem Grunde meistens *Ordnungszahl* genannt. Kernladungszahl und Ordnungszahl sind danach stets *numerisch gleich*. Man muß sich aber der Tatsache bewußt bleiben, daß sie sich physikalisch auf verschiedene Atombestandteile (Kern und Hülle) beziehen.

Die Elektronenzahl und die Kernladungszahl sind nur in den *neutralen Atomen* exakt gleich groß. Häufig differieren sie aber auch. Dann nehmen die Atome (oder auch Moleküle, s. 4.1) zwangsläufig eine elektrische Ladung an. Derartige elektrisch geladene Partikelchen werden *Ionen* genannt. Im einzelnen unterscheidet man zwischen den elektropositiv geladenen *Kationen*, deren Elektronenzahl kleiner ist als die Kernladungszahl, und den elektronegativ geladenen *Anionen* mit einer die Kernladungszahl übersteigenden Elektronenzahl.

Weiterhin wird nunmehr sofort verständlich, weshalb sich die intakten Atome der Materie trotz der äußerst geringen Raumbeanspruchung der Elementarteilchen gegenseitig nicht durchdringen und (wie die Elementarteilchen selbst) nicht durch Interferenz auslöschen können. Die Abstoßungskräfte zwischen den gleichnamig geladenen Hüllenelektronen zweier Atome nehmen nämlich bei der starken gegenseitigen Annäherung zweier Atome im Augenblick eines Zusammenstoßes viel schneller zu als die Anziehungskräfte zwischen den Hüllenelektronen und den relativ weit entfernten Atomkernen der jeweiligen Nachbaratome. Unabhängig davon, welche Art von Anziehungskräften zwischen den Atomen wirksam ist, bei zunehmender Annäherung zweier beliebiger Atome wird stets ein Punkt erreicht, von dem ab die Abstoßung die Anziehung überwiegt. Dieser Punkt wirkt nach außen wie eine undurchdringliche Atomoberfläche, und sein Abstand vom Atommittelpunkt gilt deswegen allgemein als *Atomradius* (vgl. auch 2.2.3).

Erst wenn sich Fremdkörper ohne Hüllenelektronen, also Neutronen oder auch elektropositiv geladene *Atomkerne*, einem Atom nähern, treten an der scheinbaren Atomoberfläche keine nennenswerten Abstoßungskräfte mehr auf. Diese Partikelchen können daher ohne jede Schwierigkeit in das Atominnere eindringen und unter Umständen sogar bis zum Kern vorstoßen. Die bekanntesten Beispiele hierfür sind die zahlreichen natürlichen und auch künstlichen *Atomkernprozesse*, bei denen die Materie mit α-Teilchen (= Heliumkernen), Protonen oder auch Neutronen beschlossen wird, denn diese müssen für die eigentliche Kernumwandlung immer mit dem Atomkern selbst zusammenstoßen.

Bis zu diesem Punkt ist es noch möglich, das Wesen der Atomhülle mit Hilfe der ursprünglichen Bohrschen Vorstellung zu beschreiben, daß die Elektronen definierte Partikelchen darstellen, die den Atomkern in ähnlicher Weise auf festen Bahnen umkreisen wie die Planeten die Sonne (sog. *Planetenmodell*). Das Bauprinzip der Hülle wird dagegen besser verständlich, wenn man von der oben bereits angedeuteten modernen Erkenntnis ausgeht, daß die Elektronen sich nicht nur wie feste Partikelchen verhalten, sondern bis zu einem gewissen Grade auch den Charakter einer den Lichtwellen ähnlichen *Schwingungserscheinung* aufweisen, von der man z. B. im Elektronenmikroskop auch praktischen Gebrauch macht.

Diese Elektronenwellen werden nämlich für die sich nicht über weitere Strecken fortbewegenden Hüllenelektronen zwangsläufig stehende Wellen, d. h. *schwingende negative Elektrizität*. Die bei diesen Elektronenschwingungen auftretenden charakteristischen Schwingungsformen kann man aber ohne Schwierigkeit mit Hilfe der auch im Makroskopischen gültigen Schwingungsgesetze berechnen (sog. *wellenmechanisches Atommodell*).

Das wellenmechanische Atommodell steht nicht etwa im strikten Gegensatz zum Planetenmodell, sondern ist eher als dessen höhere Entwicklungsstufe anzusehen. Insbesondere können viele der dort entwickelten Begriffe in anderer Form beibehalten werden. Beispielsweise entspricht dem für das Planetenmodell geprägten Begriff der *Umlaufbahn* (= *Orbital*) sehr weitgehend der neue Begriff der *Schwingungsform* bei der wellenmechanischen Betrachtung. Man hat für die verschiedenen möglichen Schwingungsformen der Hüllenelektronen deswegen auch heute noch die wellenmechanisch eigentlich sinnlosen Namen *Elektronenbahnen* oder *Orbitale* beibehalten.

Sieht man einmal von den durch die unterschiedlichen Dimensionen der Schwingungsformen bedingten Komplikationen ab, so können die *dreidimensionalen* Schwingungen der *Elektronen* im Raum in mancher Beziehung durchaus mit den *eindimensionalen* Schwingungen einer *Violinsaite* verglichen werden. Vor allem beobachtet man in beiden Fällen eine knotenfreie *Grundschwingung* und eine Reihe von *Oberschwingungen*, die durch das Auftreten von *Knotenpunkten* (bei der Violinsaite) bzw. von *Knotenflächen* (bei den Elektronenschwingungen) charakterisiert sind. Hierbei gibt in beiden Fällen die Zahl der Knoten (Punkte bzw. Flächen) die jeweilige Ordnung der Oberschwingung an. Der Unterschied zwischen beiden Schwingungsarten besteht lediglich darin, daß bei der linear schwingenden Violinsaite jeweils nur *eine Oberschwingung* für jede Ordnungszahl möglich ist (z. B. gibt es nur eine Oberschwingung 1. Ordnung mit einem Knotenpunkt, nur eine Oberschwingung 2. Ordnung mit zwei Knotenpunkten, usw.), bei den dreidimensional schwingenden Elektronen dagegen eine mit der Ordnungszahl rasch wachsende Zahl von Oberschwingungen (z. B. 3 Oberschwingungen 1. Ordnung mit jeweils einer Knotenfläche, 5 Oberschwingungen 2. Ordnung mit jeweils zwei Knotenflächen, 7 Oberschwingungen 3. Ordnung mit jeweils drei Knotenflächen, bzw. allgemein $2n + 1$ Oberschwingungen n-ter Ordnung mit jeweils n Knotenflächen.

Über die Art der verschiedenen möglichen Elektronenbahnen weiß man also Bescheid. Nach welchen Gesichtspunkten ordnen sich aber die Hüllenelektronen auf diesen Orbitalen an? Kann jede der denkbaren Bahnen mit Elektronen besetzt werden und mit wie vielen?

Die Beantwortung dieser und ähnlicher Fragen war insbesondere mit Hilfe der im *Periodensystem der Elemente* zutage tretenden Gesetzmäßigkeiten möglich und führte zu dem folgenden, heute allgemein anerkannten Bild:

1. Die Hüllenelektronen ordnen sich nicht auf einer einzigen Gruppe von Elektronenbahnen (d. h. auf nur einem Grundorbital und den Orbitalen der zugehörigen Oberschwingungen) um den Atomkern an, sondern auf mehreren, deutlich gegeneinander abgegrenzten Gruppen von Grund- und zugehörigen Oberschwingungen, die *Schalen* genannt werden und wie die Häute einer Zwiebel übereinander liegen. Jede dieser Schalen enthält ein Grundorbital, das *s-Orbital* oder *s-Bahn* genannt wird und noch keine Knotenfläche besitzt, sowie (von der zweiten Schale ab) darüber hinaus mehrere Oberschwingungsorbitale. Von ihnen sind am wichtigsten die drei Orbitale der *Oberschwingungen 1. Ordnung* mit je einer Knotenfläche (sog. *p-Orbitale*) und die fünf *Orbitale der Oberschwingungen 2. Ordnung* mit je zwei Knotenflächen, die *d-Orbitale* genannt werden.

2. In der innersten Schale kann nur das Grundorbital (in diesem Zusammenhang *1s-Bahn* genannt) mit Elektronen besetzt werden. In der zweiten Schale sind es neben dem *s*-Orbital *(2s-Bahn)* auch die drei Oberschwingungen 1. Ordnung *(2p-Bahnen)*, die Elektronen aufzunehmen vermögen. Hier muß man also bereits *vier verschiedene Orbitale* unterscheiden. In der dritten Schale kommen zu den *s*- und *p*-Bahnen noch die fünf Oberschwingungen 2. Ordnung *(3d-Bahnen)* hinzu, so daß hier im ganzen bereits neun verschiedene Orbitale (ein *3s-Orbital*, drei *3p-Orbitale* und fünf *3d-Orbitale*) mit Elektronen besetzt werden können. Die Gesamtzahl der in den einzelnen Schalen vorhandenen (bzw. genauer mit Elektronen besetzbaren) Elektronenbahnen ist infolgedessen stets gleich dem Quadrat der Schalenzahl.

3. Jedes Orbital kann *2 Elektronen* aufnehmen, die zusammen ein sog. *Elektronenpaar* bilden. Im ganzen ergibt sich somit eine maximale Besetzung der innersten Schale mit 2, der nächstinneren Schale mit 8, der 3. Schale mit 18 Elektronen usw., bzw. allgemein der n-ten Schale mit $2\ n^2$ Elektronen.

4. Der Einbau der Elektronen in die Orbitale der Hülle liefert um so

mehr Energie, je tiefer sie in Richtung auf den entgegengesetzt geladenen Atomkern hin fallen können. Es werden deswegen immer zunächst *alle Innenschalen* voll (bzw. die höheren Außenschalen zunächst einmal bis zur besonders stabilen Achtelektronenstufe, dem sog. *Oktett*) mit Elektronen besetzt, ehe der Aufbau einer neuen Außenschale beginnt.

Sieht man einmal von den in diesem Zusammenhang nicht interessierenden Übergangselementen ab, bleibt infolge dieser Verhältnisse bei einer für die vollständige Auffüllung aller Schalen nicht ausreichenden Elektronenzahl immer nur die *äußerste Elektronenschale* unvollendet. Andererseits ist von der 2. Schale ab (also mit Ausnahme des Wasserstoffs und Heliums) immer das *Oktett* die elektronenärmste stabile Elektronenanordnung in der Außenschale. Sämtliche Atome mit unvollständiger Außenschale sind infolgedessen bestrebt, auf einem der später erörterten Wege die Elektronenzahl ihrer Außenschale auf 8 (bzw. beim Wasserstoff auf 2) zu erhöhen. Alle derartigen Änderungen der Zahl der Hüllenelektronen sind mit dem Auftreten starker *zwischenatomarer Kräfte* verbunden und deswegen für das vorliegende Buch von entscheidender Bedeutung. Gleichzeitig stellen sie die wesentlichen atomphysikalischen Vorgänge bei allen *chemischen Reaktionen* dar.

Zusammenfassend ergibt sich also, daß bei den am Zustandekommen der Materieeigenschaften sowie auch bei den im Verlaufe chemischer Reaktionen sich abspielenden Vorgängen nur die *äußersten Partien der Elektronenhüllen* beteiligt sind, deren Abstand vom Atomkern ca. das 10 000fache des Kernradius beträgt. Die Atome werden somit bei allen unter den Temperaturbedingungen der Erdoberfläche ablaufenden Vorgängen, bildlich gesprochen, nur „an der kleinen Zehe gekitzelt".

In Anbetracht der z. T. sehr großen Stabilität und Kompaktheit der irdischen Materie – man denke nur an die außerordentliche Härte des Diamanten, die unglaubliche Tragfähigkeit der sich oft kilometerhoch türmenden Felswände oder auch an die besonders dicht mit Materie erfüllt scheinenden Schwermetalle Gold und Platin – sowie der z. T. sehr großen Energieumsätze bei chemischen Reaktionen (etwa bei einem Großbrand) erscheint diese Beschränkung der atomphysikalischen Vorgänge innerhalb der irdischen Materie auf nur die äußersten Randpartien der Atome zunächst kaum glaublich. Bei Betrachtung von einer höheren Warte aus verschwindet jedoch dieser scheinbare Widerspruch, denn auch die stärksten zwischenatomaren Kräfte sind nur verschwindend klein gegenüber den ungeheuren Gewalten, die im Atominnern, insbesondere in den Atomkernen schlummern. Abgesehen von den sich in strengster Abgeschiedenheit abspielenden Umsetzungen in Atomkraftwerken kommen diese großen Kernkräfte dem Menschen aber kaum zum Bewußtsein, weil die zu ihrer Freisetzung erforderlichen Voraussetzungen (wie etwa die hohen Temperaturen im Innern von Fixsternen) unter den natürlichen Gegebenheiten der Erdoberfläche niemals erfüllt sind.

2.2.3 Der leere Raum im Atominnern

Das Atom ist somit ein sehr „luftiges" Gebilde. Kern und Hüllenelektronen nehmen zusammen nur etwa den billionensten Teil des Atomvolumens ein, d. h. das Atom besteht zu 99,999 999 999 9 % aus *leerem Raum*!

Aber trotzdem darf man diesen leeren Raum, der in keiner irdischen Materie fehlt, nicht vernachlässigen oder gar als ein „Nichts" ansehen. Er stellt vielmehr einen wesentlichen Atomteil dar und kann in gewissem Sinne neben dem Kern und den Hüllenelektronen als *dritter Atombaustein* betrachtet werden. Insbesondere ist er von entscheidendem Einfluß auf verschiedene Materieeigenschaften, von denen wir die relativ geringe Dichte aller irdischen Materialien (im Verhältnis zur Dichte der Elementarteilchen) schon kennengelernt haben (vgl. 2.2.1).

Ferner erweist er sich als *nicht gänzlich massefrei*, denn er ist erfüllt von den vom Kern und den einzelnen Elektronen ausgehenden starken *elektrischen Feldern*, die eine gewisse Massenträgheit besitzen. Der Anteil dieser *elektromagnetischen Masse* an der gesamten Atommasse kann nicht genau angegeben werden, da sie von der noch unbekannten Ausdehnung der elektrischen Felder nach innen abhängt, d. h. von dem Radius der Kugeloberfläche, bis zu der hinab das Coulombsche Gesetz noch uneingeschränkt gültig ist[6].

[6] Theoretisch besteht durchaus die Möglichkeit, daß die Massenträgheit der Materie gänzlich auf die *elektromagnetische Trägheit* von im Raum verteil-

Auch beim Zustandekommen der *optischen Materieeigenschaften* spielt der leere Raum im Atominnern eine große Rolle. Z. B. findet die Durchsichtigkeit vieler Stoffe, die auch bei dichtester Atompakkung nahezu vollkommen ist (z. B. im Diamanten) nunmehr ihre befriedigende Erklärung darin, daß das nahezu teilchenfreie Atominnere völlig ungehindert von den elektromagnetischen Wellen durchlaufen werden kann. Aber auch hier macht sich die Anwesenheit starker elektrischer Felder im Atominneren (im Gegensatz zu dem im Verhältnis dazu nahezu feldfreien Außenraum) deutlich bemerkbar, und zwar in dem allen durchsichtigen Stoffen eigenen *Brechungsindex*, der in naher Beziehung zur *Dielektrizitätskonstante*, also einer elektrischen Substanzeigenschaft steht. Die starken von den Elementarteilchen ausgehenden elektrischen Feldern wirken sich somit auch hier dahin gehend aus, daß das Atominnere nicht völlig „leer“ erscheint.

Die Durchsichtigkeit der Materie verschwindet jedoch in dem Augenblick, in dem die die Atome durchlaufenden elektromagnetischen Wellen so schnell schwingen, daß die von ihnen nur in Form von *Photonen* (= Lichtquanten) abgegebene Energie – die Energie eines Photons ist bekanntlich stets gleich dem Produkt aus der Schwingungszahl ν und der Universalkonstanten h – exakt mit der Energiedifferenz ΔE zwischen zwei möglichen Elektronenzuständen des Atoms übereinstimmt, also

$$\Delta E = h \cdot \nu \qquad (2.1)$$

wird. In diesem Fall können nämlich die schwingenden Elektronen die betreffenden elektromagnetischen Strahlen *absorbieren*, d. h. letztere unter Aufnahme von deren Energie vernichten. Je nach dem Umfang der jeweils absorbierten Schwingungsbereiche erscheint die

ten elektrischen Kraftfeldern zurückzuführen ist. Z. B. würde dies für die Ruhemasse des Elektrons zutreffen, wenn man – in leidlicher Übereinstimmung mit dem in 2.2.2 angeführten Elektronendurchmesser von ca. 10^{-13} cm – als innere Grenze des Gültigkeitsbereichs des Coulombschen Gesetzes einen Abstand von $1{,}9 \cdot 10^{-13}$ cm vom Elektronenmittelpunkt ansetzt. Für das Proton müßte der Teilchenradius jedoch bereits auf 10^{-16} cm absinken (also auf nur den 10^4ten Teil des experimentell bestimmten Protonendurchmessers von 10^{-12} cm), und für die Neutronen verliert der Begriff der elektromagnetischen Masse schließlich überhaupt seinen Sinn.

Materie infolgedessen entweder farbig (z. B. die meisten Farbstoffe) oder völlig undurchsichtig (z. B. die Metalle, s. auch 9.3.2).

Wohl am stärksten ist der Einfluß des von den Elementarteilchen beanspruchten leeren Raumes auf das äußere Erscheinungsbild des Atoms. Hier mußte die ursprüngliche Vorstellung, daß die Atome mehr oder weniger *harte Kugeln* mit exakt definierten Durchmessern darstellen, die sich nicht nur bei der Bildung von Molekülen, sondern auch im Innern von Festkörpern oder Flüssigkeiten gegenseitig berühren, weitgehend revidiert werden. Statt mit festen Kugeln sind die Atome viel eher mit *Gasbällchen, Wolken* oder (noch besser) der *irdischen Atmosphäre* vergleichbar. Insbesondere besitzen sie wie die letztere keine definierte äußere Begrenzung, denn die Abstoßungskräfte der Hüllenelektronen nehmen beim Übergang in den außeratomaren Raum nur allmählich ab, ähnlich wie die Dichte der Atmosphäre beim Übergang in den Weltraum. Hauptsächlich aus diesem Grunde ist es unmöglich, *exakte Atomradien* anzugeben.

Das scheint auf den ersten Blick den Tatsachen zu widersprechen. Beispielsweise kann man aus der Dichte des Natriummetalls mit Hilfe der Avogadroschen Zahl recht genau berechnen, welches Volumen ein Natriumatom in der metallischen Phase einnimmt. Hieraus ergibt sich unter Berücksichtigung des (auf anderem Wege erhaltenen) weiteren Befunds, daß die Natriumatome im Metall ein „kubisch-raumzentriertes“ Gitter ausbilden, ein recht genau bestimmbarer Abstand von 372 pm [7] zwischen zwei benachbarten Natriumatomen. Ähnlich beträgt der Abstand zwischen zwei durch eine einfache Bindung miteinander verbundenen Kohlenstoffatomen stets ziemlich genau 154 pm.

Aber mit welchem Recht kann man annehmen, daß diese Abstände zwischen den Atommittelpunkten genau die *doppelten Atomradien* (186 pm für Natrium und 77 pm für Kohlenstoff) darstellen? Diese scheinbaren Radien nehmen nämlich in Abhängigkeit von den Kräften, die zwischen den betreffenden Atomen (und bei den Ionen auch im Atominnern) wirksam sind, *unterschiedliche Werte* an, wie es die

[7] Als Maßeinheit für Atom- und Moleküldimensionen dient heute der *Picometer* (pm) genannte billionste Teil eines Meters. Die früher gebräuchliche *Angström-Einheit* (Å = 10^{-8} cm) ist gleich 100 pm.

Gasballnatur der Atome erwarten läßt. So geht etwa der Abstand zwischen zwei Kohlenstoffatomen um 13 bzw. 21 % (auf 134 bzw. 121 pm) zurück, wenn die Atome *doppelt* bzw. *dreifach* miteinander verbunden sind.

Im einzelnen müssen wir bei jedem Element zumindest zwischen den folgenden drei Arten von Atomradien unterscheiden, die bei grundsätzlich verschiedenartigen Beziehungen zwischen zwei Atomen in Erscheinung treten, aber ebenfalls noch keine konstanten Werte darstellen, sondern in Abhängigkeit von den jeweiligen Umständen eine gewisse Variationsbreite zeigen:

1. dem *Wirkungsradius* R_W. Er ist der Abstand, bis auf den sich die Oberfläche eines zweiten Atoms dem Zentrum eines neutralen, meistens in Bindung befindlichen, jedoch nicht direkt mit ihm verbundenen Atoms nähern kann.
Die Wirkungsradien aller Atome nehmen mit steigender Temperatur ab, denn die mit der Temperaturerhöhung einhergehende Erhöhung der kinetischen Energie aller Materieteilchen hat bei den für den Wirkungsradius maßgebenden Atomzusammenstößen – auch bei Molekülzusammenstößen kollidieren letzten Endes nur die die Moleküle aufbauenden Atome – eine stärkere gegenseitige Durchdringung der Elektronenhüllen und damit eine stärkere Annäherung der Atome zur Folge. Die *maximalen* R_W*-Werte* beobachtet man deswegen beim *absoluten Temperaturnullpunkt* (0 K [8]). Beispielsweise nehmen die Wirkungsradien von Wasserstoff und Fluor beim Übergang von 0 auf 300 K (ungefähre Temperatur der Erdoberfläche) von 120 (bzw. 145) auf 90 (bzw. 125) pm ab. Die bei 300 K gültigen Werte werden meistens ohne besondere Kennzeichnung als die normalen Wirkungsradien in der Literatur angegeben.

2. den *Bindungsradien* R_B. Eine wesentlich stärkere Annäherung zweier Atome beobachtet man, wenn sie durch eine chemische Bin-

[8] Unter *Kelvin* (abgekürzt K), bzw. früher *Grad Kelvin* (°K), versteht man in gleicher Weise wie unter *Grad Celsius* (°C) die Maßeinheit für Temperaturdifferenzen, und zwar sind beide definiert als 1/100 der Temperaturdifferenz von bei Atmosphärendruck siedendem und gefrierendem Wasser. Man gibt die Temperatur in Kelvin an, wenn sie sich auf den *absoluten Temperaturnullpunkt* bezieht, in °C dagegen für den um 273,15° höheren *Gefrierpunkt des Wassers* als Bezugspunkt. Für gleiche Temperaturen stehen die Celsius- und die Kelvin-Werte also in der Beziehung n °C = (n + 273,15) K.

dung – an dieser Stelle interessieren hauptsächlich die später beschriebenen *kovalenten Bindungsarten* und die *metallische Bindung* – miteinander verknüpft sind, weil sie in diesem Fall durch wesentlich stärkere Kräfte zusammengepreßt werden. Der Bindungsradius ist daher vielfach nur etwa halb so groß wie der Wirkungsradius (vgl. Tabelle 2.1). Sämtliche in Bindung befindlichen (neutralen) Atome eines Moleküls weisen infolgedessen *zwei charakteristische Radien* auf: den R_B-Wert gegenüber den mit ihm verbundenen Nachbaratomen des Moleküls und den R_W-Wert gegenüber allen nicht mit ihm verbundenen Atomen (auch des gleichen Moleküls)[9].

Die R_B-Werte sind nur bei gleichartigen Bedingungen annähernd konstant. Wie Tabelle 2.1 zeigt, beobachtet man nicht nur zwischen den einfach und mehrfach gebundenen Atomen des gleichen Elements beträchtliche Unterschiede im Bindungsradius, sondern auch beim Übergang von der einfachen *kovalenten Bindung* zur *metallischen Bindung.*

3. den *Ionenradien* R_{Kat} und R_{An}. Die nur einatomigen Ionen (z. B. $Na^{\oplus}$ oder $Cl^{\ominus}$) stellen Atome dar, deren Elektronenhülle eine von der Kernladungszahl abweichende Zahl von Elektronen enthält. In den positiv geladenen kationischen Atomen ist die Zahl der Kernprotonen größer als die Elektronenzahl, so daß die Elektronenhülle durch stärkere elektrostatische Anziehungskräfte kontrahiert wird als eine Hülle gleicher Elektronenzahl in einem neutralen Atom durch einen Kern mit geringerer Kernladungszahl. In einem Anion

[9] Die unterschiedliche Länge von Wirkungs- und Bindungsradius macht es schwierig, wirklichkeitsgetreue *Atom-* und vor allem *Molekülmodelle* zu konstruieren. Stellt man die Atome durch Kugeln mit dem Wirkungsradius dar, kann man diese Kugeln nicht auf den der Bindungslänge entsprechenden kleinen Abstand bringen, und legt man umgekehrt den Bindungsradius den Kugelmodellen zugrunde, wird die Raumerfüllung der Atome nicht genügend berücksichtigt. Man behilft sich nach H. A. Stuart mit den in Abb. 3.4 am Beispiel des Essigsäure-Doppelmoleküls gezeigten Kalottenmodellen, in denen jedes Atom zwar zunächst durch eine Kugel mit dem dem R_W-Wert entsprechenden Radius wiedergegeben wird. Aber von diesen Kugeln ist an den Stellen, an denen sich im wirklichen Molekül ein kovalent gebundenes anderes Atom befindet, eine Kalotte der Höhe R_W-R_B abgeschnitten, so daß sich hier ein zweites Atommodell dem Kugelzentrum bis auf den dem Bindungsradius entsprechenden Abstand nähern kann. Auf diese Weise ist es möglich, unter Wahrung aller innermolekularen Atomabstände die Moleküloberfläche einigermaßen wirklichkeitsgetreu wiederzugeben.

ist dagegen umgekehrt die Elektronenzahl größer als die Kernladungszahl, und die die Elektronenhülle zusammenhaltenden Kräfte

Tabelle 2.1 Die Variationsbreite der Atomradien einiger Elemente (in pm)

Element	Ordnungszahl	R_W	R_B*	R_{Kat}**	R_{An}**
H	1	90	a: 37	–	–
C	6	150	a: 77 b: 66 c: 61	15 (4)	260 (4)
N	7	135	a: 74 b: 62 c: 55	–	171 (3)
O	8	122	a: 74 b: 55 c: 53	–	140 (2)
F	9	125	a: 72	–	136 (1)
Na	11	–	d: 186	95 (1)	–
Mg	12	–	a: 140 d: 160	65 (2)	–
Cr	24	–	a: 118 d: 125	84 (2) 63 (3)	– –
Fe	26	–	a: 117 d: 124	74 (2) 64 (3)	– –
Pt	78	–	a: 130 d: 139	80 (2) 65 (4)	– –

* Es bedeuten a, b und c die Bindungsradien für die einfach, zweifach und dreifach kovalent gebundenen Atome sowie d der Atomradius für die metallische Bindung.

** Mit (1), (2) usw. wird die Ladungszahl der betreffenden Ionen gekennzeichnet.

sind dementsprechend relativ gering. Infolgedessen weisen *Kationen* stets *kleinere* und *Anionen größere Radien* auf als die *neutralen Atome* bei gleicher Elektronenzahl.

Auch diese Gesetzmäßigkeit geht sehr schön aus Tabelle 2.1 hervor. Die Zahl der Hüllenelektronen eines anionischen Atoms ist in leicht ersichtlicher Weise gleich der Summe der Kernladungszahl und der Wertigkeitszahl des Anion (= Zahl der nicht durch den Kern neutralisierten Elektronen). Bei den Kationen ist sie in analoger Weise gleich der Differenz von Kernladungszahl und Ionenladungszahl (hier = der Zahl der zur Neutralisation fehlenden Elektronen). Die in Tabelle 2.1 angeführten Anionen und Kationen der sechs Elemente vom Kohlenstoff bis zum Magnesium weisen infolgedessen sämtlich die *gleiche Elektronenzahl* 10 und damit zweifellos eine *geometrisch ähnliche Hüllenstruktur* auf. Sie sind daher in besonders hohem Grade miteinander vergleichbar. Dieser Vergleich zeigt nun, daß der Ionenradius in der angegebenen Reihenfolge trotz des Übergangs von den Anionen zu den Kationen zwischen Fluor und Natrium stets gleichsinnig abnimmt, und zwar vom vierwertig negativen Kohlenstoff-Ion (R_{An} = 260 pm) bis zum zweiwertig positiven Magnesium-Ion (R_{Kat} = 65 pm) um den außerordentlich hohen Betrag von 75 %, einer Volumenkontraktion auf den 64sten Teil entsprechend. Weiterhin zeigt die Tabelle, daß die Anionenradien stets größer sind als selbst die Wirkungsradien der zugehörigen neutralen Atome und die Kationenradien stets kleiner als sämtliche Bindungsradien der betreffenden neutralen Atome.

3. Die zwischenatomaren Kräfte

3.1 Assoziations- und Bindungskräfte

Bereits auf Grund der klassischen Atom- und Moleküllehre mußte man mit mindestens zwei verschiedenen Arten von zwischenatomaren Kräften rechnen, nämlich den *Assoziationskräften* einerseits, durch die die Moleküle in den flüssigen und festen Phasen zusammengehalten werden, und den *chemischen Bindungskräften* andererseits, durch die die Atome eines Moleküls miteinander verbunden sind. Bei aus kleinen Molekülen aufgebauten Stoffen sind die Assoziationskräfte meistens wesentlich kleiner als die Bindungskräfte, sonst könnten diese Substanzen nicht ohne Zerstörung chemischer Bindungen (d. h. unzersetzt) destilliert werden.

Beispielsweise siedet Wasser bei 100 °C und erfordert bei dieser Temperatur zur Überwindung sämtlicher zwischen den $6 \cdot 10^{23}$ Molekülen eines Mols auftretenden Anziehungskräften die Zufuhr der *Verdampfungsenergie* von 40,7 kJ. Die erst bei Temperaturen oberhalb 3500 °C in größerem Umfang eintretende Spaltung der Wassermoleküle in je ein freies Sauerstoffatom und zwei freie Wasserstoffatome ist demgegenüber mit der Zufuhr der mehr als zwanzigmal so großen *Zersetzungsenergie* des Wassers (924 kJ/mol) verbunden.

Diese klassische Vorstellung des alleinigen Auftretens von stets schwachen, jedoch für die Substanzeigenschaften wichtigen Assoziationskräften, und zwar starken, aber immer bereits im Innern von relativ kleinen Molekülen abgesättigten chemischen Bindungskräften mußte wegen der inzwischen erfolgten, in 4.1 näher beschriebenen *Umdefinition des Molekülbegriffs* weitgehend abgeändert werden. Wir kennen heute sowohl Assoziationskräfte, die stärker sind als alle Bindungskräfte, als auch Bindungskräfte, die nicht nur innerhalb kleiner Moleküle abgesättigt werden, sondern sich durch eine ganze Substanzphase hindurch erstrecken und so deren Eigenschaften mit bedingen.

Trotz dieser Komplikation hat sich die Unterteilung der zwischenatomaren Kräfte in die beiden Untergruppen der *Assoziationskräfte* und der *chemischen Bindungskräfte* durchaus bewährt, wenn man sie auf Grund der modernen Erkenntnisse vom Wesen dieser Anziehungskräfte etwa folgendermaßen definiert:

Unter *Assoziation* sollen im folgenden alle zwischen den Atomen auftretende Anziehungskräfte verstanden werden, die auf universelle, auch im Makroskopischen wirksame *physikalische Effekte* zurückgeführt werden können und mit keinerlei Veränderung der Elektronenhülle der beteiligten Atome verbunden sind. Die Verknüpfung zweier Atome (bzw. Moleküle) durch Assoziationskräfte und auch die Überwindung derartiger Assoziationskräfte bei der Zerlegung von Assoziaten sind danach noch *keine chemische Reaktionen*. So werden etwa bei der Verdampfung von flüssigem Wasser zwar die Wassermoleküle voneinander getrennt, aber die Substanz

Wasser bleibt als solche erhalten. Auch die Ionen eines Salzes werden durch Assoziationskräfte zusammengehalten, denn man kann sie ohne eigentliche chemische Reaktion wieder voneinander trennen, z. B. durch Auflösen der Salze in Wasser.

Die *chemischen Bindungen* zwischen zwei Atomen kommen demgegenüber durch eine mehr oder weniger weitgehende Verschmelzung der Elektronenhüllen beider Atome zustande. Dieser Vorgang stellt infolgedessen eine echte, mit einer Substanzänderung verbundene *chemische Reaktion* dar. Ähnlich muß auch der gegenläufige Prozeß, die Auflösung derartiger Bindungen unter Rückbildung von freien Atomen, als eine echte chemische Reaktion angesehen werden. Wie in 3.3 im einzelnen gezeigt wird, handelt es sich bei diesen Bindungskräften nicht mehr um universelle, auch im Makroskopischen auftretende Anziehungskräfte zwischen zwei Materieteilchen, sondern um einen neuartigen, auf die Wellennatur der Elektronen zurückzuführenden *wellenmechanischen Resonanzeffekt*, der nur innerhalb des engeren Atombereichs in Erscheinung tritt.

3.2 Die Natur der Assoziationskräfte

3.2.1 Universell wirkende Anziehungskräfte

Die Frage nach der Natur der nicht-chemischen Assoziationskräfte, die die Atome bzw. Moleküle in den kondensierten Phasen zusammenhalten, konnte lange Zeit nicht beantwortet werden, denn die einzige universell über den leeren Raum hinweg wirkende Anziehungskraft zwischen elektroneutralen Masseteilchen, die man früher kannte, war die *Gravitation.* Diese aber ist im Atom- und Molekülbereich noch außerordentlich klein.

Z. B. läßt sich mit Hilfe des Newtonschen Gravitationsgesetzes leicht berechnen, daß zur Überwindung der Gravitationskräfte zwischen einem Wasserstoffmolekül und seinen (bei dichtester Kugelpackung 12) Nachbarmolekülen in der flüssigen Phase ein Energieaufwand von nur $2{,}4 \cdot 10^{-53}$ J erforderlich ist. Die sich aus der Verdampfungswärme ergebende tatsächlich für die Überführung eines einzigen Moleküls aus der flüssigen in die Dampfphase erforderliche Energie beträgt dagegen $1{,}4 \cdot 10^{-21}$ J. Beide Werten liegen um mehr als 30 Zehnerpotenzen (!) auseinander. Das bedeutet aber, daß die Schwerkraft nicht nur keinen wesentlichen Beitrag zu den zwischenatomaren Kräften innerhalb einer kondensierten Phase liefert, sondern daß dieser Beitrag sogar weit unterhalb jeder Nachweisgrenze liegt und völlig außer acht gelassen werden kann.

Eine zweite Art von universellen, über den leeren Raum hinweg wirksamen Kräften tritt zwischen elektrisch geladenen Körpern auf. Diese sog. *elektrostatischen Kräfte* weisen gegebenenfalls zwar eine ausreichende Stärke auf, wirken aber nur zwischen ungleichnamigen Ladungen im Sinne einer *Anziehung*, während zwischen gleichnamig geladenen Körpern eine *Abstoßung* erfolgt und mit dem Verschwinden auch nur einer der beiden elektrischen Ladungen sämtliche Kräfte zwischen den beiden Körpern auf Null zurückgehen. Vor 1900 glaubte man daher, daß allenfalls im Innern der elektrolysierbaren und deswegen offensichtlich aus entgegengesetzt geladenen Teilchen, den sog. *Ionen*, aufgebauten Salze derartige elektrostatische Anziehungskräfte wirksam sind, daß man aber für die große Mehrzahl der aus neutralen Atomen und Molekülen zusammengesetzten Stoffe nach anderen Assoziationsmöglichkeiten Ausschau halten müsse.

Erst die Aufstellung der modernen Atomlehre durch Niels Bohr im Jahre 1913, auf Grund deren bereits die neutralen Atome *elektropositive Atomkerne* und *elektronegative Elektronen* als Bausteine enthalten, brachte einen grundsätzlichen Wandel. Diese neue Lehre läßt nämlich durchaus die Möglichkeit zu, daß die elektrostatischen Anziehungskräfte zwischen den elektropositiven und elektronegativen Elementarteilchen im Innern der Atome nicht mehr vollständig abgesättigt werden. Das würde aber bedeuten, daß gewisse *Restkräfte* nach außen wirksam bleiben und dort die verschiedenen beobachteten Assoziationseffekte hervorrufen.

Diese Überlegung hat sich weitgehend als richtig erwiesen. Abgesehen von einigen hier nicht weiter interessierenden Übergangserscheinungen zwischen Assoziations- und Bindungskräften kann man heute sämtliche bekannten Assoziationseffekte auf *elektrostatische Anziehungskräfte* zurückführen und mit Hilfe des einfachen von C. A. Coulomb aufgestellten elektrostatischen Grundgesetzes berechnen.

Im einzelnen soll etwas näher eingegangen werden: in 3.2.2 auf die *Ion-Ion-Assoziation*, in 3.2.3 auf die *Ion-Dipol-Assoziation*, in

3.2.4 auf die *Dipol-Dipol-Assoziation*, in 3.2.5 auf die *van der Waalssche Assoziation* und in 3.2.6 auf die zumindest zum Teil auf elektrostatische Kräfte zurückzuführende *Wasserstoffbrücke*.

3.2.2 Die Interionen-Assoziation

Das für elektrostatische Kräfte zwischen zwei elektrisch geladenen Körpern maßgebende *Coulombsche Gesetz* lautet:

$$P = Q_1 \cdot Q_2 / d^2 \qquad (3.1)$$

Es liefert die jeweilige Kraft P unmittelbar in dyn (bzw. modern in 10^{-5} N [= Newton]), wenn man die elektrischen Ladungen (Q_1 und Q_2) in elektrostatischen Einheiten und den Abstand d zwischen ihnen in cm angibt. Das Gesetz sagt in Worten, daß P dem Produkt der beiden aufeinander wirkenden elektrischen Ladungen proportional und dem Quadrat des Abstandes zwischen ihnen umgekehrt proportional ist. Ferner nimmt P bei gleichnamigen Ladungen immer *positive* Werte an und bedeutet dann eine *abstoßende Kraft*, während die bei ungleichnamigen Ladungen resultierenden *negativen P-Werte* umgekehrt eine *Anziehung* bedeuten.

Für die Stärke der Verknüpfung zweier beliebiger Materieteilchen ist jedoch weniger die Anziehungskraft in einem bestimmten Abstand maßgebend, sondern vielmehr die *Energie*, die man zur Überwindung der Anziehungskraft bei der Trennung der Teilchen aufbringen muß. Sie wird in der Praxis immer in Kilojoule pro Mol (kJ/mol) angegeben und *Spaltungsenergie* (häufiger bei entgegengesetztem Vorzeichen *Bildungsenergie*) der betreffenden Atomverknüpfung genannt.

Im Falle der *Interionenassoziation* läßt sich die Spaltungsenergie $E_{Ion\text{-}Ion}$ eines aus zwei entgegengesetzt geladenen Ionen bestehenden *Ionenpaares* relativ einfach mit Hilfe des Coulombschen Gesetzes berechnen, indem man Gleichung 3.1 über den von d auf ∞ ansteigenden Abstand x integriert:

$$E_{Ion\text{-}Ion} = \int_d^{\infty} \frac{Q_1 \cdot Q_2}{x^2}\, dx = -\frac{Q_1 \cdot Q_2}{d} \quad \text{erg (bzw. } 10^{-7}\text{ J)} \qquad (3.2)$$

Bei *entgegengesetztem Vorzeichen* von Q_1 und Q_2 wird $E_{Ion\text{-}Ion}$ also immer *positiv* und bedeutet dann, dem Wesen einer *Spaltungsener-*

gie entsprechend, eine von außen dem System zuzuführende Energie.

Im Falle des *Natriumchlorids* mit einem Ionenabstand von 286 pm errechnet sich auf Grund von Gleichung 3.2 die Spaltungsenergie des Ionenpaares zu 486 kJ/mol. Im besonders engen *Lithiumfluoridgitter* geht der Ionenabstand sogar auf 196 pm zurück. Hier steigt die Spaltungsenergie des Ionenpaares infolgedessen um nahezu 50 % auf 708 kJ/mol an.

Diese Energiebeträge sind verhältnismäßig hoch und übertreffen, wie später gezeigt wird, die Spaltungsenergien nahezu aller anderen Atomverknüpfungsmöglichkeiten. Sie dürften im wesentlichen der Wirklichkeit entsprechen, denn mit ihrer Hilfe lassen sich die wichtigsten Eigenschaften der Salze befriedigend erklären (s. 6.1–6.4).

Die *elektrostatischen Kräfte* werden im Gegensatz zu den in 3.3 beschriebenen chemischen Bindungskräften bei der Verknüpfung zweier Ionen *nicht abgesättigt.* Jedes Ion, das in einer bestimmten Richtung ein in der Nähe befindliches entgegengesetzt geladenes Ion anzieht, übt daher in anderen Richtungen auf andere in der Nähe befindliche entgegengesetzt geladene Ionen exakt die gleiche Anziehungskraft aus wie auf das erste Ion.

Als wichtigste Folge dieser Gesetzmäßigkeit sind sämtliche Ionen bestrebt, sich im Kristallgitter ihrer Salze mit einer *möglichst großen Zahl von entgegengesetzt geladenen Ionen* zu umgeben. Z. B. kann man das kleine Natrium-Ion (R_{Kat} = 95 pm, s. Tab. 2.1) nur 6, das größere Cäsium-Ion (R_{Kat} = 169 pm) dagegen 8 Chlorid-Ionen (R_{An} = 181 pm) um sich herum gruppieren. Man beobachtet daher in allen Ionengittern unter Vermeidung des Auftretens größerer Hohlräume eine sehr dichte Materiepackung (s. 9.1.1).

Weiterhin ist für die elektrostatischen Kräfte charakteristisch, daß sie nur *in Richtung der Verbindungslinie* der sich anziehenden Teilchen wirksam sind, nicht aber senkrecht dazu. Lediglich die Entfernung eines Ions aus dem Einflußbereich eines entgegengesetzt geladenen Ions ist deswegen mit einem Arbeitsaufwand verbunden, während eine seitliche Verschiebung, wie etwa der *Stellungswechsel* zweier in der Nähe eines entgegengesetzt geladenen Ions befindlicher Ionen oder (bis zu einem gewissen Grade) auch die *Verschie-*

bung eines Ions auf einer Kristalloberfläche keine oder nur eine geringe Energiezufuhr erfordert. Die Verhältnisse können direkt mit einer auf einer ebenen Fläche ruhenden schweren Last verglichen werden. Zum Abheben dieser Last muß man das *volle Gewicht* überwinden. Einer seitlichen Verschiebung stehen dagegen bei entsprechender Schmierung nur *schwache Reibungskräfte* entgegen.

Schließlich sei noch kurz auf die öfter diskutierte Frage eingegangen, ob die starken interionischen Kräfte wirklich nur *Assoziationskräfte* darstellen, oder ob sie nicht besser als die eigentlichen *chemischen Bindungskräfte* im Innern eines Salzes aufgefaßt werden müssen. Bei der Beantwortung dieser Frage muß man den häufig übersehenen Umstand berücksichtigen, daß die Bildung eines Salzes aus den freien Atomen, z. B. von Kochsalz aus Natrium- und Chlor-Atomen, zwar mit Sicherheit eine *chemische Reaktion* ist, aber in zwei mehr oder weniger voneinander unabhängigen Teilschritten vor sich geht. Es sind dies:

1. die Bildung freier Natrium- und Chlor-*Ionen* durch Übergang je eines Elektrons von den Natrium- zu den Chlor-*Atomen*. Dieser Teilschritt ist bereits die eigentliche *chemische Reaktion*, denn nur bei ihm findet eine Veränderung der Elektronenhülle beider Atome statt. Aber er führt nicht unmittelbar zu einer Verknüpfung der entstandenen Ionen, denn diese können auch *unabhängig voneinander* existieren, z. B. in Lösung. In der auf diesem Wege erfolgten Ionenbildung begegnen wir somit einer *ohne Atomverknüpfung* ablaufenden Valenzbetätigung der Atome, für die auch der Name *Elektrovanz* gebräuchlich ist.

2. der Zusammenschluß der im ersten Teilschritt entstandenen entgegengesetzt geladenen Ionen zum *Ionengitter* des Salzes. Dieser auf elektrostatischen Anziehungskräften beruhende Vorgang ist seinem ganzen Wesen nach nur ein *Assoziationseffekt*, denn er ist mit keinerlei Veränderung der Elektronenhüllen der beteiligten Atome mehr verbunden, und er kann, wie ebenfalls die Auflösung eines Salzes in einem Lösungsmittel zeigt, für sich allein, ohne chemische Änderung der Ionen wieder rückgängig gemacht werden.

Für die Erklärung der *physikalischen Eigenschaften* der Salze, insbesondere ihrer mechanischen Festigkeit, ihrer hohen Siedetemperaturen, ihrer Wasserlöslichkeit und auch der elektrischen Leitfähigkeit ihrer wäßrigen Lösungen, spielen immer nur die Beziehungen zwischen den *bereits gebildeten Ionen* eine Rolle, während der grundsätzlich auch mögliche chemische Vorgang einer in Umkehrung des ersten Teilschritts erfolgenden Zerlegung des Salzes in die *freien Elemente* (z. B. von Natriumchlorid in metallisches Natrium und elementares Chlor) im äußeren Erscheinungsbild der Salze überhaupt nicht zum Ausdruck kommt. Die Abgrenzung des physikalischen Vorgangs der Ionen-Assoziation gegen den chemischen Vorgang der Ionenbildung geschieht also durchaus zu Recht.

3.2.3 Die Ion-Dipol-Assoziation

Die Ionen-Assoziation kann man also mit Hilfe von *elektrostatischen Anziehungskräften* befriedigend erklären. Wie steht es aber bei den zahlreichen anderen bekannten Assoziationserscheinungen, an denen auch *neutrale Atome* bzw. *Moleküle* beteiligt sind?

Hier schien es, wie schon erwähnt, anfangs unmöglich zu sein, sie ebenfalls auf elektrostatische Kräfte zurückführen zu können, denn das Coulombsche Gesetz fordert lt. Gleichung 3.1, daß die beiden sich anziehenden Teilchen je eine elektrische Ladung tragen, neutrale Partikelchen also nicht angezogen werden. Erst die moderne Erkenntnis, daß auch die elektroneutralen Atome aus elektrisch geladenen Elementarteilchen aufgebaut sind, eröffnete die Möglichkeit einer *elektrostatischen Wechselwirkung* zwischen Ionen und neutraler Materie:

Elektrostatische Effekte treten nämlich immer dann auch gegenüber *elektroneutralen* Teilchen in merklichem Umfang auf, wenn sich die Ionen diesen Teilchen so weit nähern, daß die Abstände des Ions von den Schwerpunkten von positiver und negativer Ladung *nicht mehr gleich gesetzt* werden dürfen, so daß in Abhängigkeit von der gegenseitigen Stellung der Teilchen einmal die *Anziehungs-* und einmal die *Abstoßungskräfte* überwiegen.

Die geometrisch einfachste und auch für unsere Betrachtung wichtigste Möglichkeit der Verteilung der elektropositiven und elektronegativen Ladungen auf verschiedene Schwerpunkte liegt in den sog. *Dipolen* vor, mit denen wir uns im folgenden ausschließlich beschäftigen wollen.

Unter einem Dipol versteht man einen nach außen *elektroneutralen* Körper, der an verschiedenen Stellen sowohl eine *elektropositive* als auch eine *elektronegative* Ladung – gleicher Stärke, sonst wäre der Körper nicht nach außen neutral – trägt. In Abb. 3.1 ist ein derartiger Dipol schematisch wiedergegeben. Für die von ihm ausgehenden elektrostatischen Kräfte ist maßgebend einerseits die Höhe der elektrischen Ladungen (+ Q und − Q) andererseits die Länge des Dipols (l), worunter man den Abstand zwischen den beiden „Polen", d. h. zwischen den *Schwerpunkten* der positiven und negativen Ladung versteht.

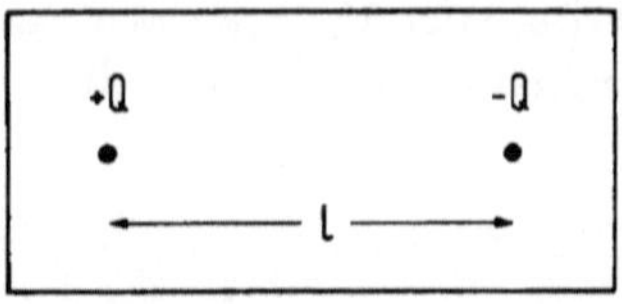

Abb. 3.1
Aufbauschema eines elektrischen Dipols.

Die Stärke eines Dipols charakterisiert man allgemein durch das *Dipolmoment* (μ) genannte Produkt aus *Ladungshöhe* (Q) und *Polabstand* (l):

$$\mu = Q \cdot l \quad D^{10} \tag{3.3}$$

Es ist für das elektrische Verhalten eines Dipols also gleichgültig, ob sich Ladungen der Stärke Q im Abstand l oder ob sich Ladungen der Stärke n · Q im Abstand l/n voneinander befinden. Spätere Zahlenangaben über die Größe von l sind immer unter der stillschweigenden (und meistens zutreffenden) Annahme gemacht, daß Q gleich dem Elementarquantum ist.

Die Richtung und die Stärke der von einer einzelnen elektrischen Ladung auf einen Dipol ausgeübten elektrostatischen Kraft hängt weitgehend von der *gegenseitigen Orientierung* beider Körper ab. Beispielsweise ist in der in Abb. 3.2 wiedergegebenen Stellung a der

[10] Mit D (= Debye-Einheit = 10^{-18} elektrostatische Einheiten) symbolisiert man eine für die Wiedergabe der Dipolmomente von Einzelmolekülen geeignete Einheit. Der Proportionalitätsfaktor von 10^{-18} gegenüber der eigentlichen elektrostatischen Einheit wurde gewählt, weil die im Molekülinnern auftretenden elektrischen Ladungen meistens gleich dem Elementarquantum (= $4{,}8 \cdot 10^{-10}$ elektrostatische Einheiten, s. 2.2.1) sind und der Polabstand in der Größenordnung von 10^{-8} cm liegt.

negative Pol des Dipols der positiven Einzelladung stärker angenähert als der positive Pol, so daß die (gestrichelt angedeuteten) Anziehungskräfte stärker sind als die (ebenfalls gestrichelt gezeichneten) Abstoßungskräfte und bei der vektoriellen Addition beider Kräfte eine *Anziehung* resultiert (ausgezogener Pfeil). In Stellung c beobachtet man in analoger Weise eine *Abstoßung*, weil hier die gleichnamigen Ladungen einander näher stehen als die ungleichnamigen. Schließlich tritt in Stellung b weder eine Anziehung noch eine Abstoßung ein, sondern es resultiert nur eine *seitliche Verschiebungskraft*. Bei völliger Unordnung der Moleküldipole ergäbe sich danach für die zwischenmolekularen Kräfte innerhalb der Materie der statistische Mittelwert 0, also weder eine Anziehung noch eine Abstoßung.

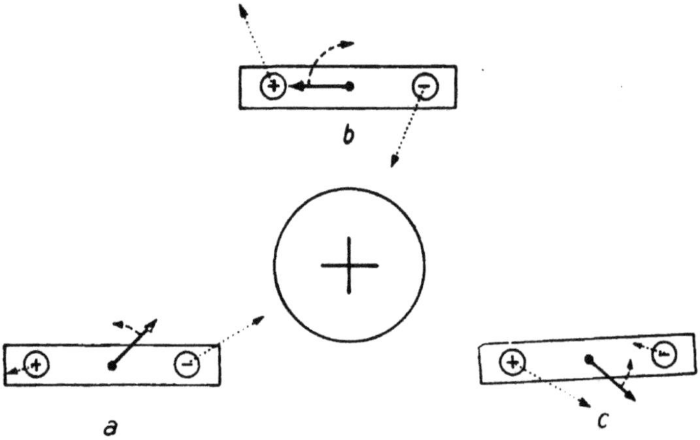

Abb. 3.2 Die von einer positiven Ladung auf einen Dipol ausgeübten Kräfte. ·····→ Teilkräfte ——→ bei vektorieller Addition resultierende Gesamtkraft ·-·-→ Drehmoment.

Die Moleküldipole in einer Substanz sind aber niemals vollkommen ungeordnet. Wie ebenfalls aus Abb. 3.2 ersichtlich ist, bewirkt die vektorielle Addition von Anziehungs- und Abstoßungskräften nicht nur eine lineare Gesamtkraft, sondern sie erzeugt auch ein *Drehmoment* (in Abb. 3.2 durch gekrümmte Pfeile gekennzeichnet), das immer so gerichtet ist, daß sich der Dipol in die *günstigste Anziehungsstellung* zu drehen bestrebt ist. Sind die Moleküldipole im Materieinnern also frei beweglich, wie man es zumindest für

Flüssigkeiten (und damit auch für Festkörper im Augenblick ihrer Bildung aus Flüssigkeiten) annehmen muß, so werden sie sich zu den Einzelladungen eines jeden Ions immer derart orientieren, daß in summa eine *Anziehung* resultiert.

Auf Grund des Coulombschen Gesetzes erhält man infolge der exakten vektoriellen Überlagerung aller anziehenden und abstoßenden elektrostatischen Kräfte für die Spaltungsenergie eines *Ionen-Dipol-Assoziats* ($E_{Ion\text{-}Dipol}$) in der günstigsten Anziehungsstellung die Näherungsgleichung:

$$E_{Ion\text{-}Dipol} = \mu \cdot Q/d^2 \qquad (3.4)$$

Ersetzt man in dieser Gleichung das Dipolmoment μ durch das Produkt $Q \cdot l$ (Gleich. 3.3) und in dem hierbei entstehenden Ausdruck die Größe Q^2/d durch die Spaltungsenergie eines Ionenpaares (Gleich. 3.2), so kommt man zu der folgenden vereinfachten Näherungsgleichung, die für $l/d < 0{,}4$ noch ziemlich streng gültig ist:

$$E_{Ion\text{-}Dipol} = E_{Ion\text{-}Ion} \cdot l/d \qquad (3.5)$$

Danach stehen die Stärken der beiden Assoziationseffekte im Verhältnis des Quotienten aus dem Polabstand im Innern des Dipolmoleküls (l) und des zwischenmolekularen Abstands (d) zwischen Ion und Dipolmolekül zueinander.

Eine derartige Ion-Dipol-Assoziation spielt vor allem bei der *Auflösung eines Salzes* eine wichtige Rolle. Sie findet immer dann statt, wenn die *Solvatation* genannte Umhüllung der Ionen mit Lösungsmittelmolekülen mehr Energie liefert, als zur Überwindung der *Kristallgitterkräfte* erforderlich ist. Für den Spezialfall der Auflösung eines Salzes in Wasser errechnet sich der Quotient l/d aus dem Dipolmoment des Wassers (= 1.8 D) und dem Abstand zwischen Ion und einem benachbarten Wassermolekül (ca. 250 pm für *Kationen* und 380 pm für *Anionen*) zu etwa 0,10–0,15. Danach ist die Assoziationsenergie zwischen einem Ion und einem einzigen Wassermolekül also etwa gleich 1/10 bis 1/7 der Bildungsenergie eines *Ionenpaares*. Das bedeutet aber, daß jedes der beiden Ionen eines Salzes nur von 3–5 Wassermolekülen solvatisiert werden muß, um ein *Ionenpaar* zu zerlegen, und von 7–9 Wassermolekülen, um das in 6.1 beschriebene *Ionengitter* aufzuspalten. Da beide Ionen in Wasser gleichzeitig von mehr Wassermolekülen solvatisiert werden, die sich (wenn auch mit abnehmender Solvatationsenergie) in mehreren Schichten übereinander anordnen, reicht dieser Effekt vollständig zur Erklärung der Wasserlöslichkeit der Salze aus (s. auch 6.2 und 6.4).

3.2.4 Die Dipol-Dipol-Assoziation

In ähnlicher Weise treten auch zwischen *zwei neutralen Molekülen* nicht unbeträchtliche elektrostatische Kräfte auf, wenn in ihnen die Schwerpunkte der positiven und der negativen Ladung genügend weit auseinanderliegen, sie also einen ausreichenden *Dipolcharakter* aufweisen. In Abb. 3.3 sind in ähnlicher Weise wie in Abb. 3.2 derartige zwischen *zwei Dipolmolekülen* auftretende elektrostatische Kräfte für verschiedene mögliche gegenseitige Stellungen zusammengestellt.

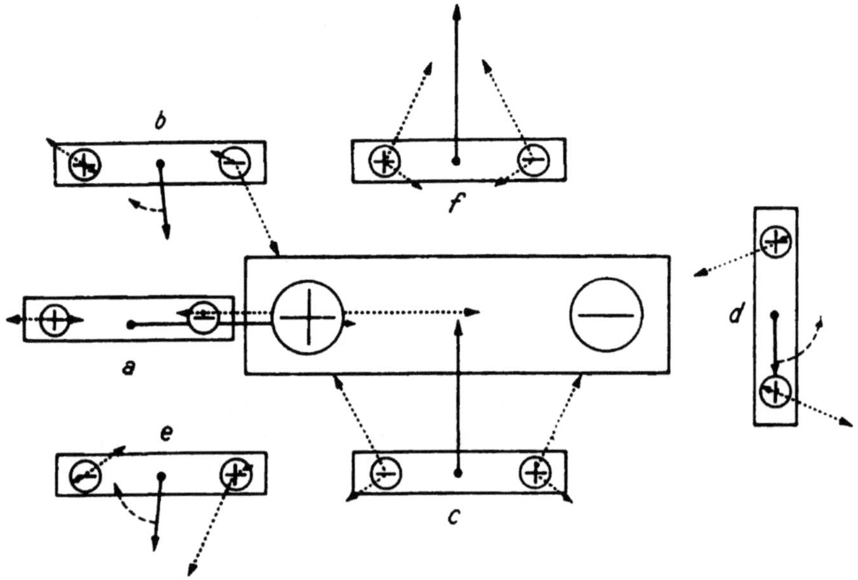

Abb. 3.3 Die zwischen zwei Dipolen auftretenden elektrostatischen Kräfte.

Beispielsweise würde bei den Stellungen a, b und c gegenüber dem zentralen Dipol in summa eine *Anziehungskraft*, bei den Stellungen e und f dagegen eine *Abstoßungskraft* und bei der Stellung d wiederum eine *seitliche Verschiebungskraft* resultieren. Ferner tritt auch hier bei der Wechselwirkung zweier Dipole ein *Drehmoment* auf, durch das beide Dipole in die *günstigste Anziehungsstellung* gedreht werden. Im Materieinnern werden sich infolgedessen auch Dipolmoleküle so gegeneinander ausrichten, daß ausschließlich *Anziehungskräfte* zwischen ihnen auftreten.

Die *Spaltungsenergie* eines derartigen Dipol-Dipol-Assoziats kann man ebenfalls relativ leicht durch vektorielle Addition aller vier streng dem Coulombschen Gesetz gehorchenden Teilkräfte berechnen. Sie wird für zwei gleichartige, sich in der *Anziehungsstellung* a (Abb. 3.3) befindenden Dipolmoleküle durch die folgende Näherungsgleichung wiedergegeben:

$$E_{\text{Dipol-Dipol}} = 2\,\mu^2/3\,d^3 \quad (3.6)$$

und läßt sich wie bei der Ion-Dipol-Assoziation mit den Gleichungen 3.3 und 3.2 in eine einfache Beziehung zur Spaltungsenergie eines Ionenpaares bringen:

$$E_{\text{Dipol-Dipol}} = E_{\text{Ion-Ion}} \cdot 2/3 \cdot (l/d)^2 \quad (3.7)$$

Hier tritt der Quotient l/d bereits in der 2. Potenz auf. Die Spaltungsenergie eines Dipol-Dipol-Assoziats beträgt infolgedessen schon beim Absinken dieses Quotienten auf den Wert 1/8, was im allgemeinen bei Dipolmomenten um 1,8 D der Fall ist, nur noch etwa 1 % der Spaltungsenergie eines Ionenpaares. Die Stärke der Dipol-Dipol-Assoziation liegt damit bei mittleren Dipolmomenten etwa in der gleichen Größenordnung wie die der im nächsten Abschnitt beschriebenen *van der Waalsschen Assoziation.* Da sich beide Assoziationseffekte überlagern, zeigen aus Dipolmolekülen aufgebaute Substanzen gegenüber solchen aus dipolfreien Molekülen einen mit dem Dipolmoment ansteigenden zusätzlichen Assoziationseffekt, der am deutlichsten in einer *Siedepunktserhöhung* zum Ausdruck kommt. In Tabelle 3.1 ist ein derartiger Siedepunktsvergleich durchgeführt. Danach tritt diese Siedepunktserhöhung (Δ t) wegen der nicht idealen Vergleichsbedingungen erst bei Dipolwerten oberhalb 1,5 D allgemein in Erscheinung und steigert sich beim *Trimethylaminoxid* mit dem besonders hohen Dipolmoment von 5,0 D bis auf 360 °C. Hier übertrifft die Dipol-Dipol-Assoziation bereits alle anderen in Frage kommenden Assoziationseffekte bei weitem an Stärke. Allerdings treten Moleküldipolmomente dieser Größenordnung nur sehr selten auf, so daß wir uns im folgenden nicht näher mit ihnen zu beschäftigen brauchen.

Tabelle 3.1 Die Erhöhung der Siedetemperaturen (t) durch Moleküldipolmomente (μ)

Dipolsubstanz	μ in D	t in °C	dipolfreie Vergleichssubstanz	t in °C	Δ t
Diäthyläther	1,15	35	Pentan	36	− 1
Diphenyläther	1,14	252	Diphenylmethan	257	− 5
Essigester	1,81	77	2-Methylpentan	60	17
Pyridin	2,23	116	Benzol	80	36
Acetaldehyd	2,55	20	Propan	− 45	65
Aceton	2,80	56	Isobutan	− 10	66
Nitroäthan	3,2	115	2-Methylbutan	28	87
Acetonitril	3,4	82	Propin	− 27	109
Butyrolacton	4,1	206	Methylcyclopentan	72	134
Diäthylsulfon	4,4	246	Diäthylsulfid	92	154
Trimethyl-aminoxid	5,0	350*	Neopentan	10	360

* Auf Grund der Sublimationswärme bei 180 °C/10–12 Torr geschätzt.

3.2.5 *Die van der Waalssche Assoziation*

Welche Art von Assoziationskräften tritt aber nun zwischen *dipolfreien Neutralmolekülen* auf? Bekanntlich gibt es keine gasförmige Materie, die sich nicht bei genügend tiefer Temperatur zu einer Flüssigkeit oder einem Festkörper kondensieren läßt. Demnach muß es eine universell wirksame, von jedem kleinsten Materieteilchen ausgehende Anziehungskraft geben, die den inneren Zusammenhalt dieser Phasen bewirkt. Sie wird meistens kurz *Allgemeine Assoziation* oder nach ihrem ersten Bearbeiter *van der Waalssche Assoziation* genannt.

Über die *Existenz* der van der Waalsschen Assoziation weiß man schon seit über 100 Jahren Bescheid[11]. Aber die Frage nach den

Kräften, die eine derartige Molekülzusammenballung hervorrufen, konnte man bis weit in das 20. Jahrhundert hinein nicht beantworten, denn außer der Gravitation und den elektrostatischen Kräften war keine universell wirksame Anziehungskraft zwischen Materieteilchen bekannt. Erstere reichen aber, wie schon erwähnt, für das Zustandekommen der Assoziationserscheinung nicht aus, und die letzteren setzen, wie ebenfalls schon erwähnt, zumindest das Vorliegen von *Moleküldipolen* voraus.

Demgegenüber existiert eine große Reihe von Substanzen – hierher gehören vor allem die *einatomigen Edelgase*, die *symmetrischen zweiatomigen Moleküle* der Elemente Wasserstoff, Sauerstoff, Stickstoff, Chlor usw. sowie viele *Kohlenwasserstoffe* – deren kleinste Teilchen aus verschiedenen Gründen *keinerlei Dipolmoment* erwarten lassen und bei denen auch experimentell niemals ein Moleküldipolmoment beobachtet wurde. Elektrostatische Anziehungskräfte schienen für diesen Assoziationseffekt daher von vornherein nicht in Betracht zu kommen.

Die Lösung des Problems gelang F. London erst im Jahre 1930. Er ging von der Vorstellung aus, daß die kleinsten Teilchen der angeführten Substanzen zwar in Übereinstimmung mit den Experimenten im Zeitmittel das *Moleküldipolmoment 0* besitzen, daß aber bei den Schwingungen der Hüllenelektronen um den Atomkern der *Schwerpunkt der negativen Ladung* sehr schnell seine relative Lage zum mehr oder weniger *ruhenden Atomkern* ändert. D. h., es entsteht in summa ein sehr schnell seine Richtung und Stärke wechselnder *Molekül-* oder auch *Atomdipol*, der nur über längere Zeit hinweg das mittlere Dipolmoment 0 annimmt. Jeder derartige Dipol induziert aber auf Grund seiner elektrostatischen Wirkung in jedem benachbarten Atom- oder Molekül eine gewisse Elektronenverschiebung, die zur Ausbildung eines *zweiten Dipols* führt. Dieser zweite Dipol wechselt naturgemäß seine Richtung und Stärke im gleichen Rhythmus wie der erste und befindet sich stets in *Anziehungsstellung* zum induzierenden Dipol. Die elektrostatische Anziehung zwischen induzierendem und induziertem Dipol ist nach

[11] J. D. van der Waals stellte die nach ihm benannte Zustandgleichung für reale Gase, in der erstmals die bereits in der Gasphase nachweisbare Anziehungskräfte zwischen Neutralmolekülen als physikalischer Assoziationseffekt in Rechnung gestellt wurden, bereits im Jahre 1873 auf.

F. London die eigentliche Ursache der van der Waalsschen Assoziation. Insbesondere gelang es London, auf Grund dieser Theorie, die bekannten van der Waals-Konstanten (a) des *Argons* und einiger anderer Substanzen relativ genau zu berechnen, so daß an der richtigen Deutung dieser allgemeinen Assoziationserscheinung heute kein Zweifel mehr besteht.

Obgleich die van der Waals-Kräfte in unmittelbarer Umgebung der Atome und Moleküle um viele Größenordnungen stärker sind als die Gravitationskräfte, stellen sie den bei weitem *schwächsten zwischenatomaren* (bzw. zwischenmolekularen) *Anziehungseffekt* dar, der in den Materieeigenschaften zum Ausdruck kommt. Alle Stoffe, deren kleinste Teilchen nur durch diese van der Waalssche Assoziation zusammengehalten werden, sieden daher verhältnismäßig tief. Charakteristisch für die van der Waals-Kräfte ist weiterhin die für die elektrostatischen Wechselwirkungen typische Unabhängigkeit von der Zahl und Richtung anderer in der Umgebung befindlicher Teilchen, die auch hier zu einer *möglichst dichten Materiepackung* führt.

Die Berechnung der Stärke der van der Waalsschen Assoziation ist mit einfachem mathematischem Aufwand nicht möglich. Sie kann aber auf Grund der *Verdampfungswärme* einfacher niedermolekularer Verbindungen leicht abgeschätzt werden. Z. B. beträgt die Verdampfungswärme des *Methans* annähernd 8 kJ/mol. Hieraus folgt unter der Annahme dichtester Kugelpackung in der flüssigen Phase – d. h. daß jedes Methanmolekül unmittelbar von 12 Nachbarmolekülen umgeben ist – ein Energiebetrag von $8/4 = 2$ kJ/mol für die Zerlegung eines nur aus zwei Molekülen bestehenden van der Waalsschen Assoziats. Das sind nur noch 0,4 % der Spaltungsenergie eines Ion-Ion-Assoziats und vielleicht 0,6 % der Spaltungsenergie einer Kohlenstoff-Kohlenstoffbindung (s. Tabelle 3.3).

3.2.6 Die Wasserstoffbrücke

Eine letzte interessante Assoziationserscheinung, die sich von den bisher beschriebenen Effekten bereits in einigen Punkten grundlegend unterscheidet und zu den chemischen Bindekräften überleitet, liegt in der *Wasserstoffbrücke*[12] vor. Sie hat ihren Namen erhalten, weil sie nur von Wasserstoffverbindungen, und von diesen auch nur von einer ganz bestimmten Gruppe, gebildet wird.

Schon frühzeitig war aufgefallen, daß *Wasser* und andere *Hydroxylverbindungen* sowie in schwächerem Ausmaß auch *Stickstoff-Wasserstoff-Verbindungen* unerwartet hoch sieden. In Tabelle 3.2 sind die Siedetemperaturen (t) einiger derartiger OH- und NH-gruppenhaltiger Substanzen denen von am Sauerstoff und Stickstoff wasserstofffreien Vergleichssubstanzen gegenübergestellt. Als solche wurden nach Möglichkeit isomere, d. h. aus den gleichen Atomen nur in anderer Anordnung aufgebaute Stoffe, sowie im Falle des Wassers und des Ammoniaks das hinsichtlich der Molekülgröße etwa vergleichbare Methan, gewählt.

Tabelle 3.2 Die siedepunktserhöhende Wirkung von Wasserstoffbrücken

Wasserstoffverbindung	t in °C	Vergleichsverbindung	t in °C	Δ t
		1. Hydroxylverbindungen		
CH_3-CH_2-OH Ethanol	78	CH_3-O-CH_3 Dimethyläther	– 25	103
CH_3-CH_2-CH_2-CH_2-OH Butanol	118	CH_3-CH_2-O-CH_2-CH_3 Diethyläther	35	83
H-O-H Wasser	100	H-CH_2-H Methan	– 164	264
		2. Aminoverbindungen		
CH_3-NH-CH_2-CH_3 Ethylmethylamin	35	$(CH_3)_3N$ Trimethylamin	– 3	38
CH_3-CH_2-CH_2-NH_2 Propylamin	48	$(CH_3)_3N$ Trimethylamin	– 3	51
NH_3 Ammoniak	– 33	H-CH_3 Methan	– 164	131

[12] Der Ausdruck „-*Brücke*" (im Gegensatz zu „-*Bindung*") wurde hier und in einigen ähnlich gelagerten Fällen gewählt, um diese Möglichkeit der Atomverknüpfung scharf gegen die eigentliche *chemische Bindung* (insbesondere die *kovalente Bindung*) abzugrenzen.

Danach beträgt die durch die Wasserstoffbrücke bedingte Siedepunktserhöhung (Δ t) bei den Alkoholen mit nur *einem Wasserstoffatom* am Sauerstoff 83 bzw. 103 °C, um beim Wasser mit *zwei Wasserstoffatomen* am Sauerstoff auf 264 °C anzusteigen. Die entsprechenden Differenzen für die Amine sind: 38 °C für die NH-Gruppe im Ethylmethylamin, 51 °C für die NH_2-Gruppe im Propylamin und 131 °C für das NH_3-Molekül.

Für die Bildung einer Wasserstoffbrücke genügt nicht nur die Anwesenheit von Wasserstoff im Molekül schlechthin (z. B. beobachtet man bei sämtlichen Kohlenwasserstoffen noch keinen siedepunktserhöhenden Effekt). Der Wasserstoff muß vielmehr *„aktiv"* sein, d. h. eine gewisse, wenn auch meistens nur sehr schwach ausgeprägte *Acidität* aufweisen, wie es beim Wasser und Ammoniak der Fall ist. Ferner bildet sich die Wasserstoffbrücke nicht zwischen zwei aktiven Wasserstoffatomen aus, sondern wird vom aktiven H-Atom *(Donor-Atom)* zu einem zweiten aktiven Atom „geschlagen", das aus diesem Grunde *Acceptor-Atom* genannt wird und sich durch eine meistens ebenfalls ziemlich schwache *Basizität*[13] auszeichnet. Fehlt nur eine der beiden aktiven Gruppen – z. B. das Acceptor-Atom im stark sauren Chlorwasserstoff oder der aktive Wasserstoff

[13] Das Zusammenwirken von saurem Donor- und basischem Acceptor-Atom bei der Bildung von Wasserstoffbrücken darf nicht mit der normalen *Säure-Base-Reaktion* zwischen sauren und basischen Gruppen verwechselt werden. Während in letzterem Falle im Sinne einer echten chemischen Reaktion ein Proton (= $H^{\oplus}$) von der sauren zur basischen Gruppe übergeht, so daß aus zwei Neutralmolekülen die beiden Ionen eines Salzes entstehen:

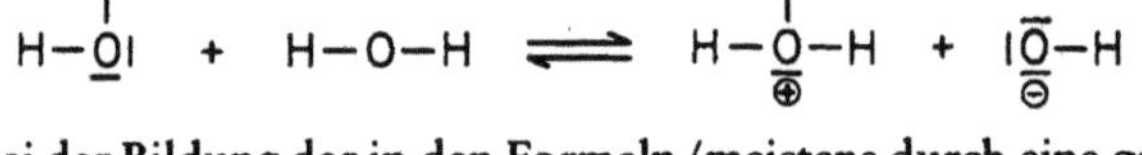

bleiben bei der Bildung der in den Formeln (meistens durch eine gestrichelte Linie gekennzeichneten) Wasserstoffbrücke beide Moleküle im wesentlichen unverändert und erfahren nur eine *Assoziation*:

Die Wasserstoffbrückenbildung ist danach nur eine *Vorstufe der eigentlichen Säure-Base-Reaktion* und führt nur dann zu einem stabilen Assoziat, wenn die Acidität des Donor- und die Basizität des Acceptoratoms noch nicht ausreichen, um das Proton tatsächlich übertreten zu lassen.

im stark basischen Trimethylamin (s. Tab. 3.2) –, so tritt bereits keine Siedepunktserhöhung mehr ein.

Als Folge dieses charakteristischen Aufbauprinzips beobachtet man zwei auch für unsere Betrachtung wichtige neuartige Eigenschaften der Wasserstoffbrücken-Assoziation:

1. Im Gegensatz zu den allseitig wirkenden und sich bei ihrer Betätigung nicht gegenseitig absättigenden elektrostatischen Kräften kann ein aktives Wasserstoffatom nur *eine einzige Wasserstoffbrücke* ausbilden. Seine diesbezügliche Befähigung wird also bereits durch die erste Wasserstoffbrücke vollständig *abgesättigt*. Die Ursache hierfür ist u. a. in der relativ starken gegenseitigen Annäherung der miteinander verknüpften Atome zu erblicken. Wie Abb. 3.4b erkennen läßt, ist im Falle des Doppelmoleküls der Essigsäure die Bildung der Wasserstoffbrücken mit einer Herabsetzung des *Sauerstoff-Sauerstoff-Abstands* um 70 pm auf nur noch 270 pm verbunden. Die beiden Sauerstoffatome rücken infolgedessen so nahe zusammen, daß das Wasserstoffatom zwischen ihnen nahezu vollständig verschwindet. Es ist somit überhaupt kein freier Raum mehr vorhanden, um dieses Wasserstoffatom an einer zweiten Wasserstoffbrücke zu beteiligen.

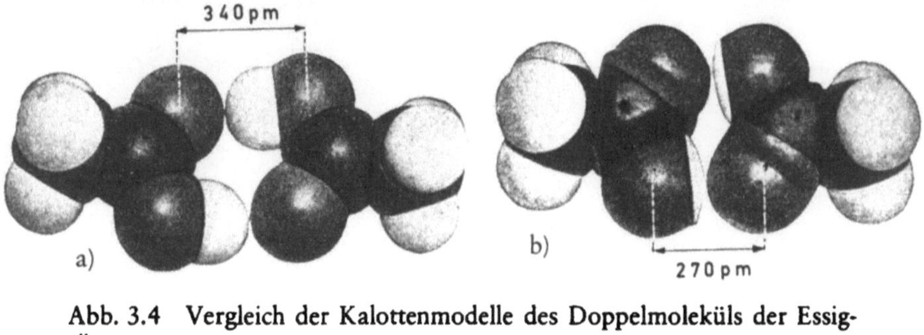

Abb. 3.4 Vergleich der Kalottenmodelle des Doppelmoleküls der Essigsäure.
a) bei Annahme der normalen Wirkungsradien (R_W) und Bindungsradien (R_B) des Sauerstoff- und Wasserstoffatoms (s. Tab. 3.1).
b) bei Berücksichtigung des tatsächlichen Abstands zwischen den beiden durch die Brücke verbundenen Sauerstoffatomen.

Infolge dieser Absättigung des Wasserstoffbrückeneffekts wirkt ein Wasserstoffbrücken-Assoziat, sofern nur alle aktiven Wasserstoffatome intern abgesättigt werden, wie es im oben abgebildeten Doppelmolekül der Essigsäure der Fall ist, nach außen *Wasserstoffbrük-ken-inaktiv.* Dies geht u. a. aus der Siedetemperatur der Essigsäure (117 °C) hervor, die mit dem theoretisch für eine Wasserstoffbrük-ken-freie Verbindung des doppelten Molekulargewichts berechneten Wert (119 °C) nahezu übereinstimmt.

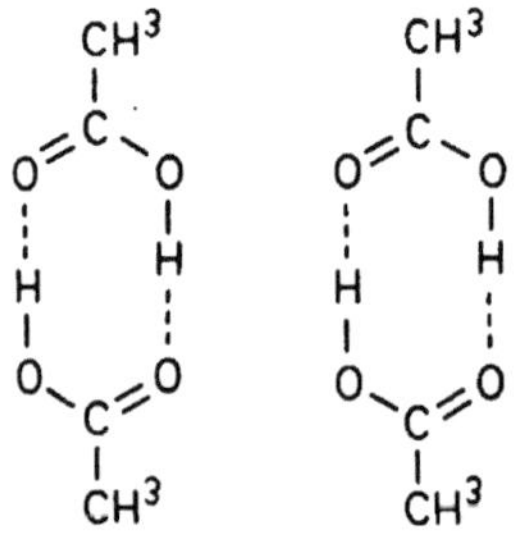

zwei benachbarte Essigsäuredoppelmoleküle (keine Verknüpfung durch Wasserstoffbrücken)

Acetamid mit zwei aktiven Wasserstoffatomen am Stickstoffatom, von denen nur eines innerhalb eines Doppelmoleküls abgesättigt werden kann und das zweite die Ausbildung einer Wasserstoffbrücke zu einem *benachbarten Doppelmolekül* ermöglicht, siedet dagegen bei 221 °C, also um volle 104° höher als Essigsäure:

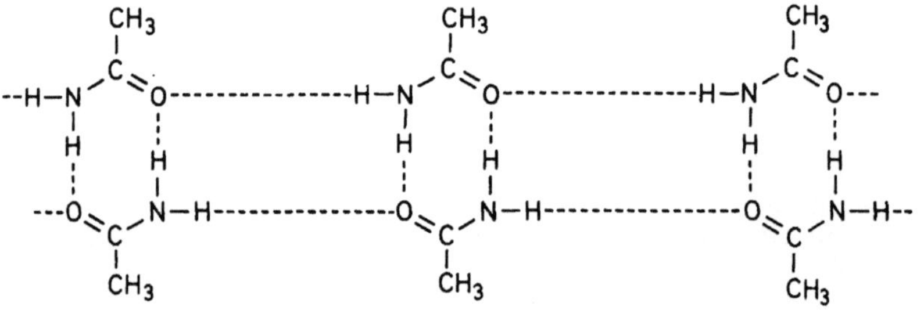

Verknüpfung benachbarter Acetamiddoppelmoleküle durch nach außen gerichtete Wasserstoffbrücken

2. Infolge dieser Verhältnisse kann die Zahl der von einem Zentralatom einer aktiven Wasserstoffverbindung ausgehenden Wasserstoffbrücken niemals die für die dichteste Materiepackung charakteristische Zahl 12 erreichen, sondern maximal die Zahl 4. Beispielsweise ist das Sauerstoffatom eines Wassermoleküls im Eiskristall an zwei Wasserstoffbrücken beteiligt, die über die Wasserstoffatome zu den Sauerstoffatomen von Nachbarmolekülen gerichtet

sind, und an zwei weiteren Brücken, die von den Wasserstoffatomen von Nachbarmolekülen ausgehen, bei denen es also als Acceptoratom wirkt. Wie in 6.4 und 6.5 gezeigt wird, hat diese Beschränkung der Zahl der von einem Atom ausgehenden Wasserstoffbrücken auf maximal 4 das Auftreten von *Hohlräumen* in verschiedenen Eismodifikationen zur Folge.

Die *Bildungsenergie* der Wasserstoffbrücke schwankt innerhalb weiter Grenzen. Für die wichtigste Brücke zwischen zwei neutralen sauerstoffhaltigen Molekülen (–O–H--- |Ȯ–) beträgt sie zwischen 20 und 40 kJ/mol.

Trotz dieser recht genauen Kenntnis der Eigenschaften der Wasserstoffbrücke ist es bisher nicht gelungen, die Natur der zu ihrer Bildung führenden Kräfte vollständig zu deuten. Sicher spielen *Dipol-Dipol-Kräfte* eine wesentliche Rolle, denn sämtliche an Wasserstoffbrücken beteiligten Moleküle weisen ein nicht unbeträchtliches Dipolmoment auf und nähern sich außerdem bei der Brückenbildung ungewöhnlich stark. Aber auch bei Annahme eines sehr kurzen Dipol-Dipol-Abstands reicht dieser Effekt nur sehr knapp aus, um die angeführte Bildungsenergie der –O–H--- |Ȯ–-Brücke von 20–40 kJ/mol zu erklären. Z. B. errechnet sich mit Hilfe von Gleich. 3.6 erst für den ungewöhnlich niedrigen d-Wert von 160 pm ein $E_{Dipol\text{-}Dipol}$-Wert von 32 kJ/mol. Da es aber auch Wasserstoffbrükken mit wesentlich höherer Bildungsenergie gibt (z. B. die Brücke zwischen *Hydroxylionen* und *Wassermolekülen*), muß man damit rechnen, daß sich den Dipol-Dipol-Kräften noch weitere Assoziationseffekte überlagern.

3.3 Die Natur der chemischen Bindung

3.3.1 Die Grundlagen der modernen Bindungstheorien

Wie bereits in 2.2.2 angedeutet, sind alle chemischen Reaktionen mit einer *Umgestaltung der Außenschalen* der Elektronenhüllen der reagierenden Atome verbunden. Wir müssen bei den von den freien Atomen ausgehenden Reaktionen zwei derartige Umgestaltungsmöglichkeiten unterscheiden:

1. Eines der beiden miteinander reagierenden Atome gibt ein Elektron (oder auch mehrere) an das andere Atom ab, das es unter Bil-

dung eines Anions aufnimmt. Es entstehen also zwei entgegengesetzt geladene Ionen, die wie schon in 3.2.2 erwähnt, auch *selbständig* auftreten können. Chemische Reaktionen dieser Art sind, wie ebenfalls bereits erwähnt, nicht mit der Verknüpfung zweier Atome verbunden und deswegen für unsere Betrachtung ohne Interesse.

2. Die wandernden Elektronen gehen nicht vollständig von einem zum andern Atom über, sondern gehören im Reaktionsprodukt gleichzeitig *beiden sich miteinander umsetzenden Atomen an*. Dies geschieht in der Weise, daß die fraglichen Elektronen gleichzeitig in beiden Atomen je ein Orbital besetzen (Näheres s. 3.2), was eine ziemlich feste Atomverknüpfung zur Folge hat. Erst hier kann man daher von einer eigentlichen *chemischen Bindung* sprechen, die heute allgemein *kovalente Bindung* (früher auch *Atombindung*) genannt wird.

Eine Reihe von grundsätzlichen Unterschieden zwischen *chemischen Bindungs-* und *physikalischen Assoziationskräften* hat man schon vor 1900, also längst, ehe an eine physikalische Deutung dieser Effekte zu denken war, auf Grund chemischer Befunde richtig erkannt.

So zog man etwa aus dem Auftreten isomerer Verbindungen, d. h. von Substanzen, deren Moleküle aus den *gleichen Atomen*, jedoch nach *verschiedenen Bauplänen*, aufgebaut sind, schon in der Mitte des 19. Jahrhunderts den Schluß, daß die Atome im Molekül so fest miteinander verbunden sein müssen, daß ohne Molekülzerstörung *kein Platzaustausch von Atomen* irgendwelcher Art mehr möglich ist.

Beispielsweise kann man aus 4 Kohlenstoff- und 10 Wasserstoffatomen sowohl das Molekül des normalen *Butans* als auch das des *Isobutans* aufbauen, und es besteht keine Möglichkeit, beide Moleküle durch „Wanderung" eines der 4 Kohlenstoffatome (mit den an ihm befindlichen Wasserstoffatomen) ineinander umzuwandeln:

Ja, sogar der Platztausch zweier an ein Kohlenstoffatom gebundener Liganden[14] erwies sich als unmöglich, obwohl es zumindest theoretisch denkbar wäre, daß die Liganden ihren Platz wechseln, ohne daß dazu die kovalenten Bindungen zum Kohlenstoffatom gelöst werden müssen.

Die naheliegende Annahme, daß diese größere Festigkeit der chemischen Bindung auf einer *höheren Bildungsenergie* beruht, trifft nicht zu, denn die Überwindung der Interionenassoziation erfordert meistens höhere Energiebeträge als die Spaltung einer kovalenten Bindung. Das unterschiedliche Verhalten beider Atomverknüpfungen beruht vielmehr darauf, daß die Bindungskräfte im Falle der kovalenten Bindung nicht nur beim *Auseinanderreißen* der verknüpften Atome in Richtung ihrer Verbindungslinie überwunden werden müssen (wie bei der elektrostatischen Assoziation), sondern auch bei der *seitlichen Verschiebung* senkrecht dazu in Richtung auf ein (im Verhältnis zu den inneratomaren Dimensionen) relativ weit entferntes Nachbaratom. Um bei dem in 3.2.2 gegebenen Bild zu bleiben: Die kovalenten Bindungen verhalten sich so, als ob die erwähnte, auf einer ebenen Unterlage ruhende Last durch eine feste Verankerung gegen jede seitliche Verschiebung geschützt wäre und starr in der jeweiligen Stellung festgehalten würde.

Ein weiterer schon früh erkannter Unterschied zwischen Assoziation und chemischer Bindung ist darin zu erblicken, daß die Tendenz zum Zusammenschluß zweier Atome bei der Ausbildung einer kovalenten Bindung *abgesättigt* wird. Beispielsweise sind die freien Wasserstoffatome äußerst „bindefreudige" und deswegen unbeständige Gebilde. Beim Zusammenschluß zweier Wasserstoffatome durch eine kovalente Bindung zum Wasserstoffmolekül (H-H) erlischt ihr Bestreben zum Aufbau chemischer Bindungen jedoch vollständig, so daß das Wasserstoffmolekül in Abwesenheit von Katalysatoren bis 500 °C nahezu reaktionslos ist.

Als wichtigste Folge dieser Absättigung der *chemischen Bindekräfte* vermag ein Atom nicht wie bei den *Assoziationskräften* die Nachbaratome in dichtester Kugelpackung (s. 9.1.1) um sich herum an-

[14] *Ligand* oder auch *Substituent* ist ein zusammenfassender Ausdruck für sämtliche an ein Atom durch kovalente Bindungen gebundenen anderen Atome oder Atomgruppen, also z. B. -Cl, -OH, $-CH_3$, $-NH_2$, $-NO_2$ usw.

zuordnen. Die Zahl von Liganden, die ein Atom *chemisch* binden kann, hängt vielmehr ausschließlich von der Struktur seiner *Elektronenhülle* ab und ist in der *Wertigkeit* des betreffenden Elements festgelegt. Z. B. kann das einwertige Wasserstoffatom nur zu einem einzigen Liganden eine kovalente Bindung ausbilden, und der gesamte übrige Raum in seiner Umgebung bleibt „leer" (bzw. kann nur mit relativ weit entfernt stehenden *assoziierten Teilchen* besetzt werden).

Ist ein Atom mit mehreren Liganden verbunden, so sind die kovalenten Bindungen zu ihnen *räumlich gerichtet* und schließen die sich aus der geometrischen Molekülgestalt ergebenden *Bindungswinkel* ein. Als wichtigstes Beispiel sei die für die Anwesenheit von 4 Liganden charakteristische *Tetraederstellung* angeführt.

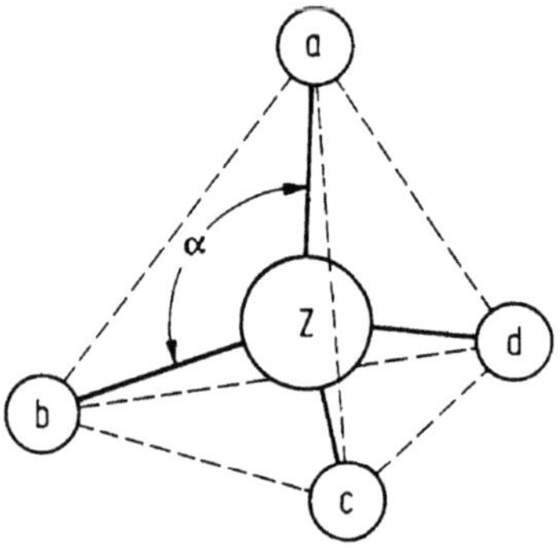

Abb. 3.5 Tetraedrische Anordnung der 4 Liganden a, b, c und d um das Zentralatom Z.

Wie Abb. 3.5 zeigt, nehmen die 4 Massenpunkte a, b, c und d nur dann eine *räumlich symmetrische Stellung* um den zentralen Massenpunkt Z ein, wenn sie sich in den Ecken eines Z umschriebenen *regulären Tetraeders* befinden. In einem derartigen Tetraedermodell sind sämtliche *Abstände* zwischen den geometrisch gleichwertig gedachten äußeren Massenpunkten (also ab, ac, ad, bc, bd und cd) exakt gleich groß und ebenso die *Winkel* zwischen den Verbindungslinien der einzelnen Massenpunkte mit dem Zentrum Z (also die Winkel aZb, aZc, aZd, bZc, bZd und cZd). Dieser stets gleiche Winkel errechnet sich auf Grund der Tetraedergeometrie zu $109° 28'$ und hat den Namen *Tetraederwinkel* erhalten.

Die geringe Zahl von nur vier Nachbaratomen bei tetraedrischer Ligandenanordnung (gegenüber 12 bei dichtester Kugelpackung) hat zuweilen, aber nicht immer, die Ausbildung von *Hohlräumen* im Materieinnern zur Folge, worauf in 5.4 und 7.1.3 näher eingegangen wird.

Alle bisher beschriebenen, wie erwähnt bereits auf Grund *chemischer Befunde* erkannten Besonderheiten der kovalenten Bindung ließen ohne nähere Kenntnis des Atombaus noch keine Rückschlüsse auf die diesen Eigenschaften zugrunde liegenden *physikalischen Effekte* zu. Den ersten Hinweis in diese Richtung gab G. N. Lewis im Jahre 1916, als er postulierte, daß die kovalente Bindung durch *Elektronen* bewirkt wird, die gleichzeitig den Elektronenhüllen der beiden miteinander verbundenen Atome angehören und dadurch *beide Elektronenhüllen* zur (meistens acht Elektronen enthaltenden) *„Edelgasschale"* ergänzen. Nach dieser sog. *Oktett-Theorie* ist die Tendenz der Atome zur Vervollständigung ihrer Elektronenaußenschalen die treibende Kraft für die Ausbildung einer kovalenten Bindung.

Z. B. besitzen zwei einzelne *Chloratome* nur je 7 Außenelektronen und sind wegen dieser *unvollständigen äußeren Schalen* sehr energiereiche, unbeständige Gebilde. Vereinigen sie sich dagegen unter Ausbildung einer kovalenten Bindung, so entsteht unter starker Energieabgabe das wesentlich beständigere *Chlormolekül* mit einem beiden Atomen gemeinsam angehörenden *Elektronenpaar*, das nunmehr beide Außenschalen zum *Oktett* ergänzt[15]:

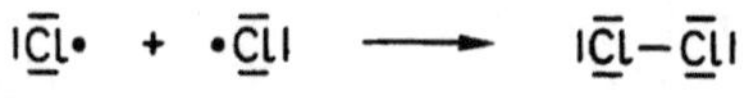

[15] In derartigen modernen Elektronenformeln werden die *einzeln* auftretenden Elektronen durch *Punkte* und die jeweils auf dem gleichen Orbital befindlichen *Elektronenpaare* (s. 2.2.2) durch *Striche* wiedergegeben. Verbinden diese Striche die beiden Elementsymbole, so bedeuten sie heute also nicht mehr nur einen mehr oder weniger formalen „Bindestrich" im klassischen Sinne, sondern symbolisieren neben den Elementatomen einen weiteren wichtigen Molekülbestandteil: das den beiden kovalent aneinander gebundenen Atomen *gemeinsame Elektronenpaar*. Gehört ein Elektronenpaar dagegen der Außenschale nur eines Atoms an (sog. ungebundenes oder einsames Elektronenpaar), so wird der entsprechende Strich quergestellt. Beispielsweise enthalten in dem oben formulierten Chlormolekül beide Cl-Atome in ihren Außenschalen drei derartige ungebundene Elektronenpaare, und nur das jeweils vierte ist ein Bindungselektronenpaar, das durch einen Bindestrich symbolisiert wird.

Auch diese Oktett-Theorie ermöglicht noch *keine physikalische Deutung* der kovalenten Bindung, denn es war zunächst kein mit der Bildung einer 8-Elektronen-Außenschale verbundener *energieliefernder Effekt* zu erkennen. Erst durch die um 1930 entdeckte *Wellennatur der Elektronen* kam man einen Schritt weiter, denn sie führte zu der wichtigen neuen Erkenntnis, daß die Bildung einer kovalenten Bindung auf einem *wellenmechanischen Resonanzeffekt* beruht.

3.3.2 Das wellenmechanische Bindungsmodell

Der für unsere Betrachtung bei weitem wichtigste Bindungstyp ist die *einfache Bindung*, die stets dadurch gekennzeichnet ist, daß die miteinander verbundenen Atome nur *ein gemeinsames Bindungselektronenpaar* besitzen. Von ihm ist wiederum am häufigsten die Verknüpfung von Atomen, die ein *Oktett* als stabile Außenschale anstreben. Mit ihm werden wir uns daher im folgenden in erster Linie beschäftigen.

Wie schon in 2.2.2 erwähnt, besteht ein Oktett aus *4 Elektronenpaaren*, die das s- und die 3 p-Orbitale der jeweiligen Außenschale besetzen. Findet nun infolge der Minderbesetzung eines dieser Orbitale die Bildung einer kovalenten Bindung statt, so nähern sich die zu verknüpfenden Atome so weit, daß die an der Bindung beteiligten Orbitale, die zusammen mit *zwei Elektronen* besetzt sein müssen – aber auch nicht mehr als zwei Elektronen enthalten dürfen, sonst ist ihre Tendenz zur Ausbildung eines Bindungselektronenpaares bereits abgesättigt – sich gegenseitig etwas *„überlappen"*. Erst dann können die beteiligten Elektronen von einem Atomorbital zum anderen übertreten und sich zu einem Elektronenpaar vereinigen. Physikalisch stellt diese Vereinigung eine *wellenmechanische Resonanz* zwischen den beiden Atomorbitalen dar, die zum Aufbau einer neuartigen, nunmehr beide Kerne umfassenden und deswegen *Molekülorbital* genannten Schwingungsform dieses einen Elektronenpaares führt. Dieser Vorgang ist mit der Abgabe eines relativ großen Energiebetrages verbunden, der als *Bildungsenergie* der betreffenden Bindung in Erscheinung tritt (s. Tab. 3.3).

Aber auch diese Theorie mußte noch geringfügig abgeändert werden. Die s- und die p-Orbitale besitzen die in Abb. 3.6 a und 3.6 b gezeigten, voneinander abweichenden *Schwingungsformen*. Danach sollten die vom Kohlenstoffatom und von den Atomen anderer vierwertiger Elemente ausgehenden 4 kovalenten Bindungen entgegen dem chemischen Befund *nicht gleichwertig* und auch nicht in die Ecken eines Tetraeders gerichtet sein.

Die Lösung des Problems fand L. Pauling in der Annahme, daß das s-Orbital und die drei p-Orbitale durch einen *Bastardisierung* oder *Hybridisierung* genannten Resonanzeffekt der auf diesen Bahnen schwingenden Elektronen zu vier völlig gleichen neuartigen *Bastardorbitalen* verschmelzen, die auf Grund dieser Bildungsweise sp^3-Bastardorbitale (oder sp^3-Bastardbahnen) genannt werden. Dieser Bastardisierungsvorgang erfordert eine gewisse *Energiezufuhr* – sonst wären ja in den freien Atomen die nicht bastardisierten reinen s- und p-Bahnen nicht beständig – und führt zu einer eigenartig unsymmetrischen Orbitalform, die sich im Sinne von Abb. 3.6 c auf der einen Seite des Atomkerns besonders weit in den Raum hinaus erstreckt und dadurch eine wesentlich bessere Überlappung mit dem Orbital des Bindungspartners ermöglicht als die nicht bastardisierten reinen s- und p-Bahnen.

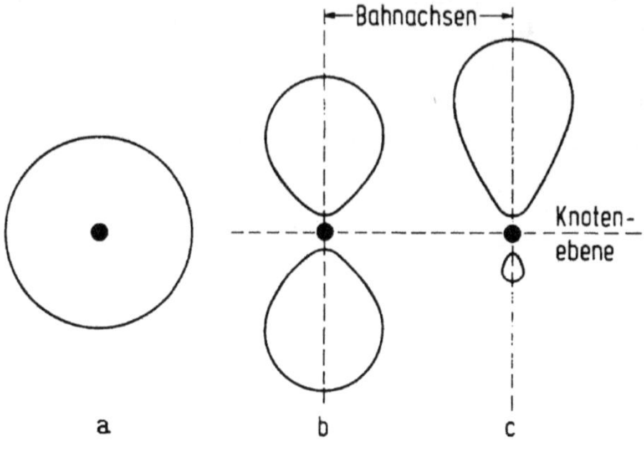

Abb. 3.6 a) Querschnitt durch ein reines s-Orbital; b) Querschnitt durch ein reines p-Orbital; c) Querschnitt durch ein sp^3-Bastardorbital.

Zusammenfassend ergibt sich somit das folgende Bild: Die in den freien Atomen beständigen reinen s- und p-Orbitale bastardisieren zwar nur unter *Energiezufuhr*, aber diese Bastardisierungsenergie wird überkompensiert durch die infolge der stärkeren Überlappung wesentlich *erhöhte Bindungsenergie.*

Außer den *s*- und *p*-Orbitalen beteiligen sich zuweilen auch *d*-Orbitale an einer Bastardisierung. Jedoch zeigen alle Bastardbahnen unabhängig von der Zahl und auch dem Zahlenverhältnis der an der Hybridisierung beteiligten reinen Atomorbitale stets annähernd die in Abb. 3.6 c wiedergegebene Gestalt, so daß man sie in erster Näherung als *gleichwertig* ansehen kann. Neben den sp^3-Bastardbahnen sind für unsere Betrachtung vor allem die bei der Hybridisierung von einem s-Orbital, drei p-Orbitalen und zwei d-Orbitalen entstehenden 6 sp^3d^2-Bastardorbitale von Interesse, da sie die gleichwertige Bindung von *sechs Liganden* an einem Zentralatom gestatten. In Übereinstimmung mit der Theorie wird diese Bastardisierungsmöglichkeit jedoch nur bei den *höheren Elementen* (von der dritten Periode ab) beobachtet, deren Außenschale über das Oktett hinaus auch *d-Elektronen* aufzunehmen vermag.

Diese wellenmechanische Theorie der kovalenten Bindung vermag erstmals alle oben beschriebenen, bereits vom Chemiker entdeckten Eigenschaften dieses Bindungstyps befriedigend zu erklären. So wird nunmehr sofort verständlich, daß sich die chemischen Bindungskräfte im Gegensatz zu den elektrostatischen Assoziationskräften bei der Bindungsbildung *gegenseitig absättigen* und daß ihre Zahl durch die Zahl der bereits in den freien Atomen nicht voll besetzten Orbitale der Außenschale *begrenzt* ist. Ferner erkennt man jetzt als Ursache des Auftretens exakt definierter *Bindungswinkel* zwischen mehreren von einem Atom ausgehenden kovalenten Bindungen die Tendenz der auf den verschiedenen Bahnen befindlichen gleichnamig geladenen Elektronen, sich gegenseitig auf Grund der elektrostatischen Abstoßungskräfte zwischen ihnen in eine *größtmögliche Entfernung* zu drängen. Wie Abb. 3.7 und 3.8 zeigen, ist diese größtmögliche Entfernung im Falle der 4 sp^3-Bastardbahnen bei *tetraedrischer* und im Falle der 6 sp^3d^2-Bastardbahnen bei *oktaedrischer* – hier sind die 6 Orbitale in die Ecken eines dem Zentralatom umschriebenen *regelmäßigen Oktaeders* gerichtet – Orbitalanordnung verwirklicht.

Schließlich hat die Verknüpfung zweier Atome durch eine kovalente Bindung auch eine starke *Verkürzung des Atomabstands* – die in

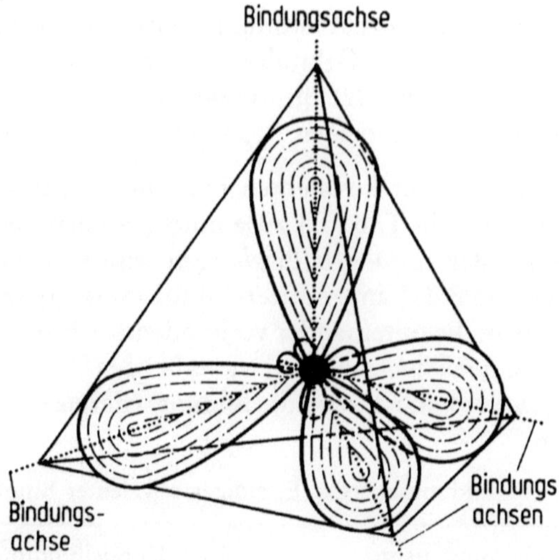

Abb. 3.7 Tetraedrische Anordnung von 4 sp^3-Bastardorbitalen.

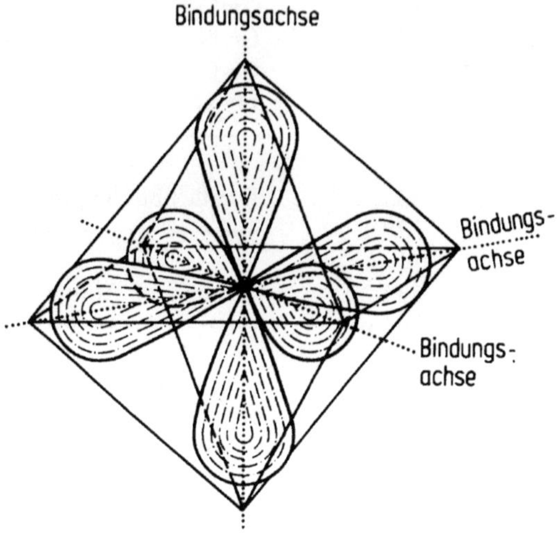

Abb. 3.8 Oktaedrische Anordnung von 6 sp^3d^2-Bastardorbitalen.

Tab. 2.1 angeführten Bindungsradien (R_B) sind im Schnitt nur etwa halb so groß wie die Wirkungsradien (R_W) – zur Folge, denn an

Stelle der elektrostatischen Abstoßung zwischen den mit je einem Elektronenpaar besetzten Orbitalen zweier nicht aneinander gebundener Atome treten jetzt die Anziehungskräfte eines einzigen Elektronenpaares zu den beiden Atomkernen in den Vordergrund.

Die *Bildungsenergie* der kovalenten Bindung schwankt innerhalb weiter Grenzen. Die in Tab. 3.3 zusammengestellten Werte für die Bildungsenergie der *einfachen Bindungen* sind meistens merklich niedriger als die in 3.2.2 angeführten Bildungsenergien eines *Ionenpaares.* Erst wenn die miteinander verbundenen Atome mehr als ein Elektronenpaar gemeinsam haben, wie es bei den *Doppel-* und *Dreifachbindungen* der Fall ist, wird die Bildungsenergie der Ionenpaare überschritten.

Tabelle 3.3 Die Bildungsenergie (E) einiger kovalenter Bindungen

einfache Bindungen		Doppelbindungen	
verbundene Atome	E in kJ/mol	verbundene Atome	E in kJ/mol
H—O	466,8	C=O	712
H—N	434,6	C=N	611
H—C	410,7	C=C	607
C—O	358,4	O=O	494,8
C—C	346,7		
C—Cl	333,7	Dreifachbindungen	
C—Br	298,1		
C—S	274,2	verbundene Atome	E in kJ/mol
C—J	246,6		
Cl—Cl	243,7	C≡O	1084
Br—Br	193,0	N≡N	945,8
J—J	151,6	C≡N	891,8
		C≡C	802,2

3.3.3 σ- und π-Bindungen

Wenden wir uns nun den bei der Überlappung der bastardisierten Atomorbitale entstehenden *Molekülorbitalen* zu. Sie besitzen etwa die in Abb. 3.9 gezeigte Gestalt, die dadurch gekennzeichnet ist, daß die Achsen der beiden Atomorbitale zusammenfallen und nunmehr als Achse des Molekülorbitals gleichzeitig die *Bindungsachse* bilden. Das hat zur Folge, daß jede Verschiebung der Bindungselektronen zu einem der Bindungspartner hin gegen die elektrostatischen Abstoßungskräfte eng benachbarter anderer Hüllenelektronen geführt werden muß und wegen des dazu erforderlichen großen Energieaufwands im ruhenden Molekül unterbleibt. Die Bindungselektronen sind daher streng zwischen den miteinander verbundenen Atomen lokalisiert und tragen in keiner Weise (etwa durch Übertritt zu einem der Nachbaratome) zur *elektrischen Leitfähigkeit* der Materie bei.

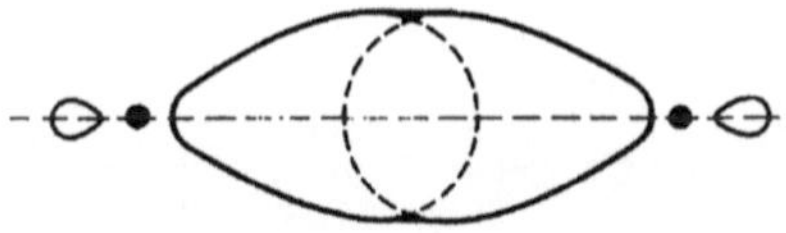

Abb. 3.9 Schema des Molekülorbitals einer σ-Bindung zwischen den durch dicke Punkte angedeuteten Atomen.
Die stark umrandete Fläche gibt den Querschnitt des Molekülorbitals, die gestrichelten Linien den der einzelnen Atomorbitale wieder.

Alle Bindungen dieses Typus werden *σ-Bindungen* genannt, weil sie die einzigen Bindungen darstellen, an denen sich auch s-Elektronen beteiligen können. Daneben kennt man noch einen zweiten Typ von kovalenten Bindungen, der durch eine andersartige Überlappung von nicht bastardisierten p-Orbitalen (und anderen Oberschwingungsorbitalen) mit mindestens einer Knotenfläche zustandekommt und deswegen den Namen *π-Bindung* erhalten hat.

Als Oberschwingung 1. Ordnung bewegen sich nämlich die p-Elektronen im Sinne von Abb. 3.6 b zwischen zwei durch eine Knotenfläche getrennten Aufenthaltsräumen hin und her. Befinden sich zwei derartige p-Orbitale in eng benachbarten Atomen, so können sie sich gleichzeitig an zwei verschiedenen Stellen des Moleküls, in Abb. 3.10 oberhalb und unterhalb der Bindungsachse, überlappen. Wie ebenfalls aus Abb. 3.10 hervorgeht, fallen bei dieser Art der Überlappung die Achsen der Atomorbitale und die Bindungsachse nicht mehr zusammen, sondern stehen *senkrecht aufeinander*.

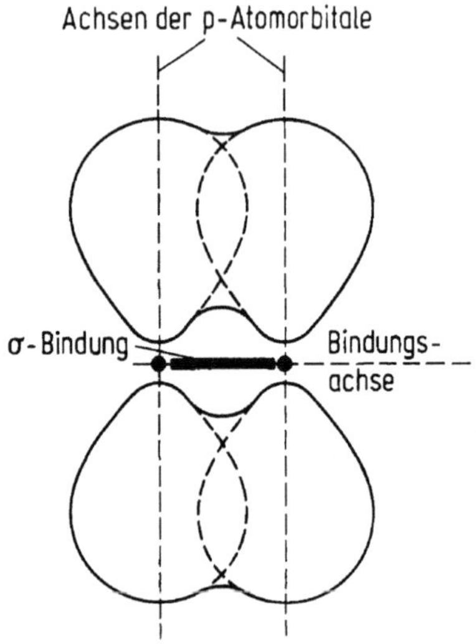

Abb. 3.10 Schema des Molekülorbitals einer π-Bindung zwischen den durch dicke Punkte angedeuteten, bereits durch eine σ-Bindung (dicker Bindestrich) miteinander verbundenen Atomen. (Die stark umrandeten Flächen geben auch hier die Elektronenaufenthaltsräume der Bindungselektronen im Molekülorbital, die gestrichelten Linien die Aufenthaltsräume in den Atomorbitalen wieder.)

Allerdings ist eine derartige seitliche Überlappung der *p*-Atomorbitale nur bei sehr eng benachbarten Atomen möglich, deren Abstand maximal vielleicht 150 pm beträgt. Man beobachtet sie daher bloß zwischen Atomen der Elemente der *ersten Achterperiode*, die bereits durch eine σ-Bindung miteinander verbunden sind. D. h., sie treten als zweite bzw. dritte kovalente Verknüpfungsmöglichkeit von Atomen in den *Doppel-* und *Dreifachbindungen* auf.

Im Gegensatz zu den σ-Bindungen erfolgt in derartigen π-Bindungen die Elektronenverschiebung zwischen den miteinander verbundenen Atomen im wesentlichen *senkrecht* zu den von den Innenelektronen ausgehenden Abstoßungskräften und kann daher ohne größeren Energieaufwand durchgeführt werden. Dieser Bindungstyp verleiht der Materie infolgedessen, wenn er nur genügend oft hintereinandergeschaltet wird, eine gewisse *elektrische Leitfähigkeit.* Man kann die π-Bindungskomponente der Doppel- und Dreifachbindungen daher bis zu einem gewissen Grade als *isolierte metallische Bindung* ansehen.

3.3.4 Der metallische Zustand

Relativ am wenigsten weit fortgeschritten ist schließlich die Aufklärung der Natur der Atomverknüpfungen im Innern einer *metallischen Phase.* Die hohen Siedepunkte und die z. T. sehr hohe Festigkeit der Metalle deuten auf starke zwischenatomare Kräfte hin, die denen der kovalenten Bindungen und der Interionenassoziation nahestehen. Auf der anderen Seite unterscheidet sich die metallische Bindung von den beiden anderen Atomverknüpfungsmöglichkeiten aber in zu vielen Punkten grundlegend, als daß auf einen ähnlichen Aufbau geschlossen werden könnte.

Am besten trifft noch die sich von der Oktett-Theorie ableitende *Elektronengasvorstellung* zu. Nach dieser Theorie sind die Atome der Metalle, deren Außenschalen meistens nur wenige Elektronen enthalten, bestrebt, diese wenigen Außenelektronen ganz aus dem Atomverband zu entlassen, so daß in den dabei entstehenden Metall-Kationen die nächst innere Schale als voll besetzte Außenschale fungiert. Die von den einzelnen Atomen abgegebenen Elektronen bilden dann ein innerhalb der ganzen metallischen Phase mehr oder weniger frei bewegliches *Elektronengas*, das – hauptsächlich wohl auf Grund elektrostatischer Anziehungskräfte – die sich allein gegenseitig abstoßenden Kationen zum eigentlichen *Metall* zusammenschließt.

Die große Beweglichkeit der nicht mehr den einzelnen Atomen angehörenden Elektronen dieses Elektronengases erklärt sofort die in 9.3.1 beschriebene, bei keiner anderen Substanzklasse in diesem Ausmaß beobachtete *Leitfähigkeit der Metalle für den elektrischen Strom* sowie auch ihre nahezu vollständige *Lichtundurchlässigkeit* (s. 9.3.2). Ferner werden auch in den metallischen Phasen die beim Zusammenschluß der Bausteine betätigten Bindekräfte *nicht abgesättigt*, so daß sich jedes Kation in *dichtest möglicher Packung* (s. 9.1.2) mit einer Maximalzahl von 12 Nachbarkationen umgibt.

Der spezielle Aufbau der metallischen Bindung, insbesondere die für sie charakteristischen *Orbitalformen* der „Gaselektronen", ist für die vorliegende Betrachtung ohne Belang. Wir wollen uns daher im folgenden mit der erwähnten vereinfachten Vorstellung begnügen, daß der metallische Charakter durch ein sich durch die ganze Phase hindurch erstreckendes *Elektronengas* hervorgerufen wird.

4. Der Zusammenschluß der Atome zur Materie

4.1 Die Neufassung des Molekülbegriffs

Wie schon in 3.1 kurz angedeutet wurde, tragen sämtliche im 3. Kapitel beschriebenen zwischenatomaren Kräfte zum Zustandekommen der physikalischen Materieeigenschaften bei. Zum besseren Verständnis der verschiedenen gegebenen Möglichkeiten ist es erforderlich, sich zuvor über die moderne Fassung des *Molekülbegriffs* Klarheit zu verschaffen.

Unter Molekülen im klassischen, bereits in der Einführung definierten Sinne verstand man die den Atomen als kleinsten Teilchen der Elemente entsprechenden *kleinsten Teilchen der aus mehreren Elementen zusammengesetzten chemischen Verbindungen.* Sie stellen danach separate Gebilde dar, die sich stets aus mehreren Atomen in dem in den üblichen Formeln festgelegten Zahlenverhältnis aufbauen (z. B. ein Wassermolekül der Formeln H_2O aus zwei Wasserstoffatomen und einem Sauerstoffatom) und deutlich gegen ihre Umgebung abgrenzen. Insbesondere bleiben sie bei vielen Operationen, wie etwa beim Schmelzen oder Kristallisieren, beim Verdampfen einer Flüssigkeit oder beim Kondensieren eines Gases, sowie schließlich beim Auflösen in oder dem Abscheiden aus einem Lösungsmittel, unverändert erhalten.

Eine erste Ergänzung erfuhr diese Vorstellung durch den Befund, daß die Bausteine der im Makrokosmos in Substanz vorliegenden *freien Elemente* nicht unmittelbar die Atome sind, sondern daß sich auch hier zunächst wenige Atome zu Molekülen vereinigen, die dann ihrerseits durch andere Kräfte zur Materie zusammengeschlossen werden. Die wichtigsten Beispiele für das Auftreten derartiger Elementmoleküle sind die zweiatomigen Moleküle des Wasserstoffs, Stickstoffs, Sauerstoffs und der Halogene, sowie das bereits vieratomige Molekül des weißen Phosphors und das achtatomige Schwefelmolekül.

Modern ausgedrückt kann man diese klassische Definition des Molekülbegriffs etwa folgendermaßen formulieren: Die *freien Atome* aller Elemente (mit Ausnahme der eine abgeschlossene Außenschale besitzenden Edelgasatome) sind wegen ihrer unvollständigen äußeren Elektronenschale derart unbeständig, daß sie unter den Tempe-

raturbedingungen der Erdoberfläche nicht frei auftreten können. Sie vereinigen sich vielmehr zunächst unter vollständiger Absättigung ihrer chemischen Bindekräfte zu beständigen Molekülen, die dann ihrerseits als *kleinste Bausteine der makroskopischen Materie* fungieren, bzw. die kleinsten Partikelchen darstellen, in die man eine Substanz ohne chemische Umsetzung zerlegen kann.
Danach sind die Moleküle in erster Linie als *kleine Teilchen* definiert, die ebenso wie die Atome noch dem *Mikrokosmos* angehören und erst bei ihrem Zusammenschluß zur eigentlichen Materie die Grenze zum *Makrokosmos* überschreiten. Ferner liegt dieser klassischen Definition die weitere Annahme zugrunde, daß jede Materieart ausnahmslos aus derartigen, sich deutlich gegen ihre Umgebung abgrenzenden Molekülen besteht, so daß für den Zusammenhalt in den makroskopischen Substanzen nur die verhältnismäßig schwachen zwischenmolekularen *Assoziationskräfte* in Betracht kommen.

Diese klassische Fassung des Molekülbegriffs genügt jedoch nicht allen Ansprüchen und vermag die Verhältnisse nur für die im 5. Kapitel beschriebenen *niedermolekularen Verbindungen*, die zusammen nur zu etwa 8 % am Aufbau der Erdrinde beteiligt sind, exakt wiederzugeben. Daneben gibt es aber auch Stoffe, die keinerlei Tendenz der sie aufbauenden Atome zum Zusammenschluß zu kleinen Molekülen erkennen lassen. Z. B. kann man die Zusammensetzung des *Natriumchlorids* (und in analoger Weise auch die aller anderen *Salze*) wohl durch die Formel NaCl beschreiben, aber man kennt *kein Natriumchloridmolekül*. Im Kochsalzkristall ist nämlich jedes Natrium-Ion von 6 gleich weit entfernten und auch gleich stark angezogenen Chlorid-Ionen umgeben und umgekehrt jedes Chlorid-Ion von 6 gleich weit entfernten Natrium-Ionen (s. Abb. 6.1). Man kann also in keiner Weise behaupten, daß jedes Natrium-Ion mit einem einzigen Chlorid-Ion zusammen ein Natriumchloridmolekül, das sich deutlich von seiner Umgebung abgrenzt, bildet. Wie in 6.1 näher beschrieben, bauen vielmehr *beide Ionenarten gemeinsam* das Kristallgitter auf. Die Formel NaCl repräsentiert infolgedessen nicht ein bestimmtes Molekül, sondern lediglich das Zahlenverhältnis, in dem beide Ionenarten zum Kochsalz zusammentreten. Sie wird deswegen zuweilen auch *Verhältnisformel* genannt.

Auch den Aufbau einer zweiten wichtigen Stoffklasse, die sogar mit ca. 80 % den Hauptbestandteil aller Mineralien der Erdoberfläche ausmacht, kann man mit Hilfe des klassischen Molekülbegriffs nicht beschreiben. Als wichtigstes Beispiel sei das hauptsächlich in Form des Quarzes natürlich auftretende *Siliciumdioxid* angeführt. Es hat seinen Namen auf Grund der gebräuchlichen Formel SiO_2 erhalten, der aber ebenfalls nur der Wert einer Verhältnisformel zukommt, denn diskrete Moleküle der Zusammensetzung SiO_2 kann man im Quarzkristall ebensowenig entdecken, wie Moleküle der Zusammensetzung NaCl im Kochsalzkristall. Im Innern eines Quarzkristalls ist vielmehr jedes Siliciumatom statt mit nur zwei, wie es der Formel SiO_2 entsprechen würde, mit vier Sauerstoffatomen gleichartig verbunden, und an jedem Sauerstoffatom befinden sich statt nur eines Siliciumatoms deren zwei, die ebenfalls gleichartig gebunden sind. Da sich die vier Sauerstoffatome im Sinne von Abb. 3.5 tetraedrisch um das zentrale Siliciumatom anordnen, ist hier ein Zusammenschluß nur weniger Atome zu einem kleinen Molekül schon aus geometrischen Gründen *nicht mehr möglich*, sondern die Angliederung weiterer Silicium- und Sauerstoffatome an einen Kristallkeim (oder in diesem Fall besser an einen Molekülkeim) erfolgt in allen 4 Tetraederrichtungen immer weiter in den Raum hinaus, bis das Wachstum des Moleküls an der Kristalloberfläche schließlich sein Ende findet. Das bedeutet aber, daß jeder fehlerfreie Quarzkristall aus nur *einem einzigen Molekül* besteht.

In diesem letzten Satz ist bereits die *moderne Fassung des Molekülbegriffs* enthalten. Wenn nämlich ein ganzer Materiebrocken aus nur einem einzigen Molekül besteht, dann kann dieses Molekül nicht mehr die Rolle eines dem Mikrokosmos angehörenden kleinsten Materieteilchens spielen. Dementsprechend sieht man heute nicht mehr diese Natur eines kleinen, sich gegen die Umgebung abgrenzenden Teilchens als das wesentliche Charakteristikum der Moleküle an, sondern definiert diese auf Grund der zwischenatomaren Bindungskräfte als maßgebendem Merkmal etwa folgendermaßen: Unter einem Molekül versteht man die *Summe aller durch kovalente Bindungen zu einem Gebilde höherer Ordnung zusammengeschlossenen Atome*. Derartige Moleküle können klein sein, wie z. B. in den unten definierten *niedermolekularen Verbindungen*, und fungieren dann tatsächlich im klassischen Sinn als kleinste Materieteilchen. Sie können aber auch, wie das Beispiel des Quarzes zeigt, riesengroß sein, so daß die ganze Substanzphase aus nur einem Molekül (oder auch aus nur wenigen Molekülen) besteht. Stoffe dieses letzteren Typs werden heute allgemein unter dem Begriff der *makromolekularen Substanzen* zusammengefaßt.

Schließlich ist es auf Grund der modernen Definition des Molekülbegriffs durchaus nicht erforderlich, daß alle Atome eines Moleküls elektrisch ungeladen sind. Vielmehr können grundsätzlich geladene Atome in ein Molekül eingebaut werden und dadurch dem ganzen Partikelchen Ionencharakter verleihen. Derartige *Ionenmoleküle* sind z. B. das Ammonium-Ion (NH_4^+) oder das Acetat-Ion (CH_3-$COO^{\ominus}$). In größeren Molekülen, insbesondere von organischen Substanzen, kann man unter Umständen auch zwei positive Ladungen (z. B. beim zweiwertigen Kation I der zweisäurigen Base Äthylendiamin), zwei negative Ladungen (z. B. beim zweiwertigen Anion II der zweibasigen Bernsteinsäure) oder gar je eine positive und negative Ladung zu einem nach außen elektroneutralen „*Zwitterion*" in das Molekül einbauen. Letzteres ist z. B. beim innermolekularen Ammoniumsalz der Aminoessigsäure (III) der Fall:

$$H_3\overset{\oplus}{N}-CH_2-CH_2-\overset{\oplus}{N}H_3 \qquad \overset{\ominus}{O}OC-CH_2-CH_2-CO\overset{\ominus}{O} \qquad H_3\overset{\oplus}{N}-CH_2-CO\overset{\ominus}{O}$$

I II III

4.2 Das Aufbauprinzip der wichtigsten Materiearten

Die für unsere Betrachtung wichtigste Folge dieser Neufassung des Molekülbegriffs ist darin zu erblicken, daß es neben der klassischen Vorstellung der primären Bildung kleiner chemisch abgesättigter Moleküle, die immer noch dem Mikrokosmos angehören und nur durch *Assoziationskräfte* zur Materie zusammengeschlossen werden, nunmehr noch einige weitere Möglichkeiten des Substanzaufbaus aus den Atomen gibt. Diese neuen Möglichkeiten haben wegen der Beteiligung der nach der klassischen Theorie nur im Innern kleinster Materieteilchen wirksamen starken *chemischen Bindekräfte* und *interionischen Assoziationskräfte* am Zusammenhalt der Materie eine wesentliche Erhöhung der mechanischen Festigkeit zur Folge. Erst sie machen die Existenz wirklich harter, sowie druck- und reißfester Materialien, wie sie fast allen unseren Werkstoffen zugrunde liegen, überhaupt verständlich.

Die klassische Theorie trifft lediglich insofern auch heute noch zu, als sich an der Vorstellung, daß die *freien Atome* der Nicht-Edelgaselemente unter den Temperaturbedingungen der Erdoberfläche *unbeständig* sind und sich durch chemische Prozesse zu beständigen Substanzen stabilisieren, nichts geändert hat. Der erste Schritt der Materiebildung beruht daher auch nach heutiger Auffassung in einer *Absättigung der großen chemischen Energie der freien Atome* durch Umbau ihrer unvollständigen Elektronenaußenschale (meistens zu einem *Oktett*). Jedoch kommen für diesen primären Prozeß nunmehr zwei Möglichkeiten in Betracht: die *Verknüpfung zweier Atome* durch eine kovalente Bindung und die Bildung zweier *nicht miteinander verknüpfter Ionen.* Gegebenenfalls finden auch beide Reaktionen nebeneinander statt unter Bildung von Ionenmolekülen.

Erst diese in Bindung befindlichen oder elektrisch geladenen Atome sind genügend stabil, um ihrerseits ohne weitere chemische Umsetzungen als Materiebausteine zu fungieren. Hinsichtlich dieses *sekundären Materieaufbaus* können wir jedoch jetzt zwischen den folgenden vier Hauptklassen von Stoffen unterscheiden:

1. Die *niedermolekularen Substanzen.* Bei ihnen sättigen stets nur relativ wenige Atome ihre freien Valenzen unter Bildung kleiner Moleküle (im klassischen Sinne) vollständig nach innen ab, so daß für den Zusammenhalt der Moleküle in der Materie nur die nach außen gerichteten (gegebenenfalls durch Dipol-Dipol-Anziehung oder Wasserstoffbrücken verstärkten) *van der Waalsschen Assoziationskräfte* in Betracht kommen. In diesem Fall sind infolgedessen die starken chemischen Bindekräfte im Molekülinnern ohne jeden Einfluß auf die mechanischen und thermischen Eigenschaften der betreffenden Stoffe.

Beispielsweise unterscheiden sich die *Alkene* der allgemeinen Summenformel C_nH_{2n} und die *Alkane*, die zwei Wasserstoffatome mehr im Molekül enthalten (Summenformel C_nH_{2n+2}), bei vergleichbarer Molekülgröße (also gleichem n) in ihrem äußeren physikalischen Habitus nur sehr wenig voneinander. Insbesondere besitzen beide Moleküle eine sehr ähnliche Gestalt, und es treten deswegen sehr ähnliche van der Waalssche Assoziationskräfte zwischen ihnen auf, die sehr ähnliche Siede- und z. T. auch Schmelzpunkte zur Folge haben.

Dagegen verhalten sich die Alkene und Alkane wegen der unterschiedlichen Bindungsverhältnisse im Molekülinnern – der Mindergehalt von zwei Wasserstoffatomen in den Alkenmolekülen ist auf den Ersatz einer C–C-Einfachbindung in den entsprechenden Alkanmolekülen durch eine C=C-Doppelbindung zurückzuführen – *chemisch gänzlich verschieden*. Vor allem verleiht die C=C-Doppelbindung den Alkenen eine sehr starke Neigung zu *Anlagerungsreaktionen*. Z. B. können sie durch Anlagerung eines Moleküls Wasserstoff unmittelbar in die entsprechenden Alkane übergeführt werden:

$$\underset{\text{Alken } (C_nH_{2n})}{C_{n-2}H_{2n-3}{-}CH{=}CH_2} + H_2 \longrightarrow \underset{\text{Alkan } (C_nH_{2n+2})}{C_{n-2}H_{2n-3}{-}CH_2{-}CH_3}$$

2. Die *Salze*. Anionen und Kationen sind meistens bereits ohne die Ausbildung zusätzlicher kovalenter Bindungen genügend stabil, um unmittelbar *beständige Substanzen* aufbauen zu können. Jedoch führt dies, dem Wesen der Elektrizität entsprechend, nur dann zu einer elektroneutralen Verbindung, wenn die Summe der auf den Kationen und auf den Anionen lokalisierten Elementarladungen *exakt gleich groß* ist. Alle derartigen aus Kationen und Anionen aufgebauten Substanzen werden *Salze* genannt.

Grundsätzlich sind die niedermolekularen Stoffe und die Salze einander insofern ähnlich, als in beiden Fällen relativ kleine, dem Mikrokosmos angehörende Partikelchen durch *Assoziationskräfte* zur eigentlichen Materie zusammengeschlossen werden. Nur sind die interionischen Assoziationskräfte in den Salzen von der gleichen Größenordnung wie die kovalenten Bindungskräfte im Molekülinnern und verleihen dadurch den Salzen ihren typischen, von dem der niedermolekularen Verbindungen so stark abweichenden Charakter.

3. Die *makromolekularen Verbindungen*. Ist es beim Zusammenschluß von Atomen zu Molekülen nicht möglich, daß nur wenige Atome ihre Valenzkräfte gegenseitig vollständig absättigen, so entstehen in der oben beim Quarz geschilderten Weise die makromolekularen Substanzen, bei denen u. U. sogar die ganzen jeweiligen Phasen aus nur einem einzigen Molekül bestehen. Die Grenze zwischen nieder- und makromolekularer Materie ist nicht scharf, und man kennt zahlreiche Übergänge. Im allgemeinen spricht man

erst dann von Makromolekülen, wenn sie mehr als vielleicht 1000 Atome enthalten.

Das Hauptcharakteristikum der makromolekularen Materie ist darin zu erblicken, daß hier die starken *chemischen Bindungskräfte* nicht mehr im Innern von kleinsten Materieteilchen abgesättigt werden, sondern sich mehr oder weniger vollständig von Atom zu Atom durch die ganze Substanzphase hindurch erstrecken. Eine Zerkleinerung makromolekularer Materiestücke ist daher, zumindest bei den aus den unten definierten dreidimensionalen Makromolekülen aufgebauten Stoffen, nur unter Zerstörung kovalenter Bindungen möglich und damit bis zu einem gewissen Grade eine *chemische Reaktion*. Der Zusammenhalt der Materie ist deswegen bei dieser Stoffklasse besonders groß. Z. B. ist der Diamant der härteste auf der Erdoberfläche vorkommende Stoff.

Eine interessante Variationsmöglichkeit der Eigenschaften der makromolekularen Materie ergibt sich bereits auf Grund der Dimensionen der Makromoleküle. Je nachdem, ob diese nur in einer Dimension eine größere Ausdehnung aufweisen (*Makromoleküle 1. Ordnung* oder *Fadenmoleküle*), oder ob dies in zwei (*Makromoleküle 2. Ordnung* oder *Flächenmoleküle*) oder gar allen drei Dimensionen (*Makromoleküle 3. Ordnung*) der Fall ist, erhält man in ihren Eigenschaften weitgehend voneinander abweichende Stoffe.

4. Die *Metalle.* Am schwierigsten lassen sich die Metalle in das bisherige System einordnen. Sie stehen ihrer Natur nach etwa in der Mitte zwischen den aus Ionen aufgebauten *Salzen* und den *makromolekularen Verbindungen*, weisen aber infolge ihres besonderen Aufbaus z. T. völlig neuartige Eigenschaften auf, die man bei keiner der drei anderen Substanzarten findet, so daß wir sie im folgenden als eigene Stoffklasse von den drei übrigen Stoffklassen abgrenzen müssen.

Teil II Die Materiearten der Erdoberfläche

5. Die niedermolekularen Substanzen

5.1 Siedetemperatur und Molekulargewicht

In 4.2 wurden die niedermolekularen Verbindungen als Stoffe definiert, deren kleinste Teilchen Moleküle (bzw. bei den Edelgasen Atome) sind. Wie bereits erwähnt, treten zwischen diesen Teilchen nur die relativ schwachen *Assoziationskräfte* auf, so daß sie in den kondensierten Phasen (Flüssigkeit, Festkörper, Lösung usw.) keinen festen Zusammenhalt aufweisen. Innerhalb der Moleküle werden die Atome dagegen durch die wesentlich stärkeren *chemischen Bindungskräfte* verknüpft. Infolgedessen kann man bei den wichtigsten Stoffen dieses Typs auf der Erdoberfläche, dem *Wasser*, den verschiedenen *Erdölfraktionen* und auch den (verflüssigten) *Gasen der Atmosphäre*, die Moleküle ohne Schwierigkeit unter Erhaltung des Atomverbands voneinander trennen, d. h. die Substanzen unzersetzt verdampfen bzw. destillieren.

Dieses Verhalten darf aber nicht darüber hinwegtäuschen, daß die innermolekularen chemischen Bindungskräfte gegenüber den intermolekular auftretenden Assoziationskräften zwar verhältnismäßig groß sind, aber doch *nicht außerhalb jeden Vergleichs* stehen. In erster Näherung kann man davon ausgehen, daß die Zerlegung einer Wasserstoffbrücke ca. 10 % und die einer van der Waals-Verknüpfung zwischen zwei Paraffinwasserstoffatomen immerhin noch 0,5 % der zur Spaltung einer chemischen Bindung erforderlichen Energie benötigt. Bei starker Häufung der Assoziationsstellen sollte also u. U. das Zerreißen einer kovalenten Bindung im Molekülinnern leichter erfolgen als das Herauslösen des intakten Moleküls aus der es umgebenden flüssigen oder festen Phase.

In der Praxis sieht das so aus: Für jede Substanz existiert einerseits eine *Destillationstemperatur*, oberhalb deren mehrere benachbarte Moleküle nicht mehr durch Assoziationskräfte zu einer kondensierten Phase zusammengehalten werden können, andererseits aber auch eine *Zersetzungstemperatur*, oberhalb deren auch chemische Bindungen durch die mit den stärker werdenden thermischen Molekülschwingungen stetig anwachsenden Zerreißkräfte gespalten werden. Von diesen beiden charakteristischen Grenztemperaturen muß die letztere mit der Molekülgröße *sinken*, weil die Zerreißkräfte bei gleicher Schwingungsamplitude um so stärker werden, je schwerer die Massen sind, die gegeneinander schwingen, erstere dagegen mit zunehmender Molekülgröße *ansteigen*, weil die Zahl der bei der Destillation pro Molekül aufzulösenden Assoziationsbrükken in erster Näherung proportional der Zahl der assoziierenden Atome und damit der Molekülgröße ansteigt. Für jede Substanzklasse muß es also eine obere *Molekulargewichtsgrenze* geben, bei der die Siedetemperatur die Zersetzungstemperatur zu übersteigen beginnt und oberhalb deren daher eine Destillation der unzersetzten Substanz nicht mehr möglich ist.

Beispielsweise beginnt die Zersetzung bei den in Tabelle 5.1 angeführten *Paraffinen* und *Polyalkoholen* mit Molekulargewichten über 100 bei ca. 330 °C, beim Wasser (Mol-Gew. 18) dagegen erst zwischen 3000 und 4000 °C und beim Wasserstoff (Mol-Gew. 2) sogar oberhalb 4000 °C.

Ein näheres Studium der Zusammenhänge zwischen Siedetemperatur und Molekulargewicht ist nur bei Substanzen möglich, deren Moleküle ein sehr ähnliches Bauprinzip aufweisen, da sich sonst zu viele Effekte überlagern und das Ergebnis verfälschen. Besonders die in der organischen Chemie häufig anzutreffenden Reihen von Verbindungen, deren einzelne Glieder jeweils eine mehr oder weniger große Anzahl von stets gleichartigen Bausteinen aneinandergekettet enthalten, sind für diesen Zweck gut geeignet. In Tabelle 5.1 wurden deswegen die für den beabsichtigten Vergleich des Siedeverhaltens erforderlichen Daten für die Anfangsglieder von zwei derartigen Reihen zusammengestellt.

Bei der ersten Reihe handelt es sich um die sog. *n-Paraffine* (= Alkane mit unverzweigter Kohlenstoffkette), deren Moleküle man sich durch Aneinanderreihen von *Methylengruppen* ($-CH_2-$) und Besetzen der Molekülenden mit zwei Wasserstoffatomen entstanden denken kann. Die im folgenden Formelbild als Beispiel wiedergegebene räumliche Struktur des aus neun derartigen CH_2-Gruppen aufgebauten *Nonans* C_9H_{20} zeigt, daß die Wasserstoffatome die Kohlenstoffatome nahezu vollständig einhüllen und daß infolgedessen nur zwischen den Wasserstoffatomen benachbarter Moleküle nennenswerte Assoziationskräfte auftreten können:

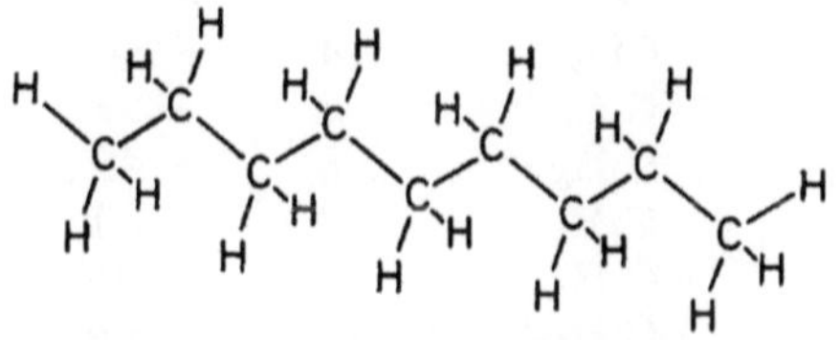

räumlicher Aufbau des Nonanmoleküls

Das Ansteigen der Siedepunkte sollte hier deswegen eine Funktion der *Zahl der Wasserstoffatome* im Molekül sein.

Die Glieder der zweiten Substanzreihe sind durch die Anwesenheit von jeweils einer *Hydroxylgruppe* (–OH) ausgezeichnet, die infolge der Möglichkeit der Ausbildung von Wasserstoffbrücken viel stärker assoziieren als die Wasserstoffatome der Paraffine. Wie die – in diesem Fall nicht räumlich wiedergegebenen – Strukturformeln der ersten vier Glieder dieser *Polyalkoholreihe* zeigen, fungiert hier die H–C–OH-Gruppe in ähnlicher Weise als Molekülbaustein wie die CH_2-Gruppe bei den Paraffinen, und die Molekülenden sind ebenfalls mit Wasserstoff besetzt:

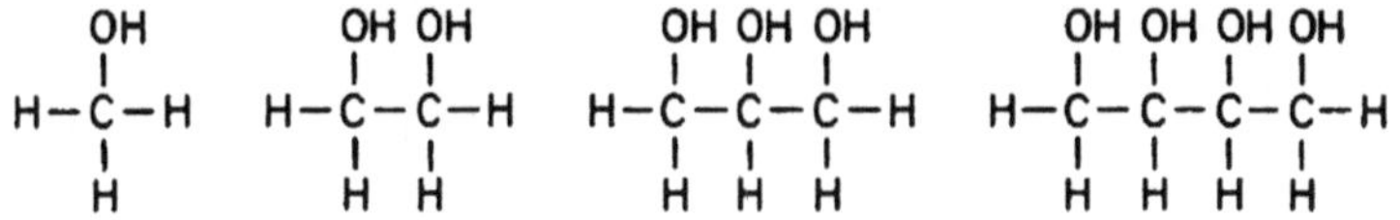

Methanol Glykol Glycerin Erythrit

In dieser Reihe sollte das Ansteigen der Siedepunkte somit von der *Zahl der Hydroxylgruppen* im Molekül abhängig sein[16].

Die in Tabelle 5.1 für beide Reihen zusammengestellten Daten lassen die folgenden Gesetzmäßigkeiten erkennen:

[16] Exakter von der Zahl der OH- und CH-Gruppen, doch können die letzteren neben den viel stärker assoziierenden OH-Gruppen bei dieser vereinfachenden Betrachtung vernachlässigt werden.

Tabelle 5.1 Die Abhängigkeit der Siedetemperaturen (t in °C) und Siedezahlen (σ)* der Paraffine und Polyalkohole von der Zahl der assoziierenden Atome bzw. Atomgruppen im Molekül (x)**

Substanz	Formel	x	t	σ beob.	σ ber.
		1. Paraffine			
Methan	CH_4	4	− 164	1,2	1,5
Äthan	C_2H_6	6	− 89	3,4	3,5
Propan	C_3H_8	8	− 45	5,2	5,5
Butan	C_4H_{10}	10	1	7,6	7,5
Pentan	C_5H_{12}	12	36	9,6	9,5
Hexan	C_6H_{14}	14	69	11,7	11,5
Heptan	C_7H_{16}	16	98	13,8	13,5
Octan	C_8H_{18}	18	126	15,9	15,5
Nonan	C_9H_{20}	20	151	18,0	17,5
Decan	$C_{10}H_{22}$	22	173	19,9	19,5
Dodecan	$C_{12}H_{26}$	26	215	23,8	23,5
Tetradecan	$C_{14}H_{30}$	30	252	27,6	27,5
Hexadecan	$C_{16}H_{34}$	34	287	31,4	31,5
		2. Polyalkohole			
Methanol	H HC-OH H	1	65	11,4	11,7
Glykol	H $(HC\text{-}OH)_2$ H	2	197	22,1	21,7
Glycerin	H $(HC\text{-}OH)_3$ H	3	290	31,7	31,7
Erythrit	H $(HC\text{-}OH)_4$ H	4	330	36,4	41,7

* Unter *Siedezahl* (σ) versteht man den zehntausendsten Teil des Quadrates der absoluten Siedetemperatur T (in K). Es gilt also die Beziehung $\sigma = T^2 \cdot 10^{-4}$. Der Begriff wurde eingeführt, weil die Siedetemperatur selbst nur qualitative Zusammenhänge mit der Molekülgröße erkennen läßt, T^2 und damit auch σ dagegen annähernd proportional der Zahl der assoziierenden Gruppen ansteigen.

** x bedeutet bei den Paraffinen die Zahl der Wasserstoffatome, bei den Polyalkoholen die der Hydroxylgruppen pro Molekül.

1. Die *Siedetemperaturen* selbst steigen in beiden Reihen mit wachsender Molekülgröße anfangs sehr stark, später immer schwächer an.
2. Die *Siedezahlen* stehen dagegen zur Zahl x der assoziierenden Atome bzw. Atomgruppen im Molekül in einer einfachen linearen Beziehung, die man durch die (empirisch ermittelte) Gleichung $\sigma = ax + b$ zum Ausdruck bringen kann. Wie die letzte Spalte in Tabelle 5.1 zeigt, lassen sich mit Hilfe dieser Gleichung sowohl die σ-Werte der Paraffine (hier für a = 1 und b = − 2,5) als auch die der Polyalkohole (hier für a = 10 und b = 1,7) innerhalb einer Fehlerbreite von nur ± 0,5 richtig berechnen[17].
3. Die Erhöhung des Faktors a um eine Zehnerpotenz beim Übergang von den Paraffinen zu den Polyalkoholen entspricht mehr oder weniger zufällig annähernd dem oben angegebenen Verhältnis der Spaltungsenergien der van-der-Waals- und der Wasserstoffbrükken-Assoziate.

Durch *Herabsetzung des Destillationsdruckes* läßt sich die Siedetemperatur eines jeden Stoffs beträchtlich senken und damit die Molekülgröße der gerade noch destillierbaren Verbindungen entsprechend erhöhen. Aber auch unter den extremen Bedingungen der *Molekulardestillation*[18] dürften Kohlenwasserstoffe mit Molekulargewichten um 800 sowie die besonders tiefsiedenden *Perfluorparaffine* der Summenformel C_nF_{2n+2} mit Molekulargewichten bis etwa 3000 die höchstmolekularen unzersetzt destillierenden Stoffe sein.

5.2 Die Härteeigenschaften

Eine weitere physikalische Materieeigenschaft, die in einer gewissen Beziehung zur Siedetemperatur steht, ist die *Härte* der festen Stoffe.

[17] Lediglich beim Erythrit wird der Fehler etwas größer, weil hier bereits dicht oberhalb 300 °C die Zersetzung beginnt und die Siedetemperatur deswegen etwas zu niedrig gemessen wird.

[18] Unter *Molekulardestillation* versteht man eine Destillation in sehr hohem Vakuum, in dem die mittlere freie Weglänge der Moleküle größer ist als die Gefäßdimensionen. In diesem Fall bildet sich kein eigentlicher Dampfdruck mehr aus, und es stellt sich auch kein exakt definierter Siedepunkt mehr ein. Die Zahl der überdestillierenden Moleküle sinkt vielmehr bei abnehmender Temperatur nicht nach Unterschreiten eines bestimmten Punktes plötzlich auf 0 ab, sondern geht nur langsam zurück.

Der Widerstand eines Festkörpers gegen jede mechanische Deformation, der u. a. in seiner Härte zum Ausdruck kommt, hängt nämlich in ähnlicher Weise von der Stärke der Kräfte zwischen den ihn aufbauenden kleinsten Teilchen ab wie seine Siedetemperatur. Die *höchstsiedenden Substanzen*, die wir kennen, wie etwa das Wolfram (Sdp. 5700 °C) und der Kohlenstoff (Sdp. 3370 °C), gehören infolgedessen gleichzeitig zu den *härtesten Materialien* unserer Umwelt.

Die Parallelität von Siedetemperatur und Härte ist jedoch nicht vollkommen. Beispielsweise ist das bekannte Kerzenmaterial *Hartparaffin*, das aus einem Gemisch aller normalen Paraffine mit 25–40 Kohlenstoffatomen im Molekül besteht, wesentlich weicher als Eis, obwohl seine Siedetemperatur bei Atmosphärendruck bei etwa 500 °C [19] liegen würde, also um rund 400 °C über der des Wassers. Diese ungewöhnlich geringe Härte ist hauptsächlich darauf zurückzuführen, daß durch die Assoziationskräfte nicht die Moleküle als Ganzes miteinander verknüpft werden, sondern sich immer nur Assoziationsbrücken zwischen einzelnen Atomen benachbarter Moleküle ausbilden. Bei vielatomigen Molekülen sind deswegen stets mehrere derartige Assoziationsbrücken vorhanden, die beim *Sieden* sämtlich zerrissen werden müssen, so daß, wie oben gezeigt, die Siedezahl annähernd proportional der Molekülgröße ansteigt.

Bei der *Deformation von Festkörperoberflächen*, wie sie bei der Härtebeanspruchung vor sich geht, bleibt dagegen die Mehrzahl der Assoziationsbrücken erhalten, und es findet nur eine Umgruppierung der Moleküle (bzw. von Molekülteilen) statt. Diese kann aber ohne vollständige Molekültrennung geschehen, wenn sich anstelle jeder zerrissenen Atomverknüpfung sofort nach der Verschiebung der Molekülteile gegeneinander eine neue Verknüpfung (anderer Atome) ausbildet, so daß in summa jeweils nur die Spaltungsenergie für einige wenige Verknüpfungsstellen gleichzeitig aufgebracht werden muß.

Die Härte von niedermolekularen Substanzen gleichen Bautyps und damit gleichartiger Assoziationskräfte nimmt deshalb nur wenig mit der Molekülgröße (bzw. der Siedetemperatur) zu. Sie sollte eher mit der *Schmelztemperatur* vergleichbar sein, denn auch für das

[19] Auf Grund des Siedepunkts des Dotriakontans ($C_{32}H_{66}$) im Vakuum (320 °C/15 Torr) geschätzter Wert.

Schmelzen müssen die Moleküle nicht vollständig voneinander getrennt werden, sondern es genügt eine Umgruppierung unter gleichzeitiger Lösung von jeweils nur wenigen Assoziationsbrücken. Z. B. zeigen die drei vergleichbaren Verbindungen *Naphthalin* ($C_{10}H_8$, Mol-Gew. 128, Smp. 80 °C, Sdp. 218 °C), *Eikosan* ($C_{20}H_{42}$, Mol-Gew. 282, Smp. 75 °C, geschätzter Sdp. 342 °C) und *Ceryl-cerotinat*[20] ($C_{52}H_{104}O_2$, Mol-Gew. 761, Smp. 75 °C, geschätzter Sdp. 750 °C) sehr unterschiedliche Molekulargewichte und Siedepunkte, sind aber trotzdem bei ähnlichen Schmelzpunkten in gleicher Weise „wachsweich".

Als weitere Folge der relativ leichten Umgruppierung der Moleküle in organischen Festkörpern ist ihre geringe *Sprödigkeit* zu nennen. Mit Ausnahme der unten beschriebenen Zucker und verwandten hydroxylgruppenhaltigen Substanzen ist es bei keiner organischen Materie möglich, sie – etwa im Gegensatz zu den an sich viel härteren Salzen und Steinen – bei Normaltemperatur im Mörser zu zerkleinern. Erst beim Abkühlen auf die Temperatur der flüssigen Luft wird die Verschiebbarkeit der Moleküle gegeneinander so stark herabgesetzt, daß man auch organische Materialien pulverisieren kann.

Die Verhältnisse ändern sich jedoch sofort, wenn man die schwachen van der Waalsschen Kräfte durch die wesentlich stärkere *Wasserstoffbrückenassoziation* ersetzt. Hier treten größere Härtegrade auf, da man in diesem Fall nicht nur im Gesamten, sondern bereits für jede einzelne Assoziationsbrücke eine relativ große Trennungsarbeit aufbringen muß. Wie in 5,4 näher ausgeführt wird, gehen im *Eiskristall* von jedem Sauerstoffatom vier Wasserstoffbrücken aus, die sich tetraedrisch in den Raum erstrecken und dadurch in allen Richtungen die Wassermoleküle fest miteinander verknüpfen. In dieser erschwerten Verschiebbarkeit der Moleküle gegeneinander ist einerseits die gegenüber dem Wachs erheblich *gesteigerte Härte* des Eises, andererseits dessen bereits ausgesprochen *spröde Natur* begründet.

Auch organische Substanzen sind – im Gegensatz zu den wachsartigen Kohlenwasserstoffen, Estern usw. – hart und spröde, wenn sie eine genügend große Zahl von *Hydroxylgruppen* im Molekül ent-

[20] Hauptbestandteil des chinesischen Insektenwachses.

halten, um viele zwischenmolekulare Wasserstoffbrücken ausbilden zu können. Das wichtigste Beispiel für diese Stoffklasse sind die dem Erythrit (vgl. Tabelle 5.1) folgenden *höheren Polyalkohole* und die diesen nahe verwandten *Zucker*, deren Kristalle ohne Schwierigkeit Wachs ritzen und unter lautem Geräusch zermahlen werden können.

Immerhin ist auch die Härte des Eises und der Zucker nur gegenüber der Mehrzahl der organischen Substanzen groß, relativ gering dagegen gegenüber der der *makromolekularen Steine*. Ähnlich wie die Wasserstoffbrücken hinsichtlich ihrer Bindekraft eine Mittelstellung einnehmen zwischen den van-der-Waals- und den chemischen Bindungskräften, ist dies auch hinsichtlich der Härte der durch diese Kräfte zusammengehaltenen Materialien der Fall.

5.3 Löslichkeitsprobleme

Bekanntlich kann man zwei beliebige *Gase* in jedem Verhältnis vermischen, denn sie bestehen aus einer großen Zahl von nicht aneinander gebundenen, unabhängigen Molekülen, die sich einzeln über eine gewisse „freie Weglänge" hinweg von Zusammenstoß zu Zusammenstoß mit anderen Molekülen durch den Raum bewegen. Es spielt infolgedessen, wie es die *Mischbarkeit* erfordert, keine Rolle, ob diese anderen Moleküle, mit denen die Zusammenstöße erfolgen, gleichartig oder ungleichartig sind, d. h. welchem der beiden zu vermischenden Gase sie angehören.

Da sich die Moleküle einer *Flüssigkeit* ebenfalls zwischen den Zusammenstößen mit benachbarten Molekülen einzeln durch den Raum bewegen, wenn auch mit erheblich verminderter freier Weglänge, sollte man auf den ersten Blick erwarten, daß auch Flüssigkeiten jeder Art beliebig miteinander vermischt werden können.

Das ist jedoch nicht der Fall, wie die mangelnde Mischbarkeit von *Wasser* und *Benzin* beweist. Die Ursache hierfür ist allein in der kleinen freien Weglänge der Moleküle in einer Flüssigkeit zu suchen, denn diese ist meistens *kleiner als die Moleküldimensionen* und endet stets noch innerhalb des Wirkungsbereichs der Assoziationskräfte. Andernfalls könnten nämlich die Moleküle nicht ohne Druck zur flüssigen Phase assoziieren.

Wenn aber zwischen zwei benachbarten Molekülen einer Flüssigkeit noch mehr oder weniger starke Anziehungskräfte herrschen, dann besteht durchaus die Möglichkeit, daß sich zwischen diese Moleküle kein Fremdmolekül einschieben kann, wie es für die Vermischung zweier Flüssigkeiten unumgänglich notwendig ist. Und zwar wird dieses immer dann der Fall sein, wenn die Anziehungskräfte zwischen den Molekülen der einen Flüssigkeit so stark sind, daß deren Trennung einen höheren Energiebetrag erfordert, als bei der Neubildung von Assoziationsbrücken zu den Molekülen der anderen Flüssigkeit geliefert wird. Aus diesem Grunde sind z. B. *Benzin* oder die *Fette* in Wasser nicht löslich, denn von deren Molekülen gehen nur schwache van-der-Waals-Kräfte aus, die nicht ausreichen, um die durch starke Wasserstoffbrücken verknüpften Wassermoleküle auseinanderzudrängen.

Umgekehrt kann sich aber auch Wasser in Benzin nicht lösen. An sich reichen die von einzelnen Wassermolekülen ausgehenden van-der-Waals-Kräfte zwar aus, um die Kohlenwasserstoffmoleküle auseinander zu drängen, aber sowie ein in Benzin gelöstes einzelnes Wassermolekül mit einem zweiten einzelnen Wassermolekül zusammenstoßen würde, bildete sich zwischen ihnen eine Wasserstoffbrücke aus, die durch Kohlenwasserstoffmoleküle nicht mehr zerstört werden kann. Selbst wenn es also möglich wäre, Wasser in Form von Einzelmolekülen in Benzin in Lösung zu bringen, so wäre eine derartige Lösung nicht beständig, weil sich die Wassermoleküle sofort zu einer durch Wasserstoffbrücken zusammengehaltenen Phase von flüssigem Wasser vereinigen würden, die dann kein Benzin mehr aufnehmen kann. Im Endeffekt bleiben daher Benzin und Wasser unverändert nebeneinander bestehen, ohne daß eines von ihnen nennenswerte Mengen des anderen aufzulösen vermag.

Ähnlich wie Wasser und Benzin können auch alle anderen reinen Flüssigkeiten sich nicht ineinander lösen, wenn deren Moleküle durch verschiedenartige Assoziationskräfte unterschiedlicher Stärke zur flüssigen Phase zusammengeschlossen werden. Beispielsweise ist *Quecksilber* eine Flüssigkeit, die weder in *Wasser* noch in *Benzin* in Lösung geht und auch diese Solventien nicht auflösen kann. Dagegen lassen sich Flüssigkeiten, von deren Molekülen gleichartige Assoziationskräfte ausgehen, wie z. B. *Benzin* und *Oli-*

venöl oder *Wasser* und *Alkohol*, stets unbegrenzt miteinander vermischen.

In der Praxis ist es hauptsächlich der beschriebene Gegensatz zwischen den schwachen van-der-Waals- und den etwa 20mal so starken Wasserstoffbrückenkräften, auf die die mangelnde Mischbarkeit zweier Flüssigkeiten zurückzuführen ist. Man kann die Substanzen unserer Umgebung infolgedessen auf Grund ihrer Lösungseigenschaften in zwei sich diametral gegenüberstehende Gruppen einteilen, deren Vertreter jeweils untereinander mischbar sind, aber sich gegenseitig nicht lösen:

Zur ersten Gruppe gehören alle Stoffe, die infolge der Häufung von *Hydroxylgruppen* (-OH) im Molekül – sowie in schwächerem Ausmaß auch von *Aminogruppen* ($-NH_2$) – derart viele Wasserstoffbrücken zu Nachbarmolekülen ausbilden können, daß die schwache van-der-Waals-Assoziation daneben nicht mehr zur Geltung kommt. Als bekannteste Substanzen dieses Typus seien außer dem schon erwähnten *Wasser* (als Prototyp) einige *anorganische Sauerstoffsäuren* (z. B. Schwefelsäure H_2SO_4 und Phosphorsäure H_3PO_4), die in Tabelle 5.1 angeführten *Polyalkohole* Glykol und Glycerin sowie das zu den Säureamiden zählende *Formamid* ($HCO\text{-}NH_2$) genannt. Alle diese Stoffe sind untereinander mischbar und werden wegen ihrer Löslichkeit in (bzw. Benetzbarkeit durch) Wasser als *hydrophil* (von griech. ὕδωϱ = Wasser und φὶλος = Freund) bezeichnet.

Diesen hydrophilen Substanzen stehen in der zweiten Gruppe die fettlöslichen bzw. die Fette benetzenden *lipophilen* (von griech. λὶπος = Fett) Stoffe gegenüber, zwischen deren Molekülen überwiegend van der Waalssche Kräfte auftreten und die aus diesem Grunde, wie oben gezeigt, wasserunlöslich sind. Zu dieser Substanzgruppe gehören in erster Linie sämtliche *Kohlenwasserstoffe* (z. B. außer den „aliphatischen" Paraffinen auch die „aromatischen" Benzol- und Naphthalinderivate), sämtliche *Halogenkohlenwasserstoffe* (z. B. die wichtigen Lösungsmittel Methylenchlorid [H_2CCl_2], Chloroform [$HCCl_3$] und Tetrachlorkohlenstoff [CCl_4]) sowie die *Äther* und *Ester*[21] mit längeren Kohlenwasserstoffresten im Molekül.

Für die fettabstoßenden Eigenschaften der ersten und die wasserabstoßenden Eigenschaften der zweiten Substanzgruppe sind auch die

Ausdrücke *lipophob* und *hydrophob* (von griech. φοβος = Scheu) gebräuchlich, so daß sich das Lösungsverhalten beider Stoffklassen auch kurz zu dem Satz zusammenfassen läßt: Die Verbindungen der ersten Substanzgruppe sind *hydrophil* und *lipohob*, die der zweiten Gruppe umgekehrt *lipophil* und *hydrophob*.

Schließlich gibt es auch Übergänge zwischen beiden Verhaltensmöglichkeiten. Diese trifft man insbesondere bei organischen Verbindungen häufig an, die sowohl Kohlenwasserstoffreste als auch Hydroxylgruppen im Molekül enthalten, wenn in summa von beiden etwa gleich starke Assoziationseffekte ausgehen. Die bekanntesten Beispiele sind die niederen Alkohole. So kann etwa Methanol (CH_3-OH) nicht nur mit Wasser, sondern auch mit Paraffinen (mit letzteren allerdings nur in scharf getrocknetem Zustand) in jedem Verhältnis gemischt werden, d. h. es besitzt sowohl *hydrophilen* als auch *lipophilen* Charakter.

Von besonderem Interesse ist die unterschiedliche *Orientierung* der Methanolmoleküle in Abhängigkeit davon, ob sie sich beim Auflösen in Wasser *hydrophil* oder beim Auflösen in Paraffinen *lipophil* verhalten. Im ersten Falle vermögen nur die *Hydroxylgruppen* des Methanols die Wassermoleküle unter Neubildung von Wasserstoffbrücken auseinanderzudrängen. Bloß diese hydrophilen OH-Gruppen können infolgedessen vom Wasser solvatisiert werden. Die pa-

[21] Die wichtigsten wasserunlöslichen Ester sind die *Fette*, von deren Namen sich die Bezeichnung lipophil ableitet (s. o.). Beispielsweise enthält die unten formulierte Fettsubstanz *Tristearin* 57 Kohlenstoffatome im Molekül, von denen nur 6 nicht ausschließlich paraffinartig gebunden sind. Das Tristearin verhält sich deswegen hinsichtlich seiner Lösungseigenschaften wie ein normales Paraffin.

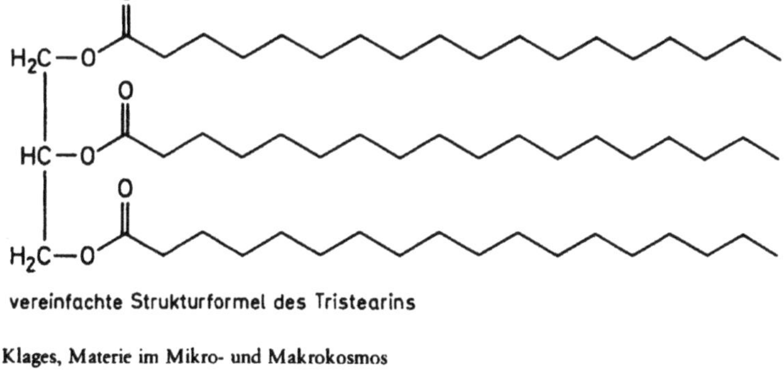

vereinfachte Strukturformel des Tristearins

raffinartigen und deswegen hydrophoben CH_3-Gruppen dringen demgegenüber ebenso wenig in das Wasser ein wie die Benzinmoleküle in dem angeführten Beispiel. Sie verbleiben vielmehr *außerhalb der wäßrigen Phase*, und man erhält das in Abb. 5.1 wiedergegebene, durch ein *Maximum an Wasserstoffbrücken* gekennzeichnete Bild.

Danach bilden die Methanolmoleküle eine Art Igelstellung aus, bei der sämtliche durch van-der-Waals-Kräfte assoziierten Methylgruppen innen zu einem Pulk zusammengeschlossen sind und die nach außen gerichteten Hydroxylgruppen optimal vom Wasser solvatisiert werden können. Beim Auflösen von Methanol in *Hexan*

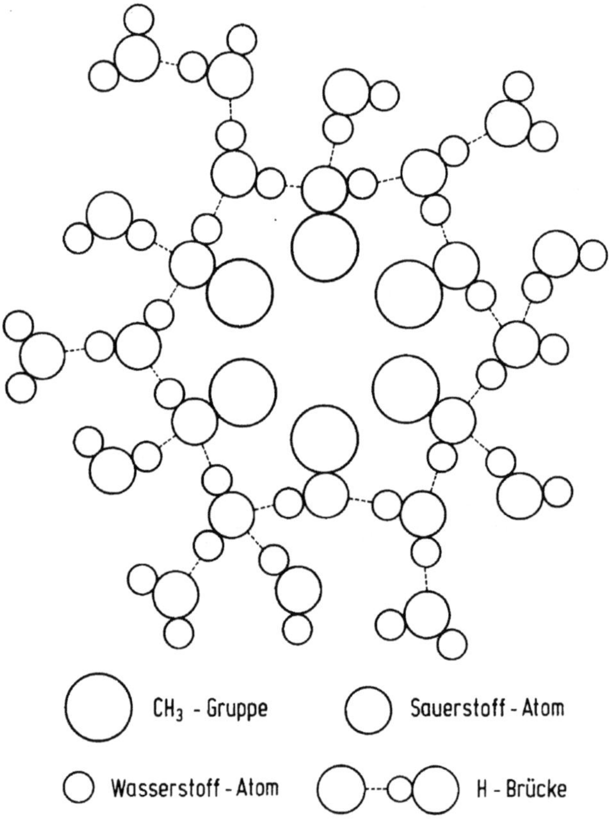

Abb. 5.1 Schema der Molekülorientierung bei Lösung von Methanol in Wasser.

(C_6H_{14}) ergibt sich das in Abb. 5.2 gezeigte entgegengesetzte Bild: Wiederum schließen sich mehrere Methanolmoleküle zu einem Igel zusammen, in dessen Inneren sich aber nunmehr die *Hydroxylgruppen* befinden, die ihre Assoziationskräfte durch Ausbildung eines ringförmig geschlossenen Systems von Wasserstoffbrücken gegenseitig vollständig absättigen. Die hier nach außen gerichteten CH_3-Gruppen können infolgedessen ohne jede Störung durch diese Wasserstoffbrückenbildung vom Lösungsmittel benetzt bzw. solvatisiert werden.

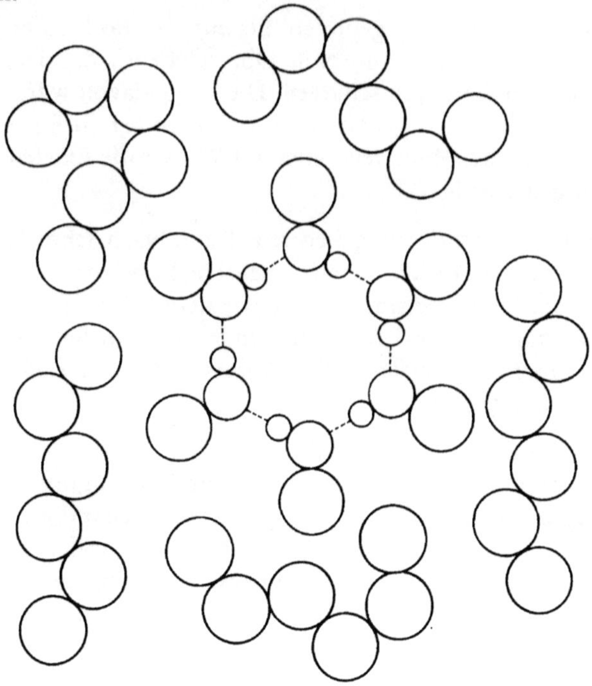

Abb. 5.2 Schema der Molekülorientierung bei Lösung von Methanol in Hexan.

5.4 Die Sonderstellung des Eises

Bei fast allen flüssigen Stoffen ist der Vorgang des Erstarrens zu einem Festkörper mit einer *Volumenabnahme* verbunden, weil im allgemeinen die Moleküle (bzw. sonstigen kleinsten Teilchen) nur in regelmäßig aufgebauten Kristallgittern am dichtesten gepackt sein können. Von dieser Regel existieren jedoch einige wenige Ausnahmen, von denen das *Wasser* die bei weitem wichtigste ist, also gerade die häufigste flüssige Substanz auf der Erdoberfläche.

Dieses anomale Verhalten des gefrierenden Wassers ist sogar von kaum zu überschätzender Bedeutung für die Gestaltung unserer Umwelt. Man stelle sich nur vor, das Wasser würde wie die Mehrzahl der übrigen Flüssigkeiten beim Gefrieren eine *Volumenabnahme* erfahren, dann träten u. a. die folgenden drei grundlegenden Änderungen in unserem Lebensraum ein:

1. Im Winter würde das gebildete Eis *auf den Boden des Meeres sinken*, also nicht wie das normale Oberflächeneis die tieferen Gewässer vor dem Gefrieren schützen. Die Folge davon wäre, daß im Laufe längerer Zeit das ganze Meer *von unten her zu Eis* erstarren und damit jeglichem höheren Leben im Wasser die Existenzgrundlage entzogen würde.

2. Im Frühjahr träte der umgekehrte Fall ein: Nach Schmelzen einer mehr oder weniger dicken Oberflächenschicht würde das Tiefeneis durch das darüber lagernde Wasser vor dem Schmelzen geschützt werden. D. h. zumindest in den höheren Breiten würden alle Gewässer im Sommer nur *oberflächlich auftauen* und in der Tiefe ein *ewiges Grundeis* lagern[22].

3. Die durch die Volumenzunahme des gefrierenden Wassers bewirkte *Sprengung von Felsen* und die dadurch bedingte wesentliche Förderung der *Gesteinsverwitterung* würde vollständig unterbleiben. Jedoch sind keine Angaben darüber möglich, welches Ausmaß dieser Effekt im Laufe der Erdgeschichte angenommen hätte, z. B. um wieviel geringer unter derartigen Bedingungen die in 10.3 beschriebene Bildung von Sekundärmineralien gewesen wäre.

Bei dieser fundamentalen Bedeutung des Gefrierverhaltens des Wassers für das Geschehen auf der Erdoberfläche ist die Frage nach seiner Ursache von besonderem Interesse. Sie kann heute auf Grund

[22] Diese auf den ersten Blick etwas unheimlich erscheinende Vision ist bei dem *Bodeneis der arktischen Tundren* tatsächlich verwirklicht; denn hier kann das Bodeneis infolge der Behinderung durch das feste Bodenmaterial nicht an die Oberfläche steigen, so daß auch die tieferen Schichten über undenkbare Zeiten hinweg gefroren bleiben und jeden Sommer nur eine mehr oder weniger dicke Oberflächenschicht auftaut.

des unterschiedlichen Charakters der van-der-Waals- und der Wasserstoffbrücken-Assoziation ohne Schwierigkeiten beantwortet werden. In 3.2.5 haben wir gesehen, daß die van der Waalsschen Kräfte einerseits relativ schwach sind, andererseits durch Betätigung nicht abgesättigt werden und nach allen Seiten wirken. Es bildet sich deswegen eine möglichst enge Molekülanordnung aus, die sich mehr oder weniger stark der in 9.1.1 beschriebenen *dichtesten Kugelpakkung* nähert. Die Wasserstoffbrücke weist demgegenüber zwar eine wesentlich größere Bildungsenergie auf, stellt aber eine nicht mehr allseitig, sondern nur in bestimmten Richtungen wirksame zwischenatomare Anziehungskraft dar, die noch dazu bei der Brückenbildung vollständig abgesättigt wird. Infolgedessen beobachtet man keine dichteste Kugelpackung mehr, sondern von jedem Sauerstoffatom des Wassermoleküls gehen maximal nur *vier Wasserstoffbrücken* aus, die sich tetraedrisch in den Raum hinaus erstrecken (s. 3.2.6).

Die Herabsetzung der Zahl der Nachbarmoleküle von 12 (bei *dichtester Kugelpackung*) auf vier (bei *tetraedrischer Anordnung*) hat aber zwangsläufig das Auftreten von *Hohlräumen* im Kristallinnern zur Folge. Wenn dieser volumenbeanspruchende Effekt auch dadurch etwas gemildert wird, daß der Abstand zwischen den Sauerstoffatomen zweier benachbarter Wassermoleküle im Eis mit 246 pm nur ca. 70 % des sich bei reiner van-der-Waals-Assoziation einstellenden Abstandes beträgt, so reicht er doch, wie die folgende Überlegung erkennen läßt, zur Erklärung der relativ geringen Dichte des Eises vollkommen aus:

Auf Grund der in Abb. 5.3 wiedergegebenen räumlichen Struktur des Eisgitters bilden sich bei der Kristallisation des Wassers nämlich nicht viele kleine, den einzelnen Molekülen zuzuordnende Hohlräume aus, sondern relativ wenige, von jeweils zehn Wassermolekülen umschlossene, nahezu *kugelförmige Vakuolen* vom ungefähren Durchmesser 308 pm (vgl. auch 7.2). Da jedes Wassermolekül an vier derartige Hohlkugeln grenzt, entfällt im Durchschnitt auf je $2\frac{1}{2}$ Wassermoleküle eine Vakuole, bzw. nach Umrechnung auf makroskopische Verhältnisse, auf 100 g (= 109 cm^3) Eis ein Hohlkugelvolumen von 20,8 cm^3. Ca. *19 % des Gesamtvolumens* eines Eiskristalls bestehen also aus diesen Vakuolen[23].

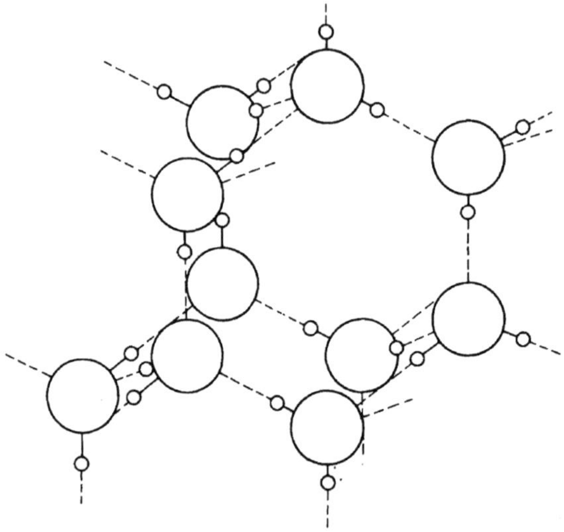

Abb. 5.3 Schema der Anordnung der Wassermoleküle im Kristallgitter des Eises. (Ein größerer Ausschnitt aus dem geometrisch sehr ähnlichen Diamantgitter ist in Abb. 7.1 wiedergegeben.)

Das Eis ist somit ein relativ „luftiges" Gebilde, dessen Kristallgitter infolge der verstärkten Wärmebewegung der Moleküle oberhalb 0° zusammenbricht. Als Folge der hierbei unvermeidlichen Zerstörung von Wasserstoffbrücken versucht jedes Wassermolekül sich auf Grund der nunmehr stärker in Erscheinung tretenden van der Waalsschen Kräfte mit einer größeren Zahl von Nachbarmolekülen zu umgeben, was zwangsläufig mit einer *Herabsetzung des Hohlraumvolumens* und damit einer *Dichteerhöhung* verbunden ist. Das Gefrierverhalten kann man also mit kurzen Worten folgendermaßen beschreiben:

Beim Gefrieren werden die Wassermoleküle unter Vergrößerung des Molvolumens (bzw. unter Ausbildung von Hohlräumen im Kristallinnern) so gegeneinander ausgerichtet, daß die bei der kompakteren Molekülanordnung in der flüssigen Phase noch nicht mögliche Ma-

[23] Das hohlraumfreie Wasservolumen in 100 g Eis beträgt danach nur $109 - 20{,}8 = 88{,}2\ cm^3$, einer Dichte von $1{,}13\ g \cdot cm^{-3}$ entsprechend, wie sie bei einem normalen Gefrierverhalten des Wassers etwa zu erwarten wäre.

ximalzahl von vier von einem Sauerstoffatom ausgehenden Wasserstoffbrücken (s. 3.2.6) entstehen kann.

Die hohe Erstarrungswärme des Eises von 6,0 kJ/mol zeigt, daß die zur Überwindung der van der Waalsschen Kräfte bei der Bildung der Hohlräume pro Mol Wasser erforderliche Energie (E_{Ass}) durch die bei der Knüpfung zusätzlicher Wasserstoffbrücken (ebenfalls pro Mol Wasser) gewonnene Energie (E_{WB}) deutlich überkompensiert wird. Nimmt man für eine erste Schätzung an, daß E_{WB} etwa doppelt so groß ist wie E_{Ass}, so errechnet sich aus der angeführten Erstarrungswärme des Eises eine Erhöhung der Wasserstoffbrückenenergie (also von E_{WB}) um 12,0 kJ/mol, was ziemlich genau der Hälfte der Bildungsenergie einer Wasserstoffbrücke im Eis entspricht. Danach nimmt die Zahl der Wasserstoffbrücken beim Gefrieren des Wassers in erster Näherung von 1,5 auf 2 pro Wassermolekül zu. D. h. im flüssigen Wasser liegen nur etwa drei Viertel der maximal möglichen Wasserstoffbrücken vor.

Die beschriebene Tendenz zur Ausbildung von Hohlräumen beim Erstarren des Wassers sollte man unter geeigneten Umständen verhindern können. Eine derartige Eismodifikation, die in Analogie zu dem Verhalten der meisten Substanzen spezifisch schwerer ist als flüssiges Wasser, liegt in dem bei – 155 °C unter Atmosphärendruck beständigen *Eis II* vor. Es beansprucht mit einer (auf 0 °C umgerechneten) Dichte von 1,19 g · cm^{-3} ein Volumen von 84 cm^3 pro Mol, das dem um die Hohlräume verminderten Molvolumen des normalen Eises (88,2 cm^3, s. Anm. 23) nahekommt.

5.5 Die Einschlußverbindungen

Die relativ großen Hohlräume im Kristallgitter des Eises legen die Frage nahe, ob es möglich ist, in diese Vakuolen *fremde Materieteilchen*, etwa Edelgasatome, einzubetten. Wie der in 7.2 durchgeführte Vergleich mit einigen geometrisch ähnlichen Atomgittern zeigt, ist dies beim normalen, *hexagonal* kristallisierenden Eis noch nicht möglich. Aber die Wassermoleküle können unter Beibehaltung der Maximalzahl von zwei Wasserstoffbrücken pro Wassermolekül auch in einem *kubischen Gitter* kristallisieren, das in wesentlich stärkerem Ausmaß von Hohlräumen durchsetzt ist.

Im einzelnen errechnet sich, daß das Gitter des kubischen Eises pro 100 g Wasser 68 cm^3 Hohlräume enthält (gegenüber nur 20,8 cm^3

im normalen Eis). Danach bestehen etwa 40 % des gesamten Kristallvolumens aus *leerem Raum* (!), so daß ein reiner Eiskristall dieses Typus eine Dichte von nur 0,65 (also weniger als Benzin!) aufweisen würde. Weiterhin ist von Bedeutung, daß sich auch hier der leere Raum nicht gleichmäßig im Kristallinneren verteilt, sondern in der aus 46 Wassermolekülen aufgebauten *Elementarzelle*[24] des Gitters acht nahezu kugelförmige Vakuolen bildet, von denen zwei einen Durchmesser von 520 pm und sechs einen solchen von 590 pm aufweisen.

Es ist leicht einzusehen, daß dieses locker gefügte Gitter des kubischen Eises wegen der geringen über die Wasserstoffbrückenassoziation hinaus wirkenden van der Waalsschen Kräfte zwischen den relativ weit voneinander entfernten Gitterbausteinen allein nicht existenzfähig ist und sofort unter Umlagerung in das des normalen hexagonalen Eises zusammenbrechen würde. Füllt man die Hohlräume aber mit kleinen Materieteilchen – z. B. können außer den Atomen der *Edelgase* auch kleinere *mehratomige Moleküle* eingebaut werden – so kommen die von den Wassermolekülen ausgehenden van der Waalsschen Kräfte sogar noch besser zur Geltung als im normalen Eis mit seinen 310 pm-Vakuolen, und das kubische Kristallgitter wird hier infolgedessen zur beständigsten Eismodifikation.

Alle derartigen Stoffe, bei denen in der angegebenen Weise die Atome oder Moleküle einer *Gastsubstanz* wie in einem Käfig vollkommen von den Molekülen einer *Wirtsubstanz* eingeschlossen sind, nennt man *Einschluß-* oder *Käfigverbindungen*. Auch der von lat. clatratus (= vergittert) abgeleitete Name *Clathrate* ist gebräuchlich.

Insbesondere die nicht ganz exakt *Edelgashydrate* genannten Einschlußverbindungen der Edelgase im kubischen Eis haben infolge dieses ungewöhnlichen Bauprinzips einige bemerkenswerte Eigenschaften. Beispielsweise sind in ihnen derart viele Edelgasatome in den Vakuolen untergebracht, daß der resultierende Kristall der Zusammensetzung $E_8(H_2O)_{46}$ (für E = Edelgasatom) im Falle des *Ar-*

[24] Unter *Elementarzelle* versteht man den kleinsten Ausschnitt aus einem Kristallgitter, der noch alle Eigentümlichkeiten des Kristallaufbaus, insbesondere seine Symmetrieverhältnisse, erkennen läßt.

gonhydrats zu 28, des *Kryptonhydrats* zu 45 und des *Xenonhydrats* sogar zu 55 % aus dem Edelgas besteht. Bei letzterem handelt es sich also bis zu einem gewissen Grade bereits um einen „durch Eis verunreinigten Edelgaskristall"!

Interessant ist weiterhin, daß die Kräfte, durch die die Edelgasatome in den Vakuolen festgehalten werden, viel stärker sind als die in den reinen verflüssigten Gasen auftretenden Assoziationskräfte. Im Gegensatz zu den unter – 100 °C siedenden Edelgasen selbst sind die Edelgashydrate infolgedessen bis zu ihrer (bei Atmosphärendruck z. T. sogar über 0 °C liegenden) Zersetzungstemperatur absolut beständig und verlieren auch innerhalb längerer Zeiträume keinerlei Gas.

Will man das Edelgas dagegen ohne Eis auf das gleiche Volumen zusammenpressen, so sind dazu trotz des Hinzukommens des im Clathrat durch die Wassermoleküle eingenommenen Raumes ca. 140 Atm Druck erforderlich. Bildlich gesprochen verhalten sich die Edelgase in ihren Hydraten also so, als ob jedes einzelne Atom unter hohem Druck in eine Gasflasche eingeschlossen wäre!

Auch die normalen Lösungseigenschaften der von der Wirtsubstanz aufgenommenen Gassubstanz ändern sich bei der Bildung von Einschlußverbindungen vollkommen. An sich sind die Edelgase, von deren Atomen nur sehr schwache van der Waalssche Kräfte ausgehen, *lipophil* – aber auch nur schwach, sonst lägen ihre Siedetemperaturen nicht so niedrig – und extrem *hydrophob*, d. h. in flüssigem Wasser absolut unlöslich; denn ihre Atome sind im Sinne der Ausführungen in 5.3 nicht imstande, die Wassermoleküle unter Lösung von Wasserstoffbrücken auseinanderzudrängen. Bei den Clathraten erfolgt der Einbau in das Kristallgitter jedoch ohne Zerstörung von Wasserstoffbrücken und geht infolgedessen leicht vonstatten. Die *hydrophobe* Natur der Edelgase tritt hier infolgedessen überhaupt *nicht in Erscheinung*. Erst beim Schmelzen des Kristalls macht sie sich erneut bemerkbar, und man beobachtet starkes Schäumen unter Freisetzung des nunmehr wieder absolut *wasserunlöslichen Edelgases*.

Außer Wasser können auch andere Stoffe als Wirtsubstanzen derartiger Einschlußverbindungen fungieren, wenn sie nur bei Ausbildung eines von größeren Hohlräumen durchsetzten Kristallgitters ein Maximum von Wasserstoffbrücken auszubilden vermögen. Als interessantestes weiteres Beispiel für diese Möglichkeit sei der *Harnstoff* (H_2N-CO-NH_2) angeführt, dessen Moleküle ein Kristallgitter auszubilden bestrebt sind, das keine kugelförmigen „Käfige“ mehr enthält, sondern aus langen *hohlen Röhren* mit einem Innendurchmesser von 550 pm besteht. Auch dieses Gitter ist nur bei Füllung der Hohlräume mit lipophilen, im lipophoben Harnstoff absolut unlöslichen Teilchen existenzfähig, nur sind hier diese Teilchen wegen der sich durch den ganzen Kristall hindurch erstreckenden Röhren keine einzelnen Edelgasatome oder sonstigen wenigatomigen Moleküle mehr, sondern die viel ausgedehnteren „Zickzackketten“ von mittelgroßen *unverzweigten Paraffinmolekülen*, wie sie in 5.1 für das Beispiel des *Nonans* formuliert wurden.

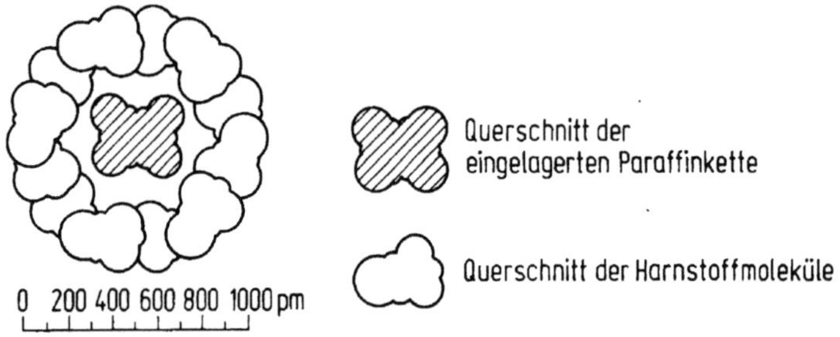

Abb. 5.4 Querschnitt des Gitterhohlraums eines Harnstoff-Paraffin-Addukts.

Der in Abb. 5.4 gezeigte Querschnitt einer derartigen mit einem Paraffinmolekül gefüllten Harnstoffröhre läßt sehr schön erkennen, daß die Paraffinkette den Hohlraum im Röhreninnern genau ausfüllt, aber kein anders geartetes Molekül, etwa die verzweigte Kette eines *Isoparaffins*[25], in ihm Platz finden würde. Man kann daher mit Hilfe dieser Harnstoff-Paraffin-Addukte, die beim Zusammengeben der alkoholischen Lösungen von Harnstoff und dem betreffenden Paraffin sofort auskristallisieren, die in ihren übrigen Eigenschaften

[25] Unter *Isoparaffinen* (= isomeren Paraffinen) versteht man paraffinartige Kohlenwasserstoffe mit einer *verzweigten* Kohlenstoffkette, d. h. einer Kohlenstoffkette, von der eine *Seitenkette* ausgeht. Als einfachstes Beispiel ist nebenstehend das Isobutan formuliert.

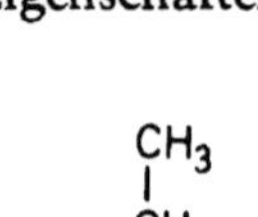

Isobutan

sehr ähnlichen und deswegen nur schwer auseinander zu fraktionierenden Paraffine und Isoparaffine verhältnismäßig leicht voneinander trennen.

6. Die Salze

6.1 Die Ionengitter

Trotz der grundsätzlichen Unterschiede in ihrem äußeren Habitus müssen die Salze, wie schon in 4.2 kurz angedeutet, hinsichtlich der Größe der sie aufbauenden kleinsten Teilchen noch zu den *niedermolekularen Stoffen* gerechnet werden; denn die Bausteine beider Substanzarten zeigen ähnliche Molekulargewichte und werden nicht durch kovalente Bindungen, sondern nur durch Assoziationskräfte zur makroskopischen Materie zusammengeschlossen.

Unterschiedlich ist dagegen die Natur der Bausteine. Bei den eigentlichen niedermolekularen Substanzen sind es stets *elektroneutrale Moleküle* (bzw. bei den Edelgasen auch einzelne Atome), die als kleinste Materieteilchen fungieren, bei den Salzen dagegen elektrisch geladene Moleküle oder Atome, eben die in 2.2.2 definierten *Ionen*. Diese Ionennatur der Bausteine der Salze hat für deren physikalische Erscheinungsform die folgenden beiden wichtigen Konsequenzen:

1. Da die Salze wie jede andere Materie nach außen elektroneutral erscheinen, müssen an ihrem Aufbau immer gleichzeitig sowohl elektropositiv geladene *Kationen* (z. B. $Na^{\oplus}$ mit einer, $Ca^{2\oplus}$ mit zwei oder auch $Al^{3\oplus}$ mit drei Elementarladungen) als auch elektronegativ geladene *Anionen* (z. B. $Cl^{\ominus}$, $SO_4^{2\ominus}$ oder $PO_4^{3\ominus}$) beteiligt sein. Infolgedessen kann im Gegensatz zu den eigentlichen niedermolekularen Substanzen niemals eine Ionenart allein (etwa Natrium-Kationen oder Chlor-Anionen) als kleinstes Teilchen eines Salzes fungieren, sondern dieses baut sich stets aus mindestens zwei verschiedenen Ionen entgegengesetzter Ladung auf. Das hat zur Folge, daß es ein einheitliches kleinstes Salzteilchen – etwa beim Kochsalz in Form des früher angenommenen Natriumchloridmoleküls der Formel NaCl – in den festen Salzen überhaupt nicht gibt. Der Zwang zur Einführung dieser für den Chemiker des 19. Jahrhun-

derts noch völlig fremdartigen Vorstellung des Aufbaus einer einheitlichen Substanz aus mehreren Arten von kleinsten Teilchen[26] war einer der Hauptgründe für die in 4.1 beschriebene Neufassung des Molekülbegriffs.

2. Wie in 3.2 näher ausgeführt, sind die zwischen den Ionen entgegengesetzter Ladung auftretenden Anziehungskräfte ungleich stärker als die Dipol-Dipol-Anziehung oder gar die van der Waals-Kräfte. Auf diesen zwar nicht grundsätzlichen, aber doch recht starken graduellen Unterschied sind in erster Linie die verschiedenartigen physikalischen Eigenschaften von Salzen und normalen niedermolekularen Substanzen zurückzuführen.

Ein erstes Problem, das beim Versuch der Erklärung der Eigenschaften der kristallisierten Salze auftaucht, ist die Deutung ihrer unerwartet *hohen Siedetemperaturen* von über 1000 °C. Wenn nämlich auf Grund des in Punkt 1 gesagten im Ionengitter auch keine Salzmoleküle im modernen Sinne auftreten, so muß man für die Dämpfe der bei hoher Temperatur vergasten Salze doch molekülartige Aggregate zweier entgegengesetzt geladener Ionen, und zwar die in 3.2.2 bereits kurz gestreiften *Ionenpaare*, als nach außen elektroneutrale Gasteilchen annehmen. Dann sollten die Salze aber nicht so hoch sieden, denn im Innern des Ionengitters eines kristallisierten Salzes wirken zwischen den Kationen und Anionen letzten Endes die gleichen Coulombkräfte wie zwischen den beiden Einzelionen eines Ionenpaares. Es mußte daher zunächst durchaus mit der Möglichkeit gerechnet werden, daß der Hauptteil der Bildungsenergie eines Salzes bereits beim Zusammentritt der freien Ionen zu *Ionenpaaren* abgegeben wird und daß bei der Umgruppierung der Ionenpaare zu *Ionengittern* nur noch verhältnismäßig geringe Restkräfte zur Entfaltung kommen.

Die nähere Berechnung der Bindungsenergie von Ionenpaar und Ionengitter, die mit Hilfe des Coulombschen Gesetzes verhältnismäßig einfach (wenn auch ziemlich umständlich) vorgenommen werden

[26] Derartige aus zwei oder mehr verschiedenen Bausteinen zusammengesetzte Kristallgitter, die grundsätzlich auch bei aus Neutralmolekülen aufgebauten Substanzen möglich sind, nennt man *Mischkristallisate*. Die Salze stellen somit, modern ausgedrückt, Mischkristallisate aus Kationen und Anionen dar.

kann, zeigt jedoch, daß dies nicht der Fall ist. Nimmt man in erster Näherung an, daß nur elektrostatische Kräfte zwischen den Ionen wirksam sind, dann würde sich mit Hilfe von Gleichung 3.2 für den im Kochsalzgitter verwirklichten Ionenabstand von 286 pm eine Bildungsenergie von 486 kJ pro Mol *Ionenpaare* errechnen. In dem in Abb. 6.1 schematisch wiedergegebenen Ionengitter des Natriumchlorids sind demgegenüber sowohl jedes Kation als auch jedes Anion in der ersten Schale von 6 entgegengesetzt geladenen Ionen – bzgl. der durch diese niedrige Zahl bedingten relativ geringen Packungsdichte vgl. 9.1.3 – im gleichen Abstand von 286 pm umgeben, was zunächst sogar eine Versechsfachung der Bildungsenergie gegenüber der eines Ionenpaares zu bedeuten scheint.

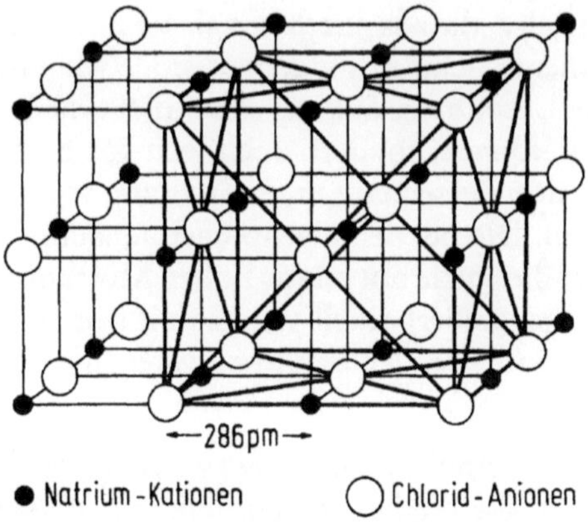

Abb. 6.1 Schema des Aufbaus des Kochsalzkristalls aus Natrium-Kationen und Chlorid-Anionen. Die durch stark ausgezogene Linien verbundenen 14 Chlorid-Anionen besetzen die 8 Ecken und 6 Flächenmittelpunkte eines Würfels. Diese in 9.1.3 beschriebene Kugelanordnung nennt man deswegen ein kubisch-flächenzentriertes Gitter. Sie stellt bei sich berührenden Kugeln die kubisch-dichteste-Kugelpackung dar.

In der darauf folgenden Schale befinden sich aber bei beiden Ionenarten gleichnamige Ionen, deren Abstoßungskräfte die Anziehungskräfte zu den Ionen der inneren Schale zum großen Teil wieder aufheben. Zu immer größeren Abständen übergehend wechseln um jedes Ionen anziehende und abstoßende Ionenschalen regelmäßig ab, und es ergibt sich als arithmetische Summe all dieser elektrostatischen Kräfte die Bildungsenergie des *Ionengitters* aus unendlich weit voneinander entfernten einzelnen Ionen zu 854 kJ/mol.

Die Umgruppierung einer größeren Zahl von Ionenpaaren zu einem all diese Ionen enthaltenden Ionengitter und damit die *Kondensation des Kochsalzdampfes* zu Salzkristallen ist also näherungsweise mit einem Energiegewinn von 854–486 = 368 kJ/mol (NaCl) verbunden, der die Bildungsenergie einer C-C-Bindung (347 kJ/mol) sogar noch übertrifft. Danach ist es durchaus verständlich, daß die Salze erst weit oberhalb 1000° sieden und daß unter den Temperaturbedingungen der Erdoberfläche das Ionengitter der Salzkristalle der einzig mögliche Aggregatzustand ist.

Die hohe Bildungsenergie der Ionengitter hat weiterhin zur Folge, daß sämtliche Salze, die aus durch kovalente Bindungen zusammengehaltenen Ionenmolekülen aufgebaut sind (wie etwa die *Ammoniumsalze,* die *Carbonate, Sulfate* usw.) nicht mehr unzersetzt destilliert werden können, sondern noch weit vor Erreichung der Siedetemperatur eine Zersetzung unter Spaltung von kovalenten Bindungen erleiden. Die bei den eigentlichen niedermolekularen Substanzen nur auf die Stoffe mit relativ hohen Molekulargewichten beschränkte Nichtdestillierbarkeit wird somit beim Übergang zu den Ionenmoleküle enthaltenden Salzen zu einem *absolut gültigen Gesetz.*

Wegen der starken Anziehungskräfte zwischen den entgegengesetzt geladenen Ionen, die die bei der Bildung von Wasserstoffbrücken auftretenden Kräfte weit übersteigen, zeigen die Salze gegenüber dem Eis und den Zuckern eine deutlich *erhöhte Härte.* Ferner sind sie wegen der auch hier sehr starken Häufung der nach allen Seiten gerichteten Assoziationsbrücken ähnlich *spröde* wie Eis oder Zukker und können, zumindest bei den aus kleinvolumigen Ionen aufgebauten anorganischen Salzen, leicht pulverisiert werden.

Obgleich die Bildungsenergie von Ionenpaaren (z. B. mit 486 kJ/mol im Falle des Natriumchlorids) bereits merklich größer ist als die der meisten chemischen Bindungen (z. B. 347 kJ/mol im Falle der C-C-Bindung), führen die letzteren zu einer ungleich *festeren Atomverknüpfung* als die reine elektrostatische Interionenassoziation, weil sie keine Atomverschiebung senkrecht zur Verbindungslinie der betreffenden Teilchen und damit *keinen Platztausch von*

Atomen (bzw. Atomgruppen) mehr gestattet (s. 3.3.1). Wie macht sich nun dieser Unterschied der Atomverknüpfungsarten in den Eigenschaften der Salze – etwa im Vergleich zu denen der im nächsten Kapitel beschriebenen Silikatgesteine – bemerkbar?

Die wichtigste auf die relativ leichte Beweglichkeit der Oberflächen-Ionen eines Salzkristalls zurückzuführende Eigenschaft ist die *Wasserlöslichkeit,* durch die sich die Mehrzahl der aus einwertigen Ionen aufgebauten Salze grundlegend von den Silikatgesteinen unterscheidet. Auf sie wird in 6.2 näher eingegangen.

Weiterhin hat diese Ionenbeweglichkeit an der Phasengrenze eine gewisse Erleichterung der Deformierung der Kristalloberfläche zur Folge. Hierin ist vermutlich die Ursache für die bei größeren zwischenatomaren Kräften gegenüber den Silikatgesteinen wesentlich *verminderte Härte* der Salze zu suchen.

Schließlich macht sich die relativ leichte Verschiebungsmöglichkeit der Ionen eines Salzes zuweilen sogar im Innern der Kristallgitter bemerkbar. Preßt man z. B. die Kristalle zweier Salze, deren Gitter annähernd die gleichen Dimensionen aufweisen, zusammen, so findet langsam auch im Innern beider Kristalle ein gegenseitiger Austausch sowohl der Kationen als auch der Anionen statt, der im Laufe längerer Zeiträume (Jahrtausende oder gar Jahrmillionen) zu einer vollständigen Vermischung beider Substanzen führen würde.

6.2 Die Salzlösungen

Ähnlich wie normale niedermolekulare Substanzen können auch die Salze in geeigneten Solventien in Lösung gehen. Ja, aus der Tatsache, daß dies ohne eigentliche chemische Reaktion geschieht, hat man seinerzeit rückwärts geschlossen, daß die Ionen im Innern der Salzkristalle nicht „chemisch", d. h. durch *konvalente Bindungen,* sondern nur „physikalisch", d. h. durch *Assoziationskräfte,* aneinander gebunden sind.

Problematisch ist bloß das Auffinden geeigneter Lösungsmittel, denn die zur Überwindung der starken interionischen Kräfte beim Abbau des Ionengitters erforderliche Energie kann nur durch die *Solvatation* der Ionen aufgebracht werden. M. a. W. nur wenn die

Solvatisierungsenergie der Ionen größer ist als die Bildungsenergie des Ionengitters tritt Auflösung des Salzes ein.

Das Problem spitzt sich also auf die Aufgabe zu, nach Lösungsmitteln Ausschau zu halten, die die Ionen besonders kräftig zu solvatisieren vermögen. Dies ist aus den folgenden Gründen vor allem beim Wasser der Fall:

1. Wie Abb. 6.2 zeigt, ordnen sich die Dipolmoleküle des Wassers (und auch anderer „polarer" Lösungsmittel) sowohl um die Kationen als auch um die Anionen eines Salzes stets in der Weise an, daß die entgegengesetzt geladenen Pole aller Dipolmoleküle zu dem betreffenden Ion hin orientiert sind. Zwischen den Ionen und sämtlichen sie solvatisierenden Wassermolekülen herrschen infolgedessen die in 3.2.3 beschriebenen *Ionen-Dipol-Anziehungskräfte,* die wesentlich stärker sind als die zwischen den Wassermolekülen (neben den *Wasserbrückenkräften* und den *van-der-Waals-Kräften*) auftretenden *Dipol-Dipol-Kräfte* (s. 3.2.4). Diese erhöhte Anziehungskraft wirkt sich, allerdings in abgeschwächtem Ausmaß, auch auf die in der zweiten Schale um die jeweiligen Ionen befindlichen Was-

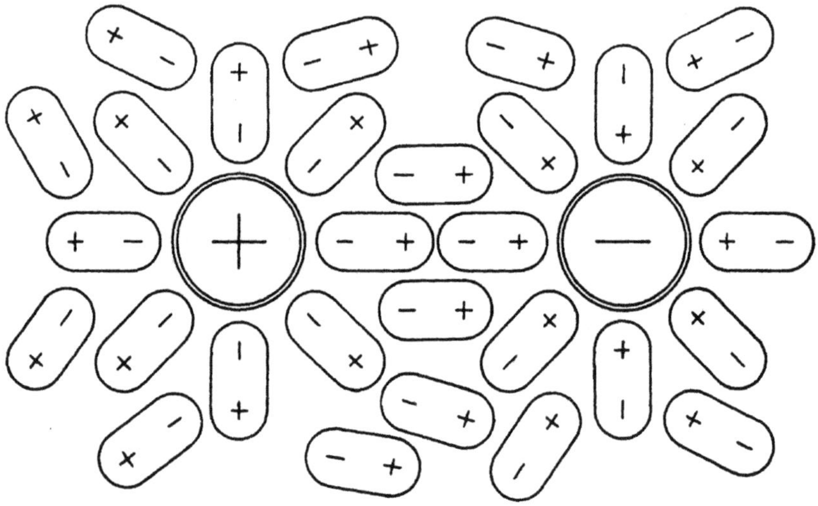

Abb. 6.2 Schema der Orientierung von Dipolmolekülen um ein Kation und ein Anion.

sermoleküle noch aus, so daß in summa eine gegenüber der Umgebung eines Wassermoleküls in reinem Wasser ausreichende Erhöhung der Assoziationsenergie resultiert.

2. Jedes Anion besitzt zumindest 1 basisch reagierendes einsames Elektronenpaar, das als Acceptoratom für eine zusätzliche Wasserstoffbrücke fungiert. Besonders bei Anwesenheit mehrerer einsamer Elektronenpaare im Ion (z. B. in den *Halogenid-Anionen* oder in den Ionen der *Sauerstoffsäuren*) bewirkt dieser Wasserstoffbrückeneffekt eine beträchtliche Erhöhung der Solvatationsenergie.

3. Durch die hohe elektrische Aufladung der Ionen werden die Wassermoleküle zusätzlich *polarisiert*, was eine Verstärkung der von ihnen ausgehenden Wasserstoffbrücken zur Folge hat. Auch dieser Effekt bewirkt eine beträchtliche Erhöhung der Solvatationsenergie.

4. Häufig vermögen die Kationen, und von diesen hauptsächlich die Kationen der Übergangsmetalle, das Wasser nicht nur physikalisch durch relativ schwache elektrostatische Kräfte, sondern auch chemisch mit Hilfe kovalenter Bindungen unter Bildung von Komplexen zu Komplexverbindungen (sog. *Durchdringungskomplexe*) zu binden. Diese Komplexbildung kann einerseits als ein mit einer besonders hohen Energieabgabe verbundener Solvatisierungsvorgang angesehen werden, andererseits aber auch als die Bildung *neuartiger Ionen*. Derartige hydratisierte Metall-Kationen sind nämlich bereits genügend stabil, um selbst als Bausteine kristallisierter Salze fungieren zu können. Sämtliche Salzhydrate weisen wegen der durch die Wasserhülle der Ionen bedingten relativ großen Ionenabstände eine verhältnismäßig *niedrige Gittererg̈ie* auf und sind daher besonders leicht wasserlöslich.(s. auch 6.4).

Außer Wasser vermögen auch einige andere Substanzen Salze aufzulösen, jedoch stets in erheblich schwächerem Ausmaß. Die gleichen solvatationsfördernden Effekte wie beim *Wasser* (Dipolcharakter, Bildung von Wasserstoffbrücken und gegebenenfalls auch von kovalenten Bindungen) beobachtet man beim *Ammoniak* (NH_3) und *Methanol* (CH_3–OH), während sich Schwefeldioxid (SO_2) und *Acetonitril* (CH_3–C≡N), die ebenfalls gewisse Salze aufzulösen vermögen, durch ein relativ hohes Moleküldipolmoment auszeichnen.

Als völlig unerwartete Lösungsmittel für Salze organischer Amine haben sich schließlich einige Halogenkohlenwasserstoffe erwiesen, die neben dem Halogen noch Wasserstoff am Kohlenstoff gebunden enthalten (z. B. *Methylenchlorid* H_2CCl_2 und *Chloroform* $HCCl_3$), denn sie sind an sich nur zur Ausbildung der schwachen van der Waalsschen Kräfte befähigt und damit ausgesprochen lipophil und hydrophob. Dementsprechend gehen die Salze in ihnen auch nicht in Form ihrer freien Ionen in Lösung, sondern diese schließen sich zunächst zu nach außen elektroneutralen *Ionenpaaren* zusammen, die eine lipophile Oberfläche besitzen und deswegen von den genannten lipophilen Solventien gelöst werden können.

6.3 Die Seifenlaugen

Einer eigenartigen Klasse von wässrigen Salzlösungen begegnen wir in den *Seifenlaugen*, deren Waschwirkung auch dem Nichtnaturwissenschaftler geläufig ist und deren Aufbaugesetze deswegen allgemein interessieren. Insbesondere drei Eigenschaften sind es, durch die sich die Lösungen der Seifen und anderer Detergentien von normalen Salzlösungen unterscheiden: 1. die leichte *Schaumbildung*, 2. die Befähigung, die extrem hydrophoben Fette (und verwandte Verunreinigungen) in wäßrigem Medium zu *suspendieren* (bzw. zu *emulgieren*), und 3. der (für die Praxis allerdings weniger wichtige) *kolloidale Charakter* der Seifenlösungen.

Die Ursache aller drei Effekte ist in der besonderen Natur der Seifen-Anionen zu suchen. Unter Seifen im allgemeinen versteht man alle *Salze höherer Fettsäuren*, jedoch sind nur deren *Alkalisalze* wasserlöslich genug, um zur Bildung von Seifenlaugen befähigt zu sein. Ein charakteristisches Beispiel für eine an der Seifenbildung beteiligte höhere Fettsäure ist die *Stearinsäure* ($C_{17}H_{35}$–COOH), deren Anion, das *Stearat-Ion*, die folgende Strukturformel besitzt:

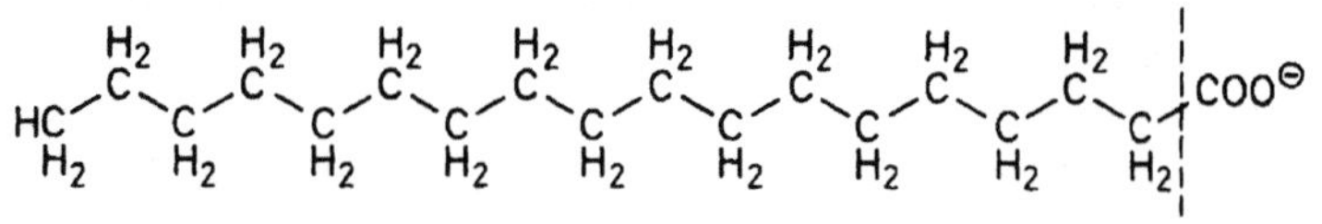

Strukturformel des Stearat-Ions

Hinsichtlich seiner Löslichkeitseigenschaften setzt sich das Stearat-Ion aus zwei sich extrem gegenüberstehenden Molikülteilen zusammen: Auf der einen Seite ist die rechts von der gestrichelten Trennungslinie stehende *Carboxylatgruppe* ($-COO^{\ominus}$) wegen der starken von ihr ausgehenden elektrostatischen Anziehungskräfte sowie der darüber hinaus erfolgenden Ausbildung besonders stabiler Wasserstoffbrücken zu den Hydroxylgruppen des Wassers (als Lösungsmittel) wesentlich stärker *hydrophil* und *lipophob* als Wasser selbst, auf der anderen Seite der links von der Trennungslinie befindliche, 17 Kohlenstoffatome enthaltende paraffinartige Alkylrest ($-C_{17}H_{35}$) wie alle Paraffine sehr stark *lipophil* und *hydrophob*. Infolgedessen verhalten sich die beiden Molekülhälften – ähnlich wie wir es schon bei der Lösung von Methanol in Wasser gesehen haben (s. Abb. 5.2) aber in wesentlich stärkerem Ausmaß – gegenüber Wasser völlig entgegengesetzt: Die hydrophilen Carboxylatgruppen werden solvatisiert und infolgedessen möglichst weit in das Wasser *hineingezogen*, die hydrophoben Alkylreste dagegen umgekehrt möglichst weit aus dem Wasser *herausgedrängt*. Im Sinne von Abb. 6.3 wird hierbei zunächst die ganze Flüssigkeitsoberfläche in der Weise mit Fettsäure-Anionen besetzt, daß sämtliche Carboxylatgruppen nur so weit in die wäßrige Phase eintauchen, wie zu ihrer vollständigen Solvatisierung erforderlich ist und der gesamte paraffinartige Molekühlteil nach außen aus dem Wasser herausragt, von diesem also nicht einmal benetzt zu werden braucht.

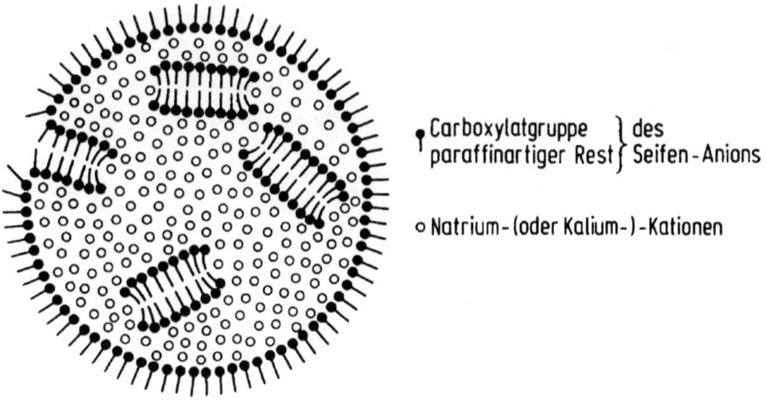

Abb. 6.3 Schema des Aufbaus einer Seifenlauge.

Von einer bestimmten, leicht zu berechnenden Konzentration ab ist jedoch die gesamte Oberfläche der wäßrigen Phase mit Fettsäure-Anionen besetzt, und kein Anion findet mehr in der Phasengrenzfläche Platz. Ist diese Grenzkonzentration überschritten, so igeln sich die überschüssigen Anionen in ähnlicher Weise ein wie Methanolmoleküle in wäßriger Lösung (Abb. 5.2) unter Bildung größerer Aggregate, die außen über die Carboxylatgruppen solvatisiert werden und deshalb in Wasser löslich sind. Hinsichtlich ihrer Größe entsprechen diese Aggregate etwa den Makromolekülen der in 8.3.1 beschriebenen *kolloiden Lösungen*, d. h. sie stellen die eigentliche Ursache für den oben unter Punkt 3. angeführten *kolloidalen Charakter* der Seifenlösungen dar.

Die wichtigste Folge dieses Aufbauprinzips der Seifenlaugen ist die ausschließlich *fettartige Natur ihrer Oberflächen*. Dies macht sich u. a. in einer Herabsetzung der recht hohen Oberflächenspannung des Wassers von 72 auf 30–35 dyn/cm bemerkbar. Diese niedrige Oberflächenspannung ist wiederum die Ursache für die in Punkt 1. erwähnte *Schaumbildung* der Seifenlösungen.

Vor allem aber findet auch die für ihre Anwendung so wichtige Waschwirkung der Seifenlaugen gegenüber *hydrophoben Stoffen* (Punkt 2.) in ihrer fettartigen Oberfläche ihre befriedigende Erklärung. In Abb. 6.4 ist schematisch angedeutet, wie ein von außen kommendes fettartiges Schmutzteilchen an der Phasengrenzfläche *lipophil* benetzt wird, ohne mit einem Wassermolekül in Berührung zu kommen. Im Innern der Seifenlösung bilden sich dann um ein derart emulgiertes Fetteilchen drei charakteristische Schichten aus: 1. eine *lipophile* Schicht von *Alkylresten*, 2. eine Schicht von an diese

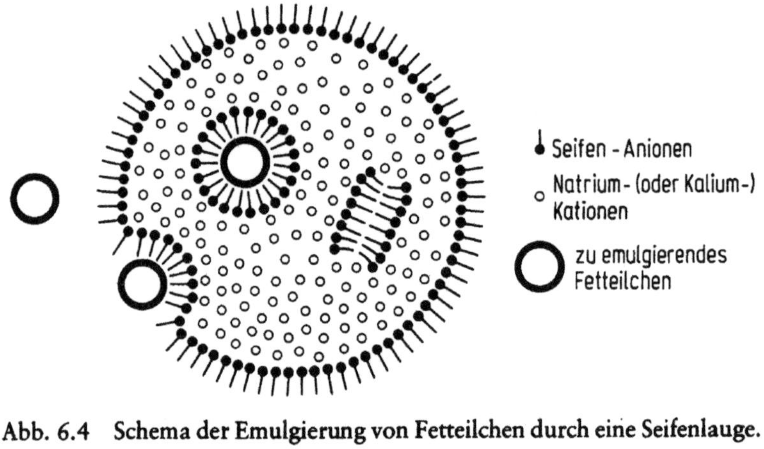

Abb. 6.4 Schema der Emulgierung von Fetteilchen durch eine Seifenlauge.

Alkylreste chemisch gebundenen *hydrophilen Carboxylatgruppen* und erst 3. das Lösungsmittel *Wasser.*

6.4 Die Salze mehrwertiger Ionen

Während sich die aus einwertigen Ionen aufgebauten Salze mit wenigen Ausnahmen leicht in Wasser lösen, ist dies bei Salzen, die sowohl höherwertige Kationen als auch höherwertige Anionen im Gitter enthalten – wie z. B. *Magnesiumcarbonat* ($Mg^{2\oplus}CO_3^{2\ominus}$), *Calciumcarbonat* ($Ca^{2\oplus}CO_3^{2\ominus}$), *Bariumsulfat* ($Ba^{2\oplus}SO_4^{2\ominus}$), *Bleisulfat* ($Pb^{2\oplus}SO_4^{2\ominus}$), *Apatit* ($Ca^{2\oplus}_5[PO_4^{3\ominus}]_3F^{\ominus}$) usw. – so wenig der Fall, daß sie sich als gebirgsbildende Mineralien über geologische Zeiträume hinweg an der Erdoberfläche erhalten haben. Auch die Sonderstellung dieser Salze läßt sich aus ihrem Aufbau heraus erklären.

Gleichung 3.1 besagt nämlich, daß die elektrostatischen Kräfte zwischen elektrisch geladenen Körpern dem Produkt ihrer Aufladungen proportional sind. Zweiwertige Anionen und zweiwertige Kationen ziehen sich deswegen bei gleichem Abstand *vier mal so stark* an wie zwei einwertige Ionen. Andererseits nehmen Solvatisierungskräfte zwischen beiden Ionenarten und Wassermolekülen nur proportional der *ersten Potenz* der jeweiligen Ladungshöhe zu. Beim Übergang von aus zwei einwertigen zu aus zwei zweiwertigen Ionen aufgebauten Salzen steht daher (unter sonst gleichen Bedingungen) einer Erhöhung der *Gitterenergie auf das Vierfache* eine Erhöhung der *Solvatationsenergie auf nur das Doppelte* gegenüber, so daß letztere nicht mehr zur Auflösung des Salzes in Wasser ausreicht.

Ebenfalls den vierfachen Wert sollte man bei der mit der Gitterenergie eng zusammenhängenden *Härte* der aus mehrwertigen Ionen aufgebauten Salze erwarten. Dementsprechend beobachtet man, und zwar im ausgesprochenen Gegensatz zur verhältnismäßig geringen Härte der wasserlöslichen Salze, bei allen Mineralien dieses Typus ähnliche Härtegrade wie bei den im nächsten Kapitel beschriebenen makromolekularen *Silikatgesteienen*. Sie können daher von Laien nicht mehr von diesen unterschieden werden und gelten allgemein (im Gegensatz zu den wasserlöslichen Salzen) als „normale Steine".

Ausnahmen von dieser Gesetzmäßigkeit beobachtet man immer dann, wenn am Aufbau der Kristallgitter außer den interionischen

Assoziationskräften auch *kovalente Bindungskräfte* beteiligt sind. Beispielsweise sind die höheren *Silberhalogenide* (AgCl, AgBr und AgI) trotz ihres Aufbaus aus einwertigen Ionen nahezu wasserunlöslich, weil sich zwischen den Silber- und Halogenid-Ionen auch kovalente Bindungen ausbilden, die unter der Einwirkung von Wasser nicht zerfallen. Andererseits vermögen mehrwertige Kationen, insbesondere *Schwermetall-Kationen*, wie $Fe^{2\oplus}$, $Fe^{3\oplus}$, $Cr^{3\oplus}$, $Mn^{2\oplus}$, $Cu^{2\oplus}$, $Zn^{2\oplus}$, $Al^{3\oplus}$ und viele andere, Wasser *kovalent* zu sehr energiearmen *Hydraten* zu binden. Durch die zusätzliche Bildungsenergie dieser Hydrate wird die Solvatationsenergie der Ionen so stark erhöht, daß sie nunmehr zur Überwindung der Ionengitterkräfte ausreicht. Die zahlreichen kristallwasserhaltigen *Vitriole* und *Alaune* sind infolgedessen wasserlöslich.

Erst *nach Entzug des Kristallwassers* werden auch diese Salze ähnlich *schwerlöslich* wie andere Salze mehrwertiger Ionen. Unter Wasser werden aber die Metall-Kationen von der Kristalloberfläche her mehr oder weniger rasch rehydratisiert, so daß im Laufe der Zeit wieder *vollständige Lösung* eintritt, jedoch nur der *Salzhydrate*, nicht der wasserfreien Salze selbst.

7. Die Steine und Erden

7.1 Die Atomgitter vom Diamanttypus

Die in 4.2 definierten *Makromoleküle 3. Ordnung*, deren Atome in allen drei Dimensionen des Raumes durch kovalente Bindungen miteinander verknüpft sind, zeigen mit wenigen Ausnahmen nur bei regelmäßiger Atomanordnung eine für typische Stoffe dieses Bauprinzips genügend enge Atomverflechtung. Regelmäßig im Raum verteilte Materieteilchen bilden aber immer ein Kristallgitter. Wir lernen somit neben den *Molekülgittern* der kristallisierten niedermolekularen Substanzen (z.B. des Eises) mit ihren durch Assoziationskräfte zusammengehaltenen Bausteinen und den *Ionengittern* der Salze, in denen die interionischen Coulombkräfte den Kristallzusammenhalt berwirken, als dritten Kristallgittertypus die *Atomgitter* kennen, in denen kovalente Bindungen die Gitterbausteine miteinander verknüpfen.

Die Existenz von Atomgittern setzt zwangsläufig die Beteiligung von höherwertigen Atomen an ihrem Aufbau voraus, denn nur diese vermögen in allen Richtungen des Raumes Atombindungen auszubilden. *Einwertige Atome* (z. B. –H) oder *Atomgruppen* (z. B. $-CH_3$) können nämlich nur an einem *Molekülende* stehen (z. B. in den folgenden Formeln am Ende eines Molekülrumpfes –R)und infolgedessen niemals mehrere derartige Rümpfe zu einem größeren Molekül verknüpfen:

R–H oder H–H aber niemals R–H–H

Bei *zweiwertigen Atomen* oder *Atomgruppen*, wie etwa der schon mehrfach erwähnten Methylengruppe ($-CH_2-$), reicht es zwar zum Zusammenschluß beliebig vieler derartiger Bausteine zu einer mehr oder weniger langen *Molekülkette*, wie sie u. a. schon in 5.1 für das noch niedermolekulare Nonan formuliert wurde. Aber selbst wenn derartige *Fadenmoleküle* makromolekulare Dimensionen annehmen, wofür als Beispiel ein Ausschnitt aus dem Makromolekül des Kunststoffs *Polyethylen* angeführt sei, ist es auch bei noch so großer Moleküllänge niemals möglich, von nur einer der vielen CH_2-Gruppen eine Seitenkette abzuzweigen, geschweige denn, mehrere derartige Kettenmoleküle zu einem *Atomgitter* zusammenzuschweißen:

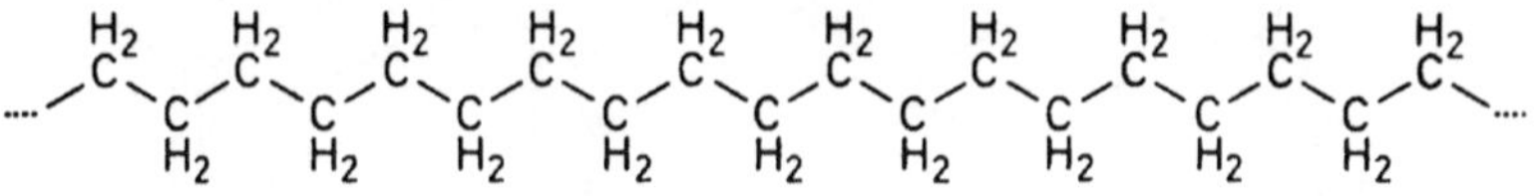

Ausschnitt aus einem Polyethylenmolekül

Erst der Zusammenschluß *dreiwertiger Atome* bzw. *Atomgruppen* kann über die lineare Anordnung hinaus zum Aufbau höherdimensionierter Makromoleküle führen. Jedoch wird die Atomverknüpfung erst nochmals eine Stufe höher, bei Anwesenheit vierwertiger Atome mit ihrer tetraedrischen Ligandenanordnung so eng, daß es zur Ausbildung *stabiler Atomgitter* kommt.

7.1.1 Diamant und Silicium

Die praktisch wichtigsten vierwertigen Elemente sind *Kohlenstoff* und *Silicium*, so daß wir hier in erster Linie die aus ihnen aufgebauten Atomgitter abhandeln müssen. Wegen der gleichartigen Beteiligung tetraedrischer Bauelemente an ihnen, weisen sie alle eine *geometrisch ähnliche Gestalt* auf und nur hinsichtlich der Abstände der Gitteratome voneinander bestehen größere Unterschiede.

Betrachten wir zunächst einmal das in Abb. 7.1 wiedergegebene Atomgitter des in Form des *Diamanten* kristallisierten elementaren Kohlenstoffs. Es ist dem Molekülgitter des Eises (Abb. 5.3) geometrisch ähnlich, nur sind es hier statt der durch Wasserstoffbrücken verbundenen Sauerstoffatome unmittelbar miteinander verknüpfte *Kohlenstoffatome*, die die Gitterpunkte besetzen. Das hat vor allem eine Verkürzung des im folgenden *Gitterkonstante* genannten Abstandes dieser Gitterpunkte voneinander von 276 pm im *Eis* um nahezu die Hälfte auf nur 154 pm im *Diamanten* zur Folge. Diese besonders enge Atomverflechtung ist die Hauptursache für die verschiedenen extremen Eigenschaften des Diamanten.

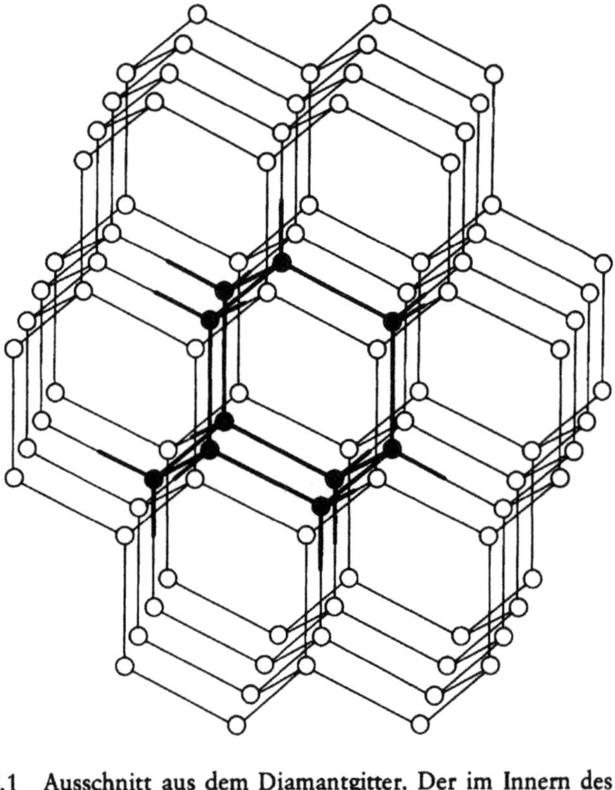

Abb. 7.1 Ausschnitt aus dem Diamantgitter. Der im Innern des Gitters durch Fettdruck angedeutete kleinere Molekülausschnitt entspricht hinsichtlich seiner geometrischen Gestalt den in den Abbildungen 5.3, 7.2, 7.3 und 7.4 wiedergegebenen größer dimensionierten Ausschnitten aus dem Eis-, Silicium-, β-Cristobalit- und Feldspatgitter.

So weist der Diamant z. B. ein relativ hohes spezifisches Gewicht von 3,51 g · cm^{-3} auf, das die Dichte nahezu sämtlicher organischer Verbindungen und auch die des Graphits weit übertrifft (aber immer noch weit unter der der meisten Metalle liegt, vgl. 9.1.2). Vor allem aber erklärt sich durch diese Zusammendrängung der Kohlenstoffatome auf engstem Raum erstmal befriedigend einerseits die ungewöhlich große *Härte des Diamanten* (bei gleichzeitig *spröder Natur*), andererseits seine ebenfalls ungewöhnlich hohe *Siedetemperatur* von 3370 °C. Wie sich leicht berechnen läßt, enthält das Diamantgitter die von keiner anderen irdischen Substanz übertroffene Zahl von $3,5 \cdot 10^{23}$ kovalenten Bindungen pro Kubikcentimeter, die bei der Härtebeanspruchung und beim Sieden des Kohlenstoffs zerstört werden müssen. Der Diamant ist allein aus diesem Grunde der *härteste Stoff der Erdoberfläche*, und seine Siedetemperatur wird nur von den vier Hartmetallen *Molybdän* (4800 °C), *Niob (5100* °C), *Wolfram* (5700 °C), und *Tantal* (ca. 6000 °C) übertroffen [27].

In der vierten Gruppe des Periodensystems folgt auf den Kohlenstoff unmittelbar das *Silicium.* Beide Elemente verhalten sich daher in mancher Beziehung sehr ähnlich. Insbesondere kristalliesiert das freie Silicium ebenfalls im *Diamantgitter,* so daß man für den Diamanten und das freie Silicium ein weitgehend analoges Bauprinzip annehmen muß. Trotzdem ist das kristallisierte Silicium nicht mehr ungewöhnlich hart und zeigt mit 2630 °C auch keinen extrem hohen Siedepunkt.

Dieser ziemlich große Eigenschaftsunterschied zwischen Diamant und kristallisiertem Silicium findet eine einfache Erklärung in der gegenüber der einfachen C-C-Bindung um mehr als 50% auf

[27] Die im Verhältnis zu seiner Härte verhältnismäßig niedrige Siedetemperatur des Diamanten erklärt sich vermutlich dadurch, daß der Kohlenstoffdampf nicht aus freien Atomen, wie man zunächst glaubte, sondern überwiegend aus C_2-*Molekülen* besteht. Deren Bildungsenergie aus den freien Kohlenstoffatomen beträgt nämlich bereits etwa die Hälfte der Bildungsenergie des Diamantkristalls, so daß für dessen vollständigen Zerfall in die freien Kohlenstoffatome eine nahezu doppelt so hohe Verdampfungswärme und damit auch Siedetemperatur zu erwarten wäre. Letztere läßt sich mit Hilfe der „Pictet-Troutonschen Regel“ zu ca. 7700 °C abschätzen, ein Wert, der in einer viel besseren Relation zu der großen Härte des Diamanten stünde.

235 pm gestreckte Länge der Si-Si-Bindung, denn dieser linearen Vergrößerung der Gitterkonstanten entspricht eine Vergrößerung des Volumens der Elementarzelle auf das $1{,}525^3 = 3{,}55$-fache des Wertes für Diamanten. Der Gitterzusammenhalt wird daher nur noch von ziemlich genau 10^{23} Bindungen pro cm^3 bewirkt. Das sind bloß 28 % des entsprechenden Wertes für den Diamanten.

7.1.2 Der β-Cristobalit

Außer dem freien Silicium selbst bildet auch das Siliciumdioxid wegen seine Gehaltes an tetraedischen Siliciumatomen einige ähnliche Atomgitter, die vor allem in den Mineralien *Quarz*, *β-Tridymit* und *β-Cristobalit* natürlich auftreten. Allen diesen Siliciumdioxidgittern ist gemeinsam, daß in ihnen die Siliciumatome im Sinne der Ausführungen in 4.1 stets an vier tetraedrisch angeordnete Sauerstoffatome und die Sauerstoffatome jeweils an zwei Siliciumatome gebunden sind. Die Verknüpfung der Siliciumatome erfolgt hier also nicht direkt, wie im freien Silicium, sondern jeweils über ein Sauerstoff-

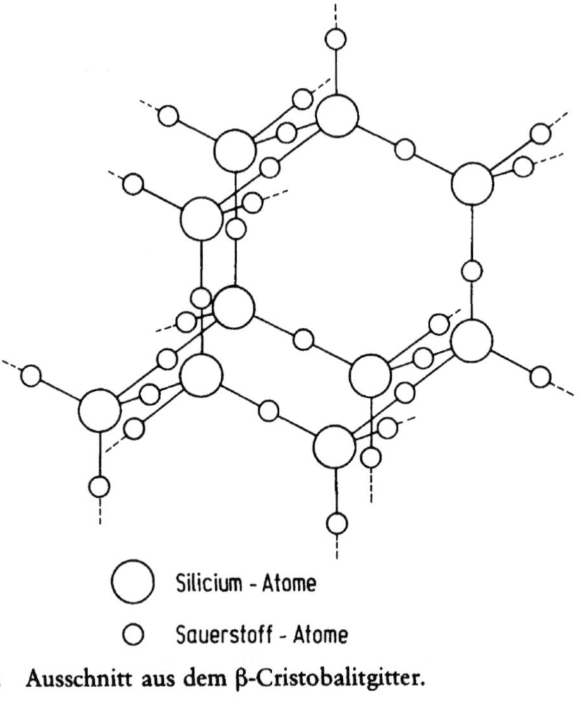

Abb. 7.2 Ausschnitt aus dem β-Cristobalitgitter.

atom. Von den verschiedenen Anordnungsmöglichkeiten der Siliciumatome in diesen Gittern entspricht nur die des *β-Cristobalits* exakt dem Diamant- bzw. Siliciumgitter. Mit ihm wollen wir uns deswegen hier ausschließlich beschäftigen. In Abb. 7.2 ist ein Ausschnitt aus dem diamantoiden *β-Cristobalitgitter* wiedergegeben, der geometrisch exakt dem in Abb. 7.1 fettgedruckten Molekülteil des Diamantgitters entspricht, jedoch wegen der relativ großen Länge der Si-O-Si-Kette (326 pm = dem 2,11-fachen der Länge der C-C-Bindung) erheblich mehr Raum beansprucht (s. auch Abb. 7.3).

Der linearen Vergrößerung der Gitterkonstanten um den Faktor 2,11 entspricht eine Zunahme des Volumens der Elementarzelle des Kristalls um den Faktor $2{,}11^3 = 9{,}4$. D. h. in der Volumeneinheit sind nur etwa 1/10 so viel Si-O-Si-Ketten enthalten wie C-C-Bindungen im Diamanten[28]. Zur Zerstörung einer Volumeneinheit des β-Cristobalitkristalls – etwa beim Ritzen durch einen härteren Stoff oder auch beim Abdestillieren von SiO_2-Molekülen – sind deswegen nur etwa 10 % der für die Zerstörung des gleichen Diamantvolumens benötigten Energie erforderlich, wodurch die relativ geringe Härte der verschiedenen Siliciumdioxidarten ihre befriedigende Erklärung findet.

7.1.3 Atomgitter-Einschlußverbindungen

Die große Zahl der beschriebenen diamantoiden Kristallgitter gestattet eine eingehende Diskussion der bereits in 5.4 angeschnittenen Frage, inwieweit die in den Abb. 5.3 und 7.2 besonders deutlich zum Ausdruck kommenden *kugelförmigen Hohlräume* im Gitterinnern zur Aufnahme irgendwelcher Materieteilchen unter Bildung von *Einschlußverbindungen* befähigt sind. Wie der in Abb. 7.3 durchgeführte maßstabgerechte Vergleich der Gitterdimensionen des Diamant-, Silicium-, Eis- und β-Cristobalitkristalles zeigt, scheint der Radius (R) dieser Hohlkugeln auf den ersten Blick ausschließlich

[28] An sich enthält die Si-O-Si-Kette zwei kovalente Bindungen. Sie kann aber trotzdem hinsichtlich der zu ihrer Zerstörung aufzuwendenden Energie unmittelbar mit der C-C-Bindung des Diamanten verglichen werden, weil bei der Auflösung bereits einer der beiden Bindungen die Verknüpfung der Siliciumatome unterbrochen und damit der Kristallzusammenhalt zerstört wird.

eine Funktion der *Gitterkonstanten* (d) zu sein, und zwar sollte R proportional d bzw. das Vakuolenvolumen (V) proportional d^3 ansteigen. Danach nähme V beim Übergang vom Diamanten (d = 154 pm) zum Silicium (235 pm), Eis (276 pm) und β-Cristobalit (326 pm) in gleicher Weise wie das Volumen der Elementarzellen der Kristalle um die teilweise bereits früher angeführten Faktoren 3,55 bzw. 5,7 bzw. 9,4 zu.

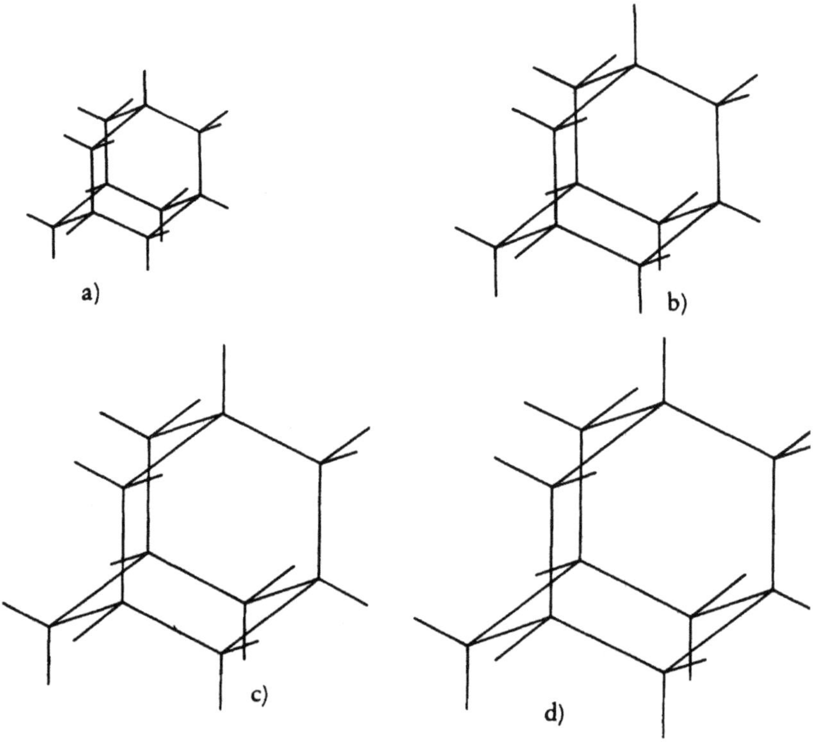

Abb. 7.3 Maßgerechter Vergleich der Gitterdimensionen des Diamant- a), Silicium- b), Eis- c), und β-Cristobalitkristalls d).

Zur Berechnung des wirklich *materiefreien Raums* muß man jedoch außer der Größe der Elementarzelle auch das *Eigenvolumen der Gitteratome* in Ansatz bringen, was mit einigen Komplikationen verbunden ist. Auf Grund der bekannten Geometrie des diamantoiden

Kristallgitters errechnet sich nämlich, daß in jeder Zelle der verschiedenen Gitter eine Kugel Platz haben sollte, deren Radius (X) im Sinne von Gleichung 7.1 näherungsweise gleich der um den Radius R der Gitteratome verminderten Gitterkonstante d ist:

$$X = d - R \qquad (7.1)$$

Für R kommt, soweit es sich um den Einbau einer nur durch Assoziationskräfte gebundenen Gastsubstanz handelt, ausschließlich der in 2.3.3 definierte *Wirkungsradius* R_W in Betracht, der somit in diesem Fall in Gleichung 7.1 eingesetzt werden muß. d ist im Diamanten und im kristallisierten Silicium jeweils gleich dem *doppelten Bindungsradius* (R_B), der seinerseits jeweils nur die etwa halbe Länge des zugehörigen Wirkungsradius (R_W) besitzt, so daß d laut Gleichung 7.1 annähernd gleich R_W wird. Hier verschwindet infolgedessen der wirklich materiefreie Raum der scheinbar so ausgedehnten Vakuolen vollkommen, d.h. die in Abb. 7.3 a und b zum Ausdruck kommenden Hohlräume sind nur vorgetäuscht.

Anders ist es dagegen beim Gitter des *Eises* und des *β-Cristobalits*, denn in ersterem ist die Gitterkonstante d mit 276 pm größer als der doppelte Wirkungsradius des Sauerstoffatoms (2 x 122 pm) und bei letzterem schiebt sich jeweils ein Sauerstoffatom zwischen die Siliciumatome, so daß der Si-Si-Abstand auf 326 pm (gegenüber einem Wirkungsradius des Siliciumatoms von ca. 165 pm) ansteigt. Aus diesen Zahlen errechnen sich mit Hilfe von Gleichung 7.1 die einander sehr ähnlichen X-Werte von 154 pm für Eis und 161 pm für *β-Cristobalit*. Danach machen diese Gitterhohlräume in summa ca. 19% Volumenprozent des Eisgitters (s. 5.4) bzw. 16,2 % des *β*-Cristobalitgitters aus, woraus sich für die *hohlraumfreie Materie* im letzteren Gitter eine Dichte von $2{,}77\ g \cdot cm^{-3}$ (gegenüber $2{,}32\ g \cdot cm^{-3}$ für den β-Cristobalit selbst) errechnet.

Die Radien dieser Vakuolen reichen zur Einbettung von Edelgasatomen mit R_W-Werten zwischen 192 pm (Argon) und 230 pm (Radon) noch nicht aus, so daß Edelgaseinschlüsse in Atomgitter bisher noch nicht beobachtet wurden. Wesentlich kleiner als die Edelgasatome sind aber aus den in 2.2.3 erörterten Gründen die *Metallkationen*, von denen an dieser Stelle vor allem die einwertigen Ionen der *Alkalimetalle* Natrium (R_{Kat} = 95 pm) und Kalium (R_{Kat} = 133 pm), sowie das zweiwertige Ion des *Erdalkalimetalls* Calcium (R_{Kat} = 99 nm) interessieren. Alle drei Kationen haben in Folge dieser kleinen Radien an sich in den Vakuolen sowohl des *Eises* als auch des *β-Cristobalits* Platz, doch sind die Solvatationskräfte der Ionen in Wasser wegen der elektrischen Aufladung wesentlich stärker als die Assoziationskräfte, die den Eiskristall zusammenhalten, so daß das Eisgitter beim Versuch zum Einbau der genannten Ionen zusammenbrechen würde. Nur in den festgefügten *Atomgittern vom β-Cristobalittypus* sind daher solche Einschlußverbindungen stabil.

Allerdings kann man in die verschiedenen Siliciumdioxidgitter selbst noch keine Kationen einbauen, weil die sich gegenseitig abstoßenden gleichnamig geladenen Ionen auf so engem Raum nicht untergebracht werden können und ein gleichzeitiger Einbau der die Kationen neutralisierenden *Anionen* in benachbarten Vakuolen in Anbetracht ihrer relativ großen Radien unterbleiben muß. Erst bei Neutralisation der Kationen durch gewisse anionische Atomgruppen, die in das Atomgitter eingebaut werden, findet eine Einlagerung von Kationen in die Gitterhohlräume statt. Das bekannteste Beispiel hierfür ist der *Kalifeldspat* (oder *Orthoklas*), der als integrierender Gefügebestandteil vieler Urgesteine einer der häufigsten Mineralien der Erdoberfläche darstellt. Seine Summenformel $KAlSi_3O_8$ läßt noch in keiner Weise eine dem Siliciumdioxid ähnliche Kristallstruktur erwarten. Hierzu ist vielmehr noch die zusätzliche Erkenntnis erforderlich, daß die Kombination eines *anionischen Aluminium*-Atoms mit einem *Kalium-Kation* die Rolle eines *neutralen Siliciumatoms* im *β*-Cristobalitgitter spielt, bzw. unter Außerachtlassung der nicht zum eigentlichen Atomgitter gehörenden freien Kalium–Ionen die negativ geladene Atomgruppe $Al^{\ominus}Si_3O_8$ im Feldspatgitter geometrisch gleichwertig mit der Gruppe Si_4O_8 im Siliciumdioxidgitter ist. Danach kommt dem Kalifeldspat (und in analoger Weise auch dem Natron– und Kalkfeldspat) das in Abb. 7.4 ausschnittsweise wiedergegebene Atomgitter zu, das sich von dem des β-Cristobalits (Abb. 7.2) nur dadurch unterscheidet, daß jedes vierte *Siliciumatom* durch ein ihm geometrisch gleichwertiges *negativ geladenes Aluminiumatom* ersetzt ist und daß für jedes derartige anionische Aluminiumatom zum Ladungsausgleich in einer der Vakuolen ein *Kalium-Ion* aufgenommen worden ist. Da (wie beim Eiskristall, vgl. 5.4) im Durchscnitt jeweils auf 2.5 Siliciumatome eine Vakuole kommt, folgt aus der Summenformel $KAlSi_3O_8$ zwangsläufig, daß sowohl im Kali- als auch im Natronfeldspat mehr als die Hälfte aller Vakuolen (genau 5/8), bzw. im Kalkfeldspat 5/16 aller Vakuolen, mit Kationen besetzt sind.

Aus Abb. 7.1 gehr weiterhin hervor, daß sich die zahlreichen Vakuolen in den diamantoiden Gittern jeweils zu langen röhrenförmigen Kanälen aneinanderreihen, die den Kristall von einem bis zum anderen Ende durchziehen. Durch diese Kanäle können die Metall-Kationen relativ leicht in das Kristallinnere eindringen und auch durch Wasser wieder herausgespült werden. Es liegt auf der Hand, daß die Herauslösung der Kationen um so leichter erfolgt, je kleiner sie sind. Vermutlich ist es auf diesen Umstand zurückzuführen, daß sich im

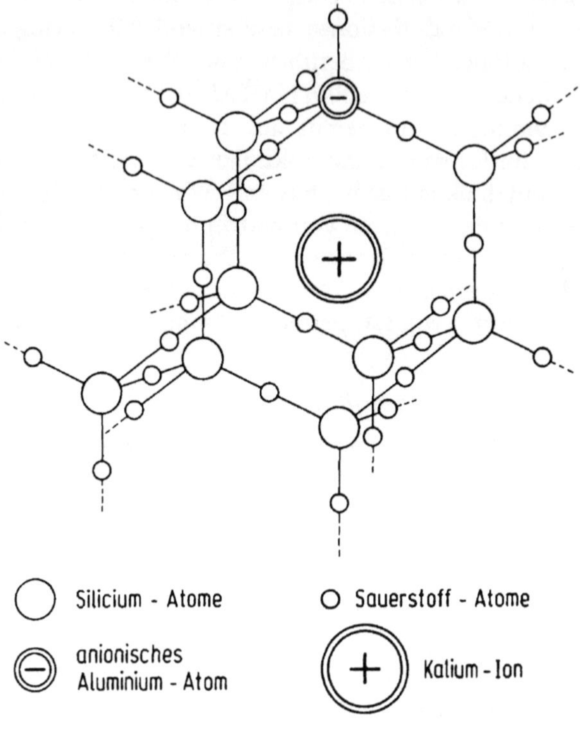

Abb. 7.4 Ausschnitt aus dem Atomgitter des Kalifeldspats. Der Ausschnitt ist zu klein, um das Zahlenverhältnis von Silicium-, Aluminium- und Kalium-Atomen wiedergeben zu können.

Laufe der Erdgeschichte die aus derartigen Gittern leichter herauswaschbaren Natrium-Ionen mit einem R_{Kat}-Wert von 95 pm in viel stärkerem Ausmaß im Meerwasser angereichert haben als die fester im Kristallgitter verankerten Kaliumionen (R_{Kat}= 133 pm), die wegen ihres schwierigen Austritts aus den Vakuolen auf dem Land vorherrschend sind. Ein für die Praxis wichtiger Effekt dieser Art ist das relativ langsame Auswaschen der Kalium-Ionen des Kunstdüngers aus dem Ackerboden durch Regenwasser, weil sie interimistisch in die Vakuolen der Atomgitter derartiger „*Aluminosilikate*" eingebaut werden.

Eine andere interessante Gruppe von Einschlußverbindungen dieses Typus stellen die *Zeolithe* dar, in deren ebenfalls noch siliciumdioxidartigen Atomgittern mehr Siliciumatome durch Aluminiumatome ersetzt sind als in den Feldspäten, so daß alle bzw. nahezu alle Vakuolen mit Metall-Kationen besetzt sind. Hier erfolgt Auswaschen der Kationen bei der Berührung mit Wasser besonders leicht. Z. B. nimmt der Natriumzeolith $Na^{\oplus}[Al^{\ominus}Si_2O_6]$, in dessen Atomgitter ein Aluminiumatom bereits auf zwei Siliciumatome kommt, leicht Calcium-Ionen in seine Vakuolen auf und fängt daher beim Schütteln mit kalkhaltigem „harten" Wasser die Calcium-Ionen weitgehend unter Freisetzen von Natrium–Ionen heraus. Die Zeolithe dienen aus diesem Grunde in der Praxis vielfach als *Wasserenthärter* oder (allgemeiner) als *Ionenaustauscher*, was ihnen auch den Namen *Permutite* (von lat. permutare = austauschen) eingetragen hat.

7.2 Oktaedrische Atomgitter

Auch die in 3.2.2 beschriebene *oktaedrische Anordnung* von sechs Liganden um ein Zentralatom ist in einigen Atomgittern verwirklicht. Das wichtigste hierzu befähigte Element ist das an sich dreiwertige *Aluminium*, das nicht nur, wie in den Feldspäten, unter Aufnahme einer negativen Elementarladung *vierbindig*, sondern auch unter Aufnahme von gleich drei Elementarladungen *sechsbindig* aufzutreten vermag. Desgleichen kann das an sich vierwertige *Silicium* unter Aufnahme von zwei negativen Elementarladungen pro Atom seine Bindungszahl von *Vier* (z. B. im β-Cristobalit) auf *Sechs* erhöhen.

Die Kompensation der bei einer derartigen Bindungszahlerhöhung des Aluminiums und Siliciums in besonders starkem Ausmaß sich anhäufenden elektronegativen Aufladungen kann nicht mehr wie im Kalifeldspat durch eingelagerte Kalium-Ionen erfolgen, weil die dazu erforderliche große Zahl von Hohlräumen fehlt. Sie geschieht vielmehr durch eine analoge Bindungszahlerhöhung des Sauerstoffs, der unter Aufnahme von elektropositiven Elementarladungen in den *Oxonium-Bindungszustand* übergeht. Im einzelnen muß man zwischen den auch anderweitig bekannten *Oxonium(I)-Ionen* mit dreibindigem und den nur in derartigen Atomgittern auftretenden zweifach positiv geladenen *Oxonium(II)-Ionen* mit vierbindigem Sauerstoff unterscheiden.

7.2.1 Das Aluminiumoxid

Das häufigste Atomgitter dieses Typus liegt im *Aluminiumoxid* vor, das als Korund mineralisch vorkommt sowie in besonders reiner, großkristalliner Form den Hauptbestandteil einiger *Edelsteine* (Rubin, Saphir usw.) darstellt. Das Aluminiumoxidgitter ist dadurch charakterisiert, daß einerseits jedes Aluminiumatom oktaedrisch von sechs gleichartig gebundenen Sauerstoffatomen umgeben ist und dementsprechend eine *dreifache negative Ladung* trägt, andererseits jedes Sauerstoffatom als vierbindiger Oxonium(II)-Sauerstoff von vier gleichartig gebundenen Aluminiumatomen umgeben und infolgedessen *zweifach positiv* aufgeladen ist. In summa ergibt sich somit die Zusammensetzung $Al_2 0_3$ und keine nach außen in Erscheinung tretende elektrische Aufladung mehr.

Als wichtigste Folge der Erhöhung der Bindungszahl aller beteiligten Elemente resultiert eine erhebliche *Verdichtung der Atomverflechtung*, die insbesondere mit einem vollständigen Verschwinden sämtlicher größerer Hohlräume einhergeht. Der Korund weist daher mit $3{,}99 \text{ g} \cdot \text{cm}^{-3}$ bereits das 1,72-fache der Dichte des β-Cristobalits auf, so daß er in dieser Beziehung eher mit dem unten beschriebenen Stishovit verglichen werden muß.

Weiterhin läßt sich leicht berechnen, daß im cm^3 *Korundgitter* $1.4 \cdot 10^{23}$ Al-O-Al-Brücken den Kristallzusammenhalt bewirken gegenüber nur $0{,}44 \cdot 10^{23}$ Si-O-SI-Brücken im cm^3 *β-Cristobalitgitter* und $3.5 \cdot 10^{23}$ C-C-Bindungen im cm^3 *Diamantgitter* (vgl. 7.1.1). Wenn diese Zahlen auch keine quantitativen Rückschlüsse erlauben, so machen sie es noch sofort verständlich, daß der *Korund* (bzw. die Edelsteine Rubin und Saphir) hinsichtlich seiner Härte eine Mittelstellung zwischen dem *Diamanten* mit seiner engen und den bisher beschriebenen *Siliciumdioxidarten* mit ihrer ausgesprochen lockeren Atomverflechtung einnimmt. Aus dem gleichen Grunde steigen die Erweichungstemperaturen von keramischen Materialien (z. B. in der Reihe Ziegel-, Schamotte-, Dinas-Stein usw.) mit *zunehmendem Aluminiumgehalt* immer höher an, bis sie schließlich beim reinen Aluminiumoxid (Smp. 2050 °C) einen um 500° höheren Wert erreichen als beim reinen Siliciumdioxid (Smp. des Quarzes 1550°). Das *Aluminium* ist also trotz seiner Dreiwertigkeit wegen seiner reativ großen Tendenz, in den sechsbindigen Zustand überzugehen, dem vierwertigen und normalerweise auch vierbindigen[29] *Silicium* hinsichtlich seiner Befähigung zum Aufbau harter Minerale eindeutig überlegen.

7.2.2 Coesit und Stishovit

Immerhin zeigt auch das *Silicium* eine gewisse, wenn auch wesentlich schwächere Neigung, sechs einzelne Bindungen (also nicht nur vier $1^1/_2$-fache Bindungen) zu sechs Sauerstoffatomen auszubilden. Dem Korund analog gebaute Siliciumdioxidmodifikationen mit enger Atomverflechtung treten zwar normalerweise nicht mineralisch auf. Jedoch kann man zwei derartige Siliciumdioxidarten, die nach ihren Entdeckern die Namen *Coesit* und *Stishovit* erhalten haben, künstlich gewinnen, indem man normales Siliciumdioxid bei mäßig erhöhten Temperaturen sehr hohen Drucken aussetzt. So entsteht beispielsweise der *Coesit* bei 250° unter 35000 Atm Druck, während zur Bildung des *Stishovits* 1300° und ein Druck von 120 000 Atm erforderlich sind. Der Vorgang ist direkt mit der Kompression von normalem Eis durch hohen Druck zu spezifisch schwereren Eisarten vergleichbar.

Ähnlich wie die Bildung von Eis II (s. 5.4) geht auch dieser Prozeß unter Verschwinden der Gitterhohlräume mit einer erheblichen *Dichteerhöhung* einher, und zwar beträgt das spezifische Gewicht des Coesits mit 3,01 $g \cdot cm^{-3}$ etwa das 1,30-fache und das des Stishovits mit 4,35 $g \cdot cm^3$ sogar das 1,87-fache der Dichte des β-Cristo-

[29] Streng genommen ist das Silicium auch im β-Cristobalit und ähnlichen Siliciumdioxidarten bereits sechsbindig, denn der verhältnismäßig kleine Silicium-Sauerstoff-Abstand von nur 163 pm deutet auf das Vorliegen von vier 1 1/2fachen Bindungen hin.

balits. Danach stellt der *Coesit* nur eine Zwischenstufe dieses Kompressionsvorganges dar, bei der bloß etwa jedes dritte Siliciumatom sechsbindig geworden ist. Erst beim *Stishovit* haben sämtliche Siliciumatome unter Verschwinden sämtlicher Hohlräume die Zahl von sechs Einzelbindungen bzw. der Kristall die höchstmögliche Dichte erreicht. In Übereinstimmung mit diesem Aufbauprinzip ist der Stishovit, ähnlich wie Korund[30], nicht nur dichter, sondern vermutlich auch wesentlich härter als alle normalen Siliciumsdioxidarten.

Die erwähnten hohen Drücke von 35 000 bzw. 120 000 Atm machen es sofort verständlich, daß Coesit und Stishovit normalerweise nicht an der Erdoberfläche auftreten. Auch bei tieferliegenden Gesteinen ist dies nicht der Fall, denn der Druck steigt im Erdinnern an sich zwar zu noch wesentlich höheren Werten an (vgl. 12.3), erreicht aber an der in ca. 60 km Tiefe liegenden Grenze zwischen festem und flüssigem Gestein, an der die Kristallisation der Minerale erfolgt, erst 15000 Atm, die bei weitem noch nicht zur Coesit- oder gar Stishovitbildung ausreichen (vgl. auch 12.3).

Trotzdem sollten diese Mineralien auch unter natürlichen Bedingungen entstehen können, wenn durch irgendwelche Umstände hohe Drucke auf noch nicht geschmolzenes Gesteinsmaterial zur Einwirkung kommen. Das ist vor allem bei *Meteoreinschlägen* der Fall, und man hat dementsprechend später, d. h. jeweils einige Jahre nach ihrer ersten künstlichen Gewinnung, sowohl den *Coesit* als auch den *Stishovit* als zwar seltene, aber doch charakteristische Minerale in größeren Meteorkratern aufgefunden, und zwar sowohl auf der Erde als auch auf dem Mond. Das Auftreten dieser schweren Siliciumdioxidarten ist gleichzeitig ein untrüglicher Beweis für die Bildung der betreffenden Krater durch *Meteoreinschlag* (etwa im

[30] Trotz dieser weitgehenden Analogien sind die Kristallgitter des Korunds und des Stishovits nicht geometrisch gleichwertig, denn ersteres enthält, der Summenformel Al_2O_3 entsprechend, nur 1,5 Sauerstoffatome pro Aluminiumatom, letzteres dagegen, wie aus der Formel SiO_2 hervorgeht, zwei Sauerstoffatome pro Siliciumatom. Die Sauerstoffatome können infolgedessen im Durchschnitt nur an jeweils drei Siliciumatome gebunden sein, bilden hier also bloß *Oxonium(I)-Ionen*.

Gegensatz zu den Vulkankratern) und die ungeheuren, beim Aufprall größerer Meteore ausgelösten Gewalten.

7.3 Die Schichtengitter

Die in 4.2 definierten *Makromoleküle 2. Ordnung* bilden nur dann kristallisierte Mineralien, wenn sie vollkommen eben gebaut sind (sog. *Blattmoleküle*) und sich wie die Blätter eines Buches übereinanderschichten können. Wir begegnen hier neben den vorbesprochenen *Molekül-*, *Ionen-* und *Atomgittern*, die stets in allen drei Dimensionen des Raumes durch gleichartige Gitterkräfte zusammengehalten werden, erstmals einem Kristallgittertypus, zwischen dessen Bausteinen in den verschiedenen Richtuungen des Raumes unterschiedliche Kräfte wirksam sind und der wegen seiner charakteristischen Struktur den Namen *Schichtengitter* erhalten hat.

Die in Schichtengittern kristallisierenden Substanzen zeichnen sich sämtlich dadurch aus, daß die Atome der Blattmoleküle nur in den beiden Dimensionen der Molekülebene durch kovalente Bindungskräfte zusammengehalten werden, während senkrecht dazu lediglich zwischenmolekulare Assoziationskräfte wirksam sind. Dies hat, wie später gezeigt wird, charakteristische mechanische Substanzeigenschaften zur Folge.

Bereits in 4.1 wurde erwähnt, daß zweiwertige Atome und Atomgruppen nur zur Bildung von Fadenmolekülen befähigt sind und die Verknüpfung der Molekülfäden zu Flächenmolekülen zumindest dreiwertige Atome (bzw. Atomgruppen) erfordert. Andererseits zeigen vierwertige Atome bereits eine große Tendenz zur dreidimensionalen Verflechtung zu Atomgittern. In der Praxis beobachtet man infolgedessen die Ausbildung stabiler Schichtengitter im allgemeinen nur dann, wenn sich die betreffenden Atome mit jeweils bloß drei kovalenten Bindungen am Aufbau der Blattmoleküle beteiligen. Beispielsweise bilden mehrere dreiwertige Atome (wie etwa die des *Phosphors* oder *Arsens*) in gewissen Modifikationen der Reinelemente ein Schichtengitter aus. Die wichtigsten Mineralien dieses Typs leiten sich jedoch ebenfalls von den vierwertigen Elementen *Kohlenstoff* und *Silicium* ab, die u. a. befähigt sind, mit nur drei ihrer vier Valenzen ein Blattmolekül aufzubauen und die vierte Valenz irgendwie anderweitig abzusättigen.

7.3.1 Der Graphit

Am einfachsten liegen die Verhältnisse beim *Graphit*, der zweiten kristallisierenden Modifikation des Kohlenstoffs. In ihm schließen sich die Kohlenstoffatome mit jeweils drei Valenzen zu vollkommen ebenen *Sechsecknetzen* zusammen. Wie Abb. 7.5 zeigt, nehmen diese Blattmoleküle bei der Übereinanderlagerung zum Schichtengitter nicht exakt die gleichen Stellungen ein, sondern sind gegenüber den beiden benachbarten (gleichwertige Stellungen einnehmenden) Blattmolekülen jeweils um eine Bindungslänge (in Abb. 7.5 der Länge einer von links- nach rechts verlaufenden Sechseckkante) verschoben. Die *Identitätsperiode*, d. h. der Abstand zwischen zwei in gleichwertigen Stellungen befindlichen Blattmolekülen, ist infolgedessen gleich dem doppelten Schichtenabstand (=2 x 335 = 670 pm).

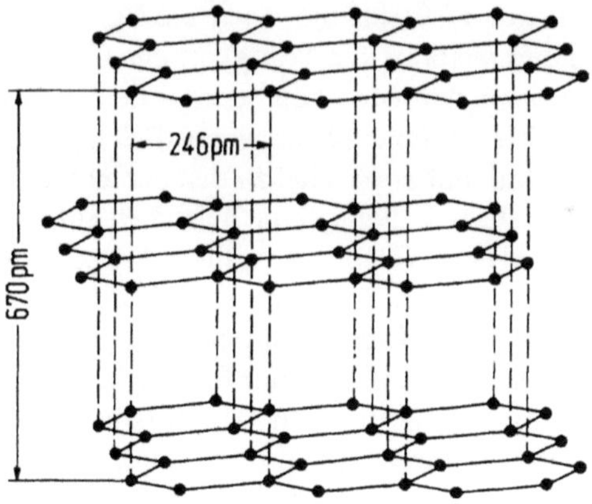

Abb. 7.5 Ausschnitt aus dem Schichtengitter des Graphits. Nur die durch senkrechte gestrichelte Linien verbundenen Atome liegen in sämtlichen Schichten exakt übereinander. Die Stellungen der übrigen Atome wiederholen sich dagegen nur in jeder zweiten Schicht.

Die Absättigung der vierten Valenz der Kohlenstoffatome geschieht in diesem Fall durch Ausbildung eines oberhalb und unterhalb der Blattmolekülebenen den ganzen Kristall durchziehenden *zweidimensionalen metallischen Elektronengases*, zu dem jedes Kohlenstoffatom ein Elektron beisteuert. Hierin ist die Ursache für den typischen metallischen Charakter des Graphits zu erblicken, insbesondere für seine im Gegensatz zu allen anderen organischen und auch anorganischen[31] Kohlenstoffverbindungen stehende *elektrische Leitfähigkeit* und absolute *Lichtundurchlässigkeit*.

Da die metallischen Bindungskräfte ebenfalls innerhalb der Blattmoleküle abgesättigt werden, bleibt für deren Zusammenschluß zum Schichtengitter nur die schwache van der Waalssche Assoziation übrig, wofür auch der relativ große Abstand der Ebenen voneinander (335 pm) spricht. Dieses Aufbauprinzip macht wiederum die wichtigsten mechanischen Eigenschaften des Graphits verständlich.
Einerseits hat nämlich die Vergrößerung der Atomabstände in der einen Dimension – vom zwischenatomaren Abstand im Diamantkristall (154 pm) zum zwischenmolekularen Schichtabstand im Graphitkristall (335 pm) – eine Herabsetzung der Dichte von 3.51 (im Diamanten) um 37% auf nur noch 2,22 $g \cdot cm^{-3}$ (im Graphit) zur Folge[32], andererseits ist die Festigkeit des Graphits nur in den beiden Dimensionen der Molekülebenen mit der des Diamanten vergleichbar, senkrecht dazu jedoch wesentlich geringer. Man kann einen Graphitkristall daher parallel zu den Schichtebenen leicht mit einem Messer in nahezu beliebig feine Blättchen aufspalten. Ähnlich erfolgt beim Reiben eines Graphitkristalls auf Papier (oder auf anderen rauhen Unterlagen) schon bei geringen Drucken ein Absplittern unzähliger mikroskopisch kleiner Blättchen, die als schwarzer Strich auf dem Papier erscheinen. Auf dieser Eigenschaft beruht die wichtigste Verwendung des natürlichen Graphits zur Herstellung von Bleistiftminen, deren Namen allein noch daran erinnern, daß man ursprünglich Blei für diesen Zweck verwendet hat. Selbst die Möglichkeit des Fortradierens eines Bleistiftstriches wird nunmehr sofort verständlich, denn die Graphitkriställchen werden nur durch van der Waalssche *Adhäsionskräfte* auf der Papieroberfläche festgehalten (im Gegensatz zur *chemischen Fixierung* der Farbstoffe von Tinte oder Kopierstiften). Sie lassen sich daher schon mit Hilfe eines

[31] Mit Ausnahme der ebenfalls bereits zu den metallischen Substanzen zählenden legierungsartigen *Schwermetallcarbide*, wie etwa des in verschiedenen Eisensorten enthaltenen *Cementits* (Fe_3C).
[32] Wegen einiger zusätzlicher Komplikationen ist das Dichteverhältnis nicht genau gleich dem Verhältnis der Atom- bzw. Molekülabstände.

„Radiergummis", an dessen Oberfläche sie als den Kohlenwasserstoff nahestehenden lipophile Teilchen fester haften als auf dem hydrophilen Papier, mehr oder weniger vollständig wieder entfernen.

7.3.2 Silikate mit Schichtengitterstruktur

Neben den in Atomgittern kristallisierenden Siliciumverbindungen kennt man auch zahlreiche Silikate, die eine *Schichtgitterstruktur* aufweisen und von großer Bedeutung für das Geschehen auf der Erdoberfläche geworden sind (s. 10.3). Auch in den Blattmolekülen dieser Schichtengitter sind die Siliciumatome noch von 4 tetraedrisch angeordneten Sauerstoffatomen umgeben, und erst jenseits eines der Sauerstoffatome findet die oben erwähnte andersartige Absättigung der vierten Valenz der Siliciumatome statt. Es fungieren somit nur drei der das Silicium umgebenden Sauerstoffatome als Brückenatome zu benachbarten Siliciumatomen und ermöglichen auf diese Weise den Aufbau eines beliebig großen Flächenmoleküls. Das vierte Sauerstoffatom, das stets aus der Molekülfläche herausragt, trägt dagegen an der Außenseite des Blattmoleküls einen siliciumfreien Liganden. Als solcher kommt in Frage einerseits ein Wasserstoffatom – dann liegt eine *Polykieselsäure* der Zusammensetzung H_2SiO_5 vor, die aber ebensowenig in der Natur auftritt wie das zugehörige *Polysilikat-Anion* $Si_2O_5{}^{2\ominus}$ – andererseits kovalent gebundene Erd- und Erdalkalimetall-Atome (hauptsächlich *Aluminium*).

Die Blattmoleküle können verschiedenartige Formen annehmen, von denen jedoch nur relativ wenige in natürlichen Mineralien verwirklicht sind. Ursprünglich glaubte man, es lägen nur die in Abb. 7.6 gezeigten *Sechsecknetze* mit abwechselnd nach oben und unten aus der Netzebene herausragenden Sauerstoffatomen vor (sog. *trans-Sechsecknetz*), weil die Siliciumatome in einem derartigen Blattmolekül die gleiche räumliche Anordnung wie im diamantoiden Atomgitter des *β-Cristobalits* (s. Abb. 7.2) aufweisen, man sich das Blattmolekül also aus dem β-Cristalobalitgitter herausgeschnitten denken kann.

Blattmoleküle des in Abb. 7.6 gezeigten Typs wurden jedoch nur selten in natürlichen Mineralien angetrofffen, vermutlich, weil sie zu formunbeständig sind und unter den natürlichen Bildungsbedin-

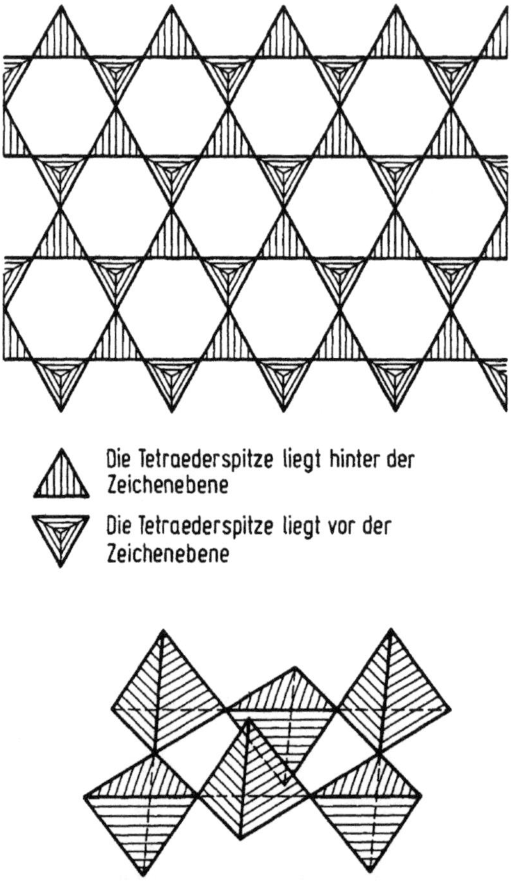

Abb. 7.6 Ausschnitt aus dem vom β-Cristobalitgitter sich ableitenden *trans*-Sechsecknetz[33]. a) Aufsicht b) perspektivische Ansicht eines Sechsrings

[33] Bei dieser heute allgemein gebräuchlichen Wiedergabe von Silikatstrukturen verzichtet man auf die bei größeren Molekülausschnitten viel zu umständliche Anführung einzelner Atome und symbolisiert vereinfachend die sich immer wiederholende tetraedrische SiO_4-Gruppe durch ein Tetraeder. Die Tetraederecken bedeuten jeweils ein *Sauerstoffatom* und die Tetraederzentren ein *Siliciumatom*. Haben zwei Tetraeder eine Ecke gemeinsam, so verknüpft dieses Sauerstoffatom zwei Siliciumatome innerhalb des Makromoleküls, sind die Tetraederecken dagegen frei, so tragen die Sauerstoffatome in den Polykieselsäuren die Wasserstoffatome, bzw. in den zugehörigen Polysilikat-Anionen die negative Ladung.

gungen bein Erstarren des glutflüssigen Gesteins bereits „zerknittern“. Erst wenn diese ebenen Sechsecknetze in der unten beschriebenen Weise noch eine zusätzlich Stabilisierung erfahren, sind sie genügend formbeständig, um in Schichtengittern natürlich auftreten zu können. Dieser Stabilisierungseffekt ist jedoch nur möglich, wenn alle freien Sauerstoffatome des Blattmoleküls nach nur einer Seite der Sechseckebene hin gerichtet sind. Wir kommen somit zu dem geometrisch ebenfalls möglichen Zusammenschluß der SiO_4-Tetraeder des Flächenmoleküls zu dem in Abb. 7.7 gezeigten *cis-Sechsecknetz*, das den wichtigsten Silikatgesteinen mit Schichtengitterstruktur zugrunde liegt.

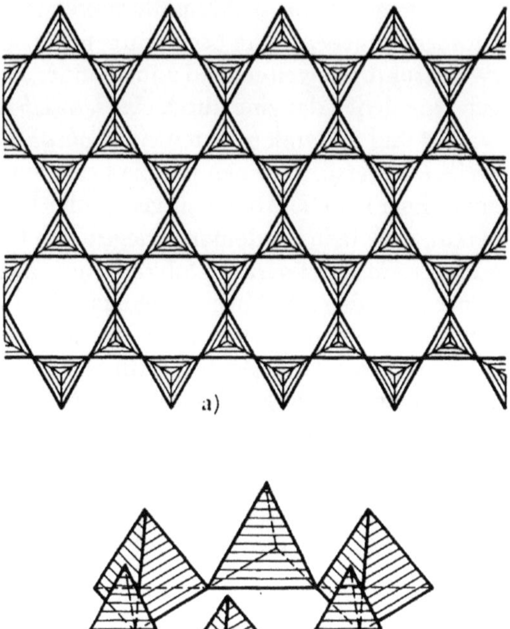

a)

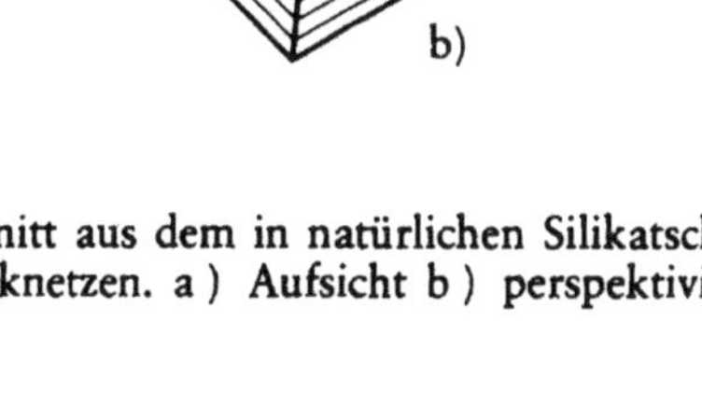

b)

Abb. 7.7 Ausschnitt aus dem in natürlichen Silikatschichtgittern auftretenden cis-Sechsecknetzen. a) Aufsicht b) perspektivische Ansicht eines Sechsrings

Die Formstabilisierung des cis-Sechsecknetzes geschieht in den natürlichen Mineralien durch Verankerung aller nach der einen Seite der Molekülebene herausragenden Sauerstoffatome in einem *zweiten ebenen Atomnetz*, denn hierdurch werden diese Sauerstoffatome in ihren jeweiligen Positionen festgehalten, so daß eine Deformation der Blattmoleküle durch Verdrehung einzelner Molekülteile gegeneinander nicht mehr möglich ist.

Das in den natürlichen Mineralien diesem Zweck dienende zweite Atomnetz besteht aus Aluminium- und Sauerstoffatomen und leitet sich infolgedessen bis zu einem gewissen Grade vom *Aluminiumoxid* (und nicht mehr vom Siliciumdioxid) ab. Insbesondere ist in ihm jedes Aluminiumatom wie im Aluminiumoxid oktaedrisch von 6 Sauerstoffatomen umgeben. Man beobachtet hier also die Kombination von zwei strukturell weitgehend voneinander abweichenden Molekülnetzen, von denen das eine durch eine *tetraedrische* Anordnung von jeweils 4 und das andere durch einen *oktaedische* Anordnung von jeweils 6 Sauerstoffatomen um die betreffenden Zentralatome gekennzeichnet ist. Die Abmessungen beider Netze stimmen so genau überein, daß beim Aufeinanderlegen der Blattmoleküle sämtlich aus dem cis-Sechsecknetz der Silikatschicht nach außen gerichteten Valenzen mit den zur Ausbildung einer Bindung befähigten Sauerstoffatomen auf der einen Seite der Aluminium-Sauerstoff-Schicht zusammentreffen. Beide Blattmoleküle können ihre nach außen gerichteten chemischen Bindungskräfte daher unter Bildung stabiler *Mehrschichtmoleküle* gegenseitig vollständig absättigen.

Es gibt zwei Möglichkeiten einer derartigen Kombination von Silicium-Sauerstoff- und Aluminium-Sauerstoff-Netzen:

1. Das Aluminium-Sauerstoff-Netz tritt nur auf der einen Seite der Nutzebene mit einem Silicium-Sauerstoff-cis-Sechsecknetz zusammen, und die freien Valenzen auf der anderen Seite des Aluminium-Sauerstoffnetzes werden durch *Wasserstoff* (unter Bildung von OH-Gruppen statt O-Si-Bindungen) abgesättigt. Dieses Bauprinzip ist bei dem zu den Tonen zählenden Mineral *Kaolinit*, dem Hauptbestandteil der *Porzellanerde*, verwirklicht. Wie Abb. 7.8 erkennen läßt, liegt hier ein *Zweischichtenmolekül* vor, dessen eine Schicht ausschließlich aus tetraedischen und dessen andere Schicht ebenso

ausschließlich aus oktaedrischen Bauelementen zusammengesetzt ist.

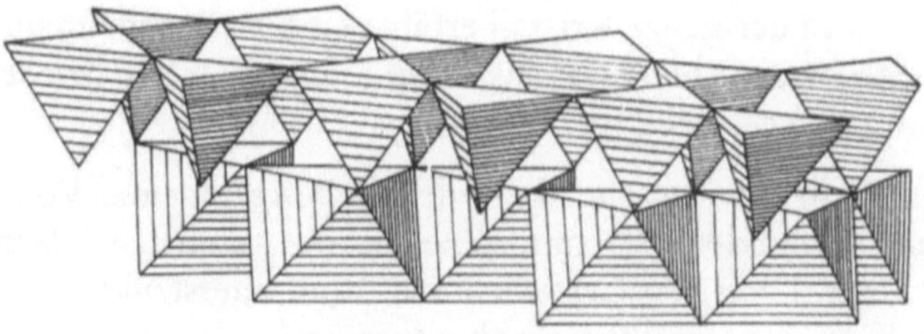

Abb. 7.8 Aufbauschema des Zweischichtenmoleküls des Kaolinits (nach F. Liebau).

2. Das Aluminium-Sauerstoff-Netz tritt auf beiden Seiten der Netzebene mit je einem cis-Sechseck-Silikatnetz zu einem *Dreischichtmolekül* zusammen, dessen mittlere, aus oktaedrischen Bauelementen bestehende Schicht, wie Abb. 7.9 zeigt, von zwei Schichten aus tetraedrischen Bauelementen flankiert wird. Diesem Bauprinzip begegnen wir bei dem häufigsten Tonmineral, dem *Montmorillonit*.

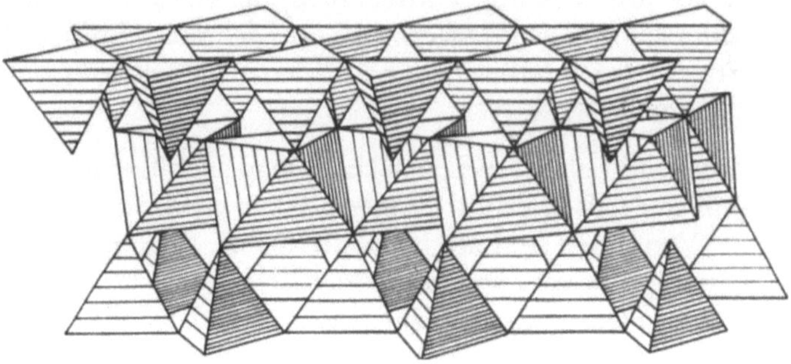

Abb. 7.9 Aufbauschema des Dreischichtenmoleküls des Montmorillonits (nach F. Liebau).

Die Schichtengitterstruktur macht die bekannten Eigenschaften der *Tone* und der die Tonne als Hauptbestandteil enthaltenen *Lehme* und *Erden* sofort verständlich. Die nur durch relativ schwache Assoziationskräfte miteinander verknüpften zwei- und dreischichtigen Blattmoleküle sind auf Grund der in ihnen enthaltenen Sauerstoffatome hydrophil und vermögen infolgedessen zwischen sie eindringende Wassermoleküle in begrenztem Umfang als Adhäsionsschicht zu binden. Hierdurch werden die Blattmoleküle auseinandergedrängt, und der ganze Kristall erfährt eine Volumenzunahme. Damit begegnen wir hier erstmals der in 8.3.2 näher beschriebenen Erscheinung der *Quellung*.

Schon allein die Tatsache, daß jede Quellung mit einer Volumenzunahme verbunden ist, unterscheidet die tonartigen Mineralien grundlegend von den Gesteinen mit Atomgitterstruktur. Während diese Wasser gegenüber absolut formbeständig sind, ändern die Tonkriställchen bei der Wasseraufnahme im Kristallinnern ihre Ausdehnung senkrecht zur Blattebene in Abhängigkeit vom Anfeuchtungsgrad nicht unbeträchtlich, was bereits jeder Laie am Rissigwerden von eintrocknenden Erdaufschlämmungen erkennen kann. Ferner wirken die sich an den Kristalloberflächen ausbildenden Wasserhäute wie ein Schmierfilm, der einerseits ein leichtes Aneinandervorbeigleiten der Kriställchen ermöglicht, andererseits auf Grund der Adhäsionskräfte immer noch einen gewissen Substanzzusammenhalt bewirkt, ohne den das gesamte Material sofort zerstäuben würde. Damit findet aber die bekannte *Plastizität* aller durchnäßter tonerdehaltiger Mineralien, die eines der Hauptcharakteristika der für den Pflanzenwuchs auf der festen Erdoberfläche so wichtigen *„fruchtbaren Erdböden"* ist, seine befriedigende Erklärung (s. auch 10.3).

Neben den feinkristallinen Tonen kennt man auch eine Reihe von in Form größerer Kristalle auftretenden Gesteinen mit Schichtengitterstruktur. Von ihnen sind am bekanntesten die *Glimmer*, die man, eben wegen dieser Schichtengitterstruktur, wie den Graphit mit einem Messer in feine Blättchen aufspalten kann. Die Glimmer unterscheiden sich vom Montmorillonit hauptsächlich dadurch, daß die tetraedrischen Bauelemente ihrer Silikatschichten (wie die des Kalifeldspats, s. 7.1.3) anstelle eines jeden vierten Siliciumatoms ein *Aluminiumatom* enthalten, dessen negative Ladung durch ein Alkalimetall-Kation kompensiert wird. Beispielsweise zeigt der *Kaliglimmer* (oder *Muskovit*) die Zusammensetzung $[KAlSi_3O_{10}][Al_2(OH)_2]$[34], die bis auf den Ersatz eines Siliciumatoms

[34] Die Hydroxylgruppen sind z. T. auch durch *Fluor* ersetzt.

durch die Gruppe KAl mit der verdoppelten Formel des Montmorillonits identisch ist.

Danach enthalten die Glimmer zwei *verschieden gebundene Arten von Aluminiumatomen* im Molekül. Die in den beiden Silikatschichten eingebauten Aluminiumatome besitzen, wie die Siliciumatome, an deren Stelle sie treten, *Tetraederstruktur,* während die der mittleren Aluminium-Sauerstoffschicht *oktaedrisch* von sechs Sauerstoffatomen umgeben sind.

7.4 Silikate mit Fadengitterstruktur

Neben den dreidimensionalen Makromolekülen der Atomgitter und den ausschließlich in Schichtengittern auftretenden zweidimensionalen Blattmolekülen kennt man auch die meistens als *Fadenmoleküle* bezeichneten *eindimensionalen Makromoleküle* (s. 4.2). Sie bilden ebenfalls zuweilen regelmäßig aufgebaute Kristalle, deren Bauelemente nur noch in einer Dimension durch kovalente Bindungen zusammengehalten werden, in den beiden anderen Dimensionen dagegen bereits durch zwischenmolekulare Assoziationskräfte. In Analogie zum Schichtengitter spricht man hier deswegen vom *Fadengitter* oder auch, da die wichtigsten Faserstoffe dieser Substanzklasse angehören, von einer *Faserstruktur.*

In der Mehrzahl der Fälle sind die Fadenmoleküle jedoch nicht mehr formbeständig – sonst sollte man besser von einem Stabmolekül sprechen – sondern verbiegen sich durch Verdrehung einzelner Molekülteile gegeneinander um die kovalenten Bindungen als Achsen zu unregelmäßig geformten und deswegen nur in amorphen Phasen auftretenden *Molekülknäueln,* die den betreffenden Substanzen eine Reihe völlig neuartiger Eigenschaften verleihen. Die meisten und auch die wichtigsten Stoffe dieses Typus gehören jedoch der Organischen Chemie an und sollen im nächsten Kapitel in anderem Zusammenhang beschrieben werden. An dieser Stelle können wir uns daher mit der Anführung einiger weniger vom Standpunkt der *Silikatchemie* interessanten Mineralien mit Fadengitterstruktur begnügen.

Auch in den Fadenmolekülen der Silikatreihe ist jedes Siliciumatom tetraedrisch von vier Sauerstoffatomen umgeben, so daß man die Form der Moleküle ohne Anführung einzelner Atome durch Aneinanderreihung von Tetraedern beschreiben kann. Nur sind es jetzt bloß noch zwei der an jedem Siliciumatom stehenden Sauerstoffatome, die zwei Siliciumatome miteinander verknüpfen (also durch aneinanderstoßende Tetraederecken symbolisiert werden), und die beiden anderen (durch freie Tetraederecken symbolisierte) Sauerstoffatome sind hinsichtlich ihrer zweiten Valenz anderweitig abgesättigt.

Für die jeweilige Form des Fadenmoleküls im Kristallgitter ist es wesentlich, wie oft sich die gleiche räumliche Stellung der Tetraeder wiederholt, d. h. wieviel Tetraedereinheiten die *Identitätsperiode* in der Längsrichtung der Fadenmoleküle beträgt. Die Identitätsperiode 1 (sog. *Einerkette*), in der jedes Tetraedereinheit exakt die gleiche räumlichen Stellung einnimmt, trifft man überhaupt nicht an. Dagegen kommen *Zweierketten* (hier erstreckt sich die Identitätsperiode über zwei Tetraedereinheiten) und *Dreierketten* (drei Einheiten) relativ häufig vor, jedoch nur, wenn die jeweilige Molekülform wie bei den Blattmolekülen der Schichtengitter durch den Einbau oktaedrischer Atomgruppierungen stabilisiert wird.

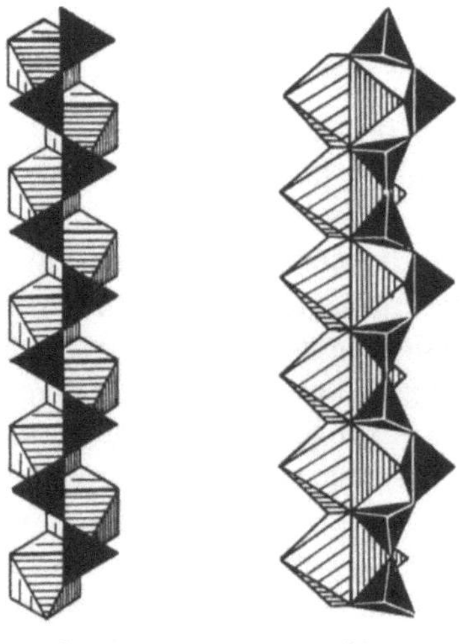

a) b)

Abb. 7.10 Die gegenseitige Stabilisierung von Tetraeder- und Oktaederketten (nach F. Liebau). a) Stabilisierung einer Zweierkette durch MgO_6-Oktaeder b) Stabilisierung einer Dreierkette durch CaO_6-Oktaeder

Hierbei hängt die sich ausbildende Form der Fadenmoleküle in hohem Maße von den Dimensionen des oktaedrischen Bindungspartners ab. Z. B. zeigen der *Enstatit* ($MgSiO_3$) und der *Wollastonit* ($CaSiO_3$) in gleicher Weise die Zusammensetzung eines „*Erdalkalimetallmetasilikats*". Wie Abb. 7.10 a zeigt, weist eine Kette von gradlinig aneinandergereihten MgO_6-Oktaedern (mit einer Kantenlänge von 270-290 pm) ziemlich genau die richtigen Dimensionen auf, um sich mit einer Zweierkette von SiO_4-Tetraedern (Kantenlänge 255-275 pm) zu einem Doppelstrang zu vereinigen. Bei Aneinanderreihung der größeren CaO_6-Oktaeder (Kantenlänge 370-380 pm) ist dies jedoch erst möglich, wenn die Identitätsperiode der Silikatkette drei Tetraedereinheiten (Dreierkette, s. Abb. 7.10 b), beträgt.

Auf Grund ihrer Fadengitterstruktur zeigen alle Silikate dieses Typus die in 8.2.1 ausführlich beschriebenen Eigenschaften von *Faserstoffen*. Die wichtigsten mineralisch vorkommenden Silikatfasern sind die etwas komplizierter zusammengesetzten *Asbeste*, die wegen ihrer Hitzebeständigkeit und Unbrennbarkeit auch technische Bedeutung erlangt haben. Daneben verwendet man aber auch künstlich, durch Ausziehen von Glas zu feinen Fäden gewonnene Silikatfasern, die unter der Bezeichnung *Glaswolle* eine vielfache Anwendung finden, aber die natürlichen Asbestfasern nicht in allen Eigenschaften übertreffen.

8. Die makromolekulare organische Materie

8.1 Abgrenzug gegen die Silikatgesteine

Trotz seiner Vierwertigkeit zeigt der Kohlenstoff nur eine verhältnismäßig geringe Tendenz zum Aufbau zwei- und dreidimensionaler Makromoleküle. Sie erschöpft sich zum großen Teile bereits in der Bildung des Schichtengitters des *Graphits* und des Atomgitters des *Diamanten*. Dagegen ist der Kohlenstoff wegen der gerade bei ihm stark ausgeprägten Möglichkeit der Absättigung seiner Valenzen mit verschiedenartigen Liganden in besonderem Maße zur Ausbildung von *eindimensionalen Makromolekülen* (sog. *Kettenmolekülen*) befähigt. Diese sind stets dadurch charakterisiert, daß nur noch zwei der vier Kohlenstoffvalenzen zur Aneinanderreihung der

Atome zu größeren Molekülen dienen und die beiden anderen Valenzen durch reaktionsträge einwertige Atome (hauptsächlich *Wasserstoff*) oder auch Atomgruppen (z. B. *Methylgruppen* [$-CH_3$])abgesättigt werden. Ein typisches, noch niedermolekulares derartiges Kettenmolekül besitzt z. B. das in 5.1 formulierte *Nonan*. Grundsätzlich kann die Kettenlänge jedoch beliebig groß sein und makromolekulare Dimensionen annehmen, wofür in dem in 7.1 formulierten Ausschnitt aus einem *Polyethylenmolekül* ebenfalls bereits ein Beispiel angeführt wurde.

Derartige Kettenmoleküle großer Länge, die man wegen ihrer Formunbeständigkeit in amorphen Phasen häufig auch als *Fadenmoleküle* bezeichnet, sind typische *Makromoleküle 1. Ordnung* in dem in 4.1 definierten Sinne. Wir kommen somit zu folgenden, in der Praxis weitgehend verwirklichten Bild: *Silicium* baut hauptsächlich die dem *anorganischen Bereich* angehörenden Gesteinen mit Makromolekülen 2. und 3. Ordnung auf, *Kohlenstoff* dagegen hauptsächlich die aus Fadenmolekülen bestehende makromolekulare *organische Materie*.

Ursprünglich glaubte man, daß die großen Eigenschaftsunterschiede zwischen beiden Arten von makromolekularen Stoffen – z. B. sind die Silikatgesteine meistens *hart* und *spröde*, aber *druckfest*, die organischen Werkstoffe demgegenüber meistens *weich* und *geschmeidig*, aber *reißfest* – in erster Linie *chemisch* bedingt sind und auf das unterschiedliche Verhalten der am Aufbau beteiligten Elemente, eben des „anorganischen" Siliciums und des „organischen" Kohlenstoffs, zurückgeführt werden können. Das ist aber in keiner Weise der Fall, denn man kennt heute sowohl siliciumfreie Kohlenstoffverbindungen, die sich wie normale Steine verhalten, eben den *Dia-*

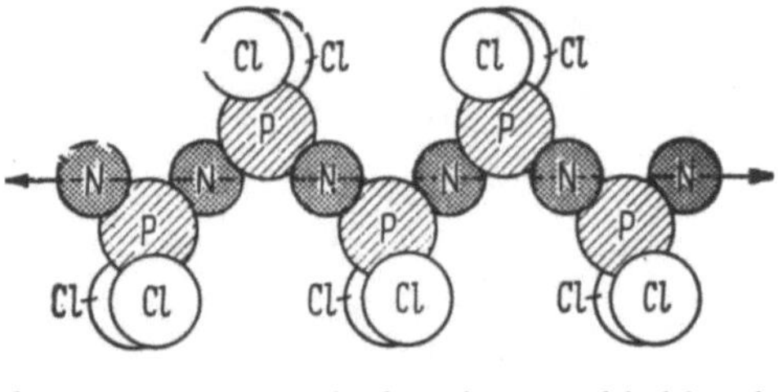

Abb. 8.1 Ausschnitt aus einem Polyphosphornitriddichloridmolekül

manten mit seinem Atom- und den *Graphit* mit seinem Schichtengitter, als auch kohlenstoffreie makromolekulare Verbindungen, die in ihren Eigenschaften den organischen Stoffen nahestehen. Beispielsweise ist das Phosphornitriddichlorid (Cl_2PN) nur in Form eines hochelastischen, *Polyphosphornitriddichlorids* existenzfähig, das wegen dieser Hochelastizität *anorganischer Kautschuk* genannt wird und die in Abb. 8.1 wiedergegebene Struktur eines Makromoleküls 1. Ordnung aufweist.

Auch bei den technisch wichtigen Siliconkunststoffen besteht die eigentliche Molekülkette nur aus „anorganischen" Silicium- und Sauerstoffatomen, und die organischen Reste dienen lediglich dazu, um die engere Verflechtung der Silicium- und Sauerstoffatome zu zwei- und dreidimensionalen Makromolekülen zu verhindern:

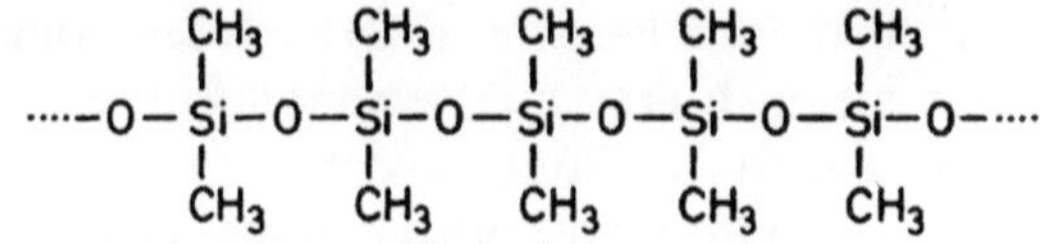

Ausschnitt aus einem Methylsiliconmolekül

Der Unterschied zwischen den beiden Arten von makromolekularer Materie hängt vielmehr, völlig unabhängig von dem an ihrem Aufbau beteiligten Elementen, ausschließlich von den *räumlichen Dimensionen* der betreffenden Makromoleküle ab. Wir müssen uns daher im folgenden zunächst der Frage zuwenden, inwieweit Unterschiede im räumlichen Aufbau der Makromoleküle derart unterschiedliche Substanzeigenschaften zur Folge haben können. Hier sind vor allem zwei Punkte zu beachten: 1. die *Zugänglichkeit der Innenatome von Makromolekülen* für von außen zugeführte fremde Atome oder Moleküle und damit die Möglichkeit der Beteiligung der Innenatome an chemischen Reaktionen, und 2. die *Formstabilität der Makromoleküle*.

Hinsichtlich des ersten Punktes kann man die verschiedenen Substanzen in Abhängigkeit von den Moleküldimensionen in die folgenden vier charakteristischen Gruppen von Stoffen abnehmender Zugänglichkeit der Innenatome unterteilen:

kleine Moleküle > Makromoleküle 1. Ordnung > Makromoleküle 2. Ordnung > Makromoleküle 3. Ordnung

Betrachten wir zunächst die beiden Endglieder der Reihe. Die kleinen Moleküle der *niedermolekularen Substanzen* sind von allen Seiten her leicht zugänglich, so daß sie von geeigneten Fremdmolekülen im Sinne der Ausführungen in 5.2 solvatisiert werden können. Bei den Makromolekülen 3.Ordnung der *Atomgitter* ist die Atomverflechtung dagegen bereits so eng, daß die Innenatome für Fremdatome jeder Art *absolut unereichbar* sind, der Kristall also vom Lösungsmittel bestenfalls äußerlich benetzt, niemals aber gelöst oder gar im Innern chemisch umgestzt werden kann.

Die *ein-* und *zweidimensionalen Makromoleküle* ordnen sich zwischen diesen beiden Extremen ein und zeigen (erwartungsgemäß) einen stufenweisen Übergang ihres Verhaltens gegenüber Lösungsmitteln und chemischen Reagentien. Schon die Blattmoleküle der Schichtengitter sind meistens so dünn, daß sämtliche Innenatome zumindest von einer Seite her solvatisiert werden können. Jedoch herrschen noch ziemlich starke Assoziationskräfte zwischen den ausgedehnten Schichten des Gitters, so daß es niemals zu einer wirklichen Auflösung von Einzelmolekülen kommt. Immerhin beobachtet man zuweilen bereits eine geringfügige *Quellung* der Schichtengitter (z. B. die in 7.3.2 beschriebene Wasseraufnahme von Tonen und Lehmen) und kann in wenigen Fällen die Innenatome von Blattmolekülen auch *chemisch umsetzen*. Z. B. nimmt Graphit bei der Einwirkung von elementarem Fluor bei ca. 400° unter Erhaltung der Blattstruktur an jedem Kohlenstoffatom des Flächenmoleküls ein Fluoratom zu einem *Graphitfluorid* genannten Kohlenstoffmonofluorid der Zusammensetzung CF auf. Alles in Allem sind derartige Vorgänge bei aus Blattmolekülen aufgebauten Stoffen aber noch ziemlich selten und wenig in die Augen fallend, so daß man Substanzen dieses Typus zweckmäßig mit den atomgitterartigen Gesteinen zusammen zu der übergeordneten Gruppe der nur *oberflächlich benetzbaren* und nur *oberflächlich chemisch umsetzbaren* makromolekularen Stoffen rechnet (s. auch Kap. 10).

Erst beim Übergang zu den aus *Fadenmolekülen* aufgebauten Substanzen ändern sich die Eigenschaften weitgehend, und wir gelangen zu einer völlig neuartigen Materieart. Die Innenatome der Fadenmoleküle sind bereits von zwei Dimensionen her zugänglich, und die engere Verknüpfung mit Nachbaratomen erfolgt nur noch in einer Richtung des Raumes. Hier reichen die Solvatationskräfte daher häufig bereits aus, um die Makromoleküle wie die Moleküle der niedermolekularen Substanzen *einzeln in Lösung* zu bringen, so daß sie an jeder beliebigen Stelle des Moleküls mit von außen zugeführten Reagentien *chemisch umgesetzt* werden können. Nur der Grad der Löslichkeit ist im allgemeinen etwas geringer als der von analog gebauten niedermolekularen Stoffen.

Man faßt die makromolekularen Substanzen dieses Typs daher zweckmäßig mit den niedermolekularen Verbindungen zu der im ausdrücklichen Gegensatz zur oben definierten Gruppe stehenden zweiten übergeordneten Substanzklasse der *in Solventien löslichen* und auch *im Molekülinnern chemisch umsetzbaren* Stoffe zusammen.

Auch hinsichtlich des zweiten der oben angeführten Punkte, der *Formstabilität der Makromoleküle*, bestehen große Unterschiede zwischen den beiden Arten der makromolekularen Materie. In den Atomgittern ist die Atomverknüpfung stets so eng, daß ohne Lösung von konvalenten Bindungen keine Änderung der Molekülgestalt mehr möglich ist, und auch Blattmoleküle, die man zwar grundsätzlich wie ein Blatt Papier „zerknittern" könnte, bleiben formstabil, weil sie in der Praxis stets in ein Schichtengitter eingebaut und somit gegen jede Verformung geschützt sind. Erst Kettenmoleküle gehen einzeln in Lösung und setzen dort den deformierenden Kräften der durcheinanderwirbelnden Lösungsmittelmolekülen keinerlei Widerstand mehr entgegen. Bei genügender Länge der Molekülkette *verknäueln* sie infolgedessen in Lösung ähnlich leicht wie ein Nähfaden in fließendem Wasser. Die Möglichkeit der Verknäuelung bedeutet aber, daß die Makromoleküle unzählige verschiedene Gestalten annehmen können und in Abhängigkeit von diesen Gestalten unter Umständen sehr unterschiedliche Substanzeigenschaften aufweisen. Insbesondere aus diesem Grunde beobachtet man bei den aus Fadenmolekülen aufgebauten Stoffen eine Reihe *neuartiger fester Aggregatzustände*.

8.2 Neuartige feste Aggregatzustände

Bei allen Substanzen, deren kleinste Teilchen in allen drei Dimensionen durch gleichartige Kräfte zusammengehalten werden, kennt man im allgemeinen nur die drei klassischen Aggregatzustände *gas-*

förmig, flüssig und *fest*. Einzig die aus Fadenmolekülen aufgebauten Stoffe machen hiervon ein Ausnahme. Einerseits verhindert die Molekülgröße einen Übertritt der nicht zersetzten Einzelmoleküle in die Gasphase oder auch nur die Bildung einer leicht beweglichen Flüssigkeit, d. h. sowohl der gasförmige als auch der flüssige Zustand fallen fort. Andererseits können sich die Makromoleküle zu Festkörpern mit sehr unterschiedlichen Eigenschaften zusammenballen, so daß man nicht mehr nur von einem einzigen festen Aggregatzustand sprechen kann. Vor allem der *kristallisierte*, der *amorphe* und der *hochelastische Zustand* müssen als besondere feste Aggregatzustände der makromolekularen Materie hervorgehoben werden.

8.2.1 Die Faserstruktur

Fadenmoleküle können nur dann einen regelmäßig aufgebauten Kristall bilden, wenn sie sich exakt parallel zu dem bereits in 7.4 kurz gestreiften *Fadengitter* zusammenlagern. Wie bei Schichtengittern treten auch hier in den verschiedenen Dimensionen des Raumes unterschiedliche Gitterkräfte auf, nur sind es nunmehr bloß noch in einer Richtung *chemische Bindungskräfte* und bereits in zwei Dimensionen zwischenmolekulare *Assoziationskräfte*. Wie schon kurz erwähnt, ist dieser Kristalgittertypus vor allem in den verschiedenen Faserstoffen verwirklicht und wird deswegen meistens direkt als *Faserstruktur* bezeichnet.

In leicht verständlicher Weise zeigen die Faserstoffe infolge dieser charakteristischen Gitterstruktur in der Längsrichtung der Moleküle eine besonders große *Zug-* oder *Reißfestigkeit*, weil beim Zerreißen in dieser Richtung kovalente Bindungen zerstört werden müssen. Die Höhe der Reißfestigkeit hängt außer von der Bindungsenergie der zu spaltenden Bindungen noch von einigen anderen Faktoren ab, von denen vor allem der *Molekülquerschnitt* senkrecht zur Faserrichtung genannt werden muß, weil von diesem die Zahl der die Flächeneinheit des Faserquerschnitts durchziehenden Moleküle abhängt. Z. B. nimmt das Fibroinmolekül des Seidenfadens die in Abb. 8.2 a gezeigte *β-Keratinstruktur* an und weist infolgedessen einen relativ kleinen Molekülquerschnitt auf (Abb. 8.2 b).

Im Kristallgitter der Wollfaser liegt das Keratin dagegen in der in Abb. 8.3 wiedergegebene korkzieherartigen *α-Keratinstruktur* mit

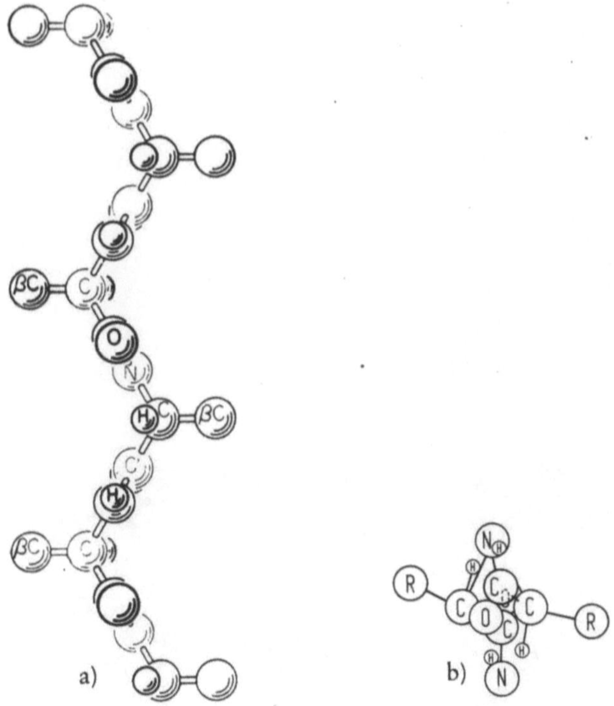

Abb. 8.2 Die β-Keratinstruktur des Seidenfibroins. a) seitliche Ansicht b) Molekülquerschnitt

einem erheblich größeren Molekülquerschnitt vor (Abb. 8.3 b, im gleichen Maßstab wie Abb. 8.2 b). Seide ist hauptsächlich aus diesem Grunde mit einer Reißfestigkeit von 40–65 kp/mm^2 etwa dreimal so reißfest wie Wolle (13–25 kp/mm^2).

Senkrecht zur Faserrichtung wirken dagegen in den organischen Faserstoffen nur die relativ schwachen zwischenmolekularen *Assoziationskräfte*. Sämtliche dem organischen Bereich angehörenden Textilfasern lassen sich infolgedessen ohne großen Kraftaufwand in der Längsrichtung aufspalten. Ferner tauschen die Fadenmoleküle (bzw. bei sehr großer Kettenlänge auch Teile von ihnen) leicht senkrecht zur Faserrichtung ihre Plätze, so daß die Fasern sehr formunbeständig werden und schon bei geringer Druckbeanspruchung unter Erhaltung der Reißfestigkeit in jede nur denkbare Richtung ver-

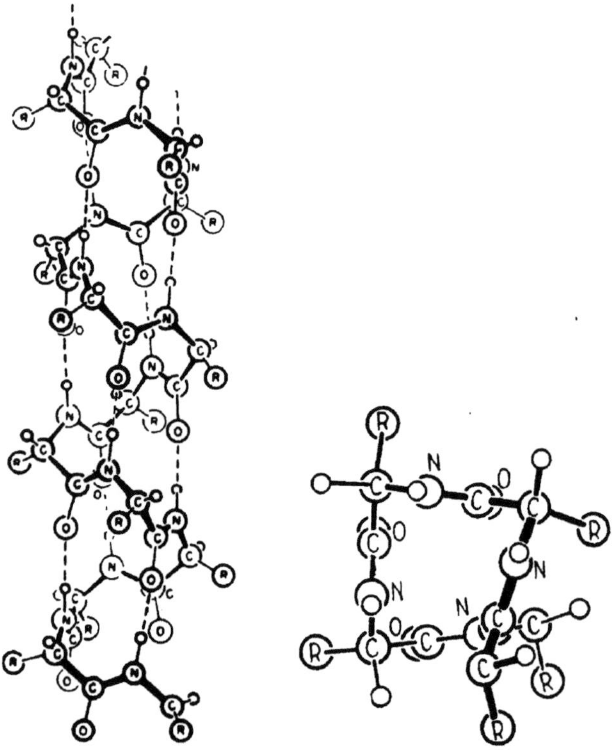

a) b)

Abb. 8.3 Die α-Keratistruktur der Wollfaser. a) seitliche Ansicht b) Molekülquerschnitt

bogen werden können. Hierin unterscheiden sie sich grundlegend von Stoffen mit zwei- oder dreidimensionalem Molekülaufbau. Z. B. kann man noch so fein ausgezogenen *Glasfasern* im Gegensatz zu den organischen Faserstoffen niemals knoten, weil sie bei stärkerer Abbiegung sofort brechen. Auch die in 7.4 beschriebenen *Asbestfasern* sind wegen der relativ starken Assoziationskräfte zwischen den relativ stark polaren Kettenmolekülen wesentlich spröder als die organischen Faserstoffe.

Interessante Probleme wirft schließlich auch die *Entstehung des Fadengitters* auf. Für die kleinen Moleküle der niedermolekularen

Stoffe bereitet es keine Schwierigkeiten, sich aus ihrer völlig ungeordneten Lage in der Schmelze allein durch Verdrehen so gegeneinander auszurichten, daß ein regelmäßig aufgebautes Kristallgitter entsteht. Für die in flüssigem Zustand verknäuelten und ineinander verschlungenen Fadenmoleküle einer amorphen makromolekularen Substanz, die man makroskopisch etwa mit den Fasern eines *Wattebausches* vergleichen kann (s. auch 8.2.2), ist dies dagegen nicht möglich, denn hier wären für die Kristallisation gleich drei, mehr oder weniger unabhängig voneinander ablaufender Vorgänge erforderlich: 1. die *Entwirrung der Molekülfäden* zu sich gegenseitig nicht mehr behindernden Einzelmolekülen, 2. ihre *Streckung* zu der im Fadengitter allein möglichen linearen Gestalt, und erst 3. ihre *Verdrehung* in die für die Faserstruktur charakteristische parallele Lage. Ein geschmolzener (oder auch gelöster) makromolekularer Stoff wird daher niemals von selbst zum Faserstoff erstarren.

Die Natur überwindet diese Schwieirgkeit in den meisten Fällen dadurch, daß sie die Fadenmoleküle von vornherein in der für das Fadengitter charakteristischen Parallellage synthetisiert, so daß sie nachträglich nicht mehr geordnet zu werden brauchen. Bei der Herstellung von Kunstfasern aus bereits fertigen, noch ungeordneten Molekülen benötigt man dagegen einen kleinen Trick, um die Moleküle so weit vorordnen zu können, daß das nachträgliche Einrasten in das Kristallgitter von selbst erfolgt. Es ist dies eine *Streckung* des zunächst noch weichen und plastischen, im wesentlichen amorphen Primärfadens auf das Mehrfache seiner Länge. Ähnlich wie die Baumwollfasern des oben zum Vergleich herangezogenen Wattebausches sich bei jeder Verzerrung zunächst weitgehend parallel lagern, ehe sie aneinander vorbeigleiten, tun dies auch die ineinander verschlungenen Fadenmoleküle des Primärfadens bei der Streckung zu den eigentlichen Kunststoff-Fasern. Der erzielte Orientierungsgrad hängt weitgehend von den Gitterkräften der entstehenden Kristalle ab. Z. B. bilden die Polyamidmoleküle der *Nylonfasern* infolge der relativ stark assoziierenden Säureamidgruppen bei der Streckung eine ziemlich fehlerfreie Fadenstruktur aus.

Selbst die belebte Natur macht von diesem Streckungsprinzip in einigen Fällen Gebrauch. So liegt etwa der Spinnstoff der Seidenraupen in den Spinndrüsen zunächst amorph in weicher und plastischer Form vor, sonst könnte er überhaupt nicht in Form eines feinen Fadens aus der Drüse austreten. Er erstarrt erst nach der im Verlauf des Spinnens erfolgten Streckung des Fadens zum gut kristallisierten, sehr reißfesten eigentlichen *Seidenfaden*. Im Gegensatz zu ursprünglichen Vorstellungen findet also bei der Erhärtung des Seidenfadens weder ein chemischer Prozeß noch eine wesentliche Verdunstung von Wasser (als des die Plastizität verursachenden „Weichmachers") statt, sondern es handelt sich in der Hauptsache nur um einen *Kristallisationsvorgang*.

Bei der Herstellung von *Zellulosekunstfasern* reicht die Streckung meistens nur zur Parallellagerung von kleineren Abschnitten der Molekülfäden aus, und es bleiben, wie in Abb. 8.4 b schematisch angedeutet, einige Molekülverschlingungen als Störstellen erhalten. Hierin ist die Hauptursache dafür zu suchen, daß es bisher nicht gelungen ist, *künstliche Zellulosefasern* mit den gleichen hervorragenden Festigkeitseigenschaften herzustellen, wie man sie bei den fehlerfrei kristallisierten *natürlichen Zellulosefasern* beobachtet. Besonders die Naßfestigkeit der Zellulosekunstfasern läßt häufig zu wünschen übrig, weil an den Störstellen leicht Quellungswasser aufgenommen wird.

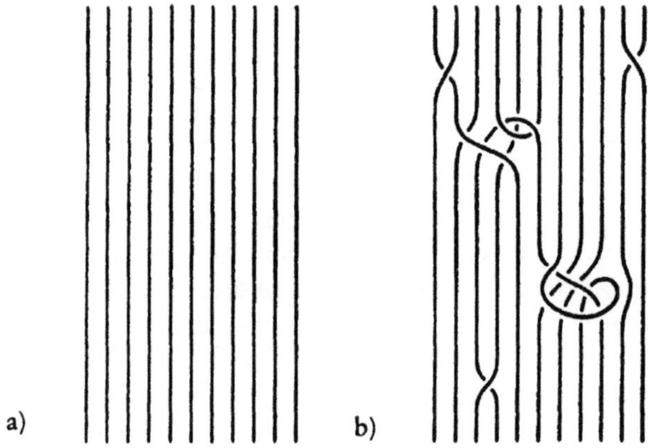

Abb. 8.4 Vergleich der Anordnung der Zellulosemoleküle,
a) bei idealer Faserstruktur in den Naturfasern,
b) bei einer nur teilweisen Parallellagerung in den Kunstfasern.

8.2.2 Der amorphe Zustand

Wie schon angedeutet kann man die Gestalt und gegenseitige Lage der Fadenmoleküle in einer amorphen makromolekularen Substanz treffend mit dem makroskopischen Bild eines Wattebausches vergleichen, d. h. die infolge weitgehender Verbiegung vollkommen unregelmäßig geformeten Moleküle sind zu einem wirren *Fadenknäuel* ineinander verschlungen. Dieser bei niedermolekularen Stoffen wegen der Kürze der Moleküle noch nicht realisierbare Substanzaufbau stellt einen von der kristallinen Faserstruktur stark abweichenden *neuen Aggregatzustand* der makromolekularen Materie dar. Er bildet sich immer dann aus, wenn die betreffende Substanz ohne besondere Vorsichtsmaßnahmen in den festen Zustand überführt wird, z. B. bei der Herstellung von *Filmen* durch Eindunsten der Lösungen der makromolekularen Verbindungen.

Die *mechanischen Eigensschaften* der amorphen makromolekularen Stoffe ergeben sich ebenfalls zwanglos aus ihrem Bauprinzip. Als Folge der völligen Unordnung der Fadenmoleküle sowohl hinsichtlich ihrer räumlichen Lage als auch hinsichtlich ihrer Gestalt treten in keiner Richtung bevorzugte Kräfte zwischen den Bauelementen eines Films auf, so daß die mechanische Festigkeit in allen drei Dimensionen des Raumes exakt die gleiche ist. Weiterhin gleiten die nicht in ein Kristallgitter eingebauten Molekülfäden relativ leicht aneinander vorbei. Die Filme sind daher wenig formbeständig und erleiden bereits bei geringer mechanischer Beanspruchung Verzerrungen, ohne jedoch gleich zu Zerreißen. M. a.W. sie sind typisch *zäh* und *geschmeidig*. Bei stärkerer Verzerrung tritt vor dem Zerreißen sogar eine gewisse Verfestigung ein, denn die Fadenmoleküle lagern sich bei der Verzerrung mehr oder weniger parallel und bilden dabei bis zu einem gewissen Grade die besonders reißfeste Faserstruktur aus, wovon, wie oben bereits erwähnt, bei der Herstellung von Kunstfasern auch praktischer Gebrauch gemacht wird.

Das Aneinandervorbeigleiten der Molekülfäden wird naturgemäß durch *Temperaturerhöhung* erleichtert. Jedoch erfolgt die Zunahme der Beweglichkeit der Moleküle – im Gegesatz zu den ebenfalls mit einer Beweglichkeitserhöhung verbundenen Schmelzen eines Kristalls – nicht plötzlich bei einem exakt definierten „Schmelzpunkt", sondern geht nur allmählich innerhalb eines breiten Temperaturintervalls vor sich. Hierbei werden im allgemeinen die folgenden drei charakteristischen Zustandsformen durchlaufen:

1. Bei tiefer Temperatur (z.B. beim Eintauchen in flüssige Luft) friert jede Beweglichkeit der Moleküle vollkommen ein, und die

Substanz erstarrt zu einer *glasartigen Masse*, die ähnlich spröde ist wie die Silikatgesteine und mühelos pulverisiert werden kann.

2. Bei mittleren Temperaturen verliert sich die Sprödigkeit, und man beobachtet den oben beschriebenen Zustand eines leicht deformierbaren *zäh-geschmeidigen Festkörpers*.

3. Bei nochmaliger Temperaturerhöhung verschwindet der Charakter eines Festkörpers schließlich weitgehend, und es resultiert eine *plastische Masse*, die auch der geringsten auf sie einwirkenden Kraft schon durch eine Verformung ausweicht. Dieser plastische Zustand entspricht in einigen Punkten bereits der Schmelze der niedermolekularen Stoffe, jedoch kann man meistens noch nicht von einer eigentlichen *Flüssigkeit* sprechen.

Die Übergangsbereiche zwischen diesen drei Zustandsformen variieren von Stoff zu Stoff und können, wie in 8.3.2 und 8.4.2 gezeigt wird, durch Quellung und Vernetzung in beiden Richtungen innerhalb gewisser Grenzen verschoben werden. Da der plastische Zustand in allen praktisch wichtigen Fällen durch Temperaturerhöhung hergestellt werden kann, nennt man Substanzen dieses Aufbauprinzips *thermoplastische Stoffe*.

8.2.3 Der hochelastische Zustand

Ein letzter Aggregatzustand der amorphen makromolekularen Materie, der allerdings nicht mehr bei allen Substanzen verwirklicht werden kann, liegt in der kautschukartigen *Hochelastizität* vor. Ursprünglich glaubte man, diese elastischen Eigenschaften auf den besonderen chemischen Charakter des Kautschukmoleküls zurückführen zu können, doch stellte es sich bald heraus, daß es mehrere Arten von organischen und auch anorganischen Stoffen gibt (von letzteren z. B. das in 8.1 erwähnte Polyphosphornitrildichlorid und den elastischen Schwefel), die trotz unterschiedlicher Zusammensetzung in gleicher Weise hochelastisch sind. Danach stellt die Hochelastizität tatsächlich nur einen physikalisch bedingten *weiteren Aggregatzustand* der thermoplastischen Stoffe dar.

Zum Verständnis des Zusammenkmmens der Hochelastizität muß man sich den zweiten Hauptsatz der Wärmelehre ins Gedächtnis zurückrufen. Dieser besagt in kurzen Worten: Jedes System ist bestrebt, in den wahrscheinlichsten Zustand *größtmöglicher Unord-*

nung überzugehen. Dieses Bestreben ist so groß, daß der Übergang eines geordneten in den ungeordneten Zustand mit der Abgabe einer *Nutzarbeit* verbunden werden kann, bzw. umgekehrt ein gewisser Arbeitsaufwand erforderlich ist, um in ein völlig ungeordnetes System wieder eine gewisse, an sich unwahrscheinliche Ordnung hineinzubringen.

Im Falle der Hochelastizität ist es die *Molekülgestalt*, die bei der Dehnung der elastischen Substanz verändert wird. An sich können die ineinander verschlungenen Fadenmoleküle der kautschukelastischen Stoffe unendlich viele Gestalten annehmen, aber von diesen zahlreichen möglichen haben einige eine größere und andere eine kleinere Bildungswahrscheinlichkeit. Auf Grund statistischer Überlegungen läßt sich berechnen, daß diese Bildungswahrscheinlichkeit für ein der Kugelform nahestehendes, etwa *bohnenförmiges Molekülknäuel* mit dem ungefähren Achsenverhältnis 1:1, 6:2,7 ein Maximum erreicht. Alle abweichende Molekülgestalten sind unwahrscheinlicher und haben bei den als Folge von Molekülzusammenstößen stattfindenden Formveränderungen die Tendenz, in diese wahrscheinlichste Molekülgestalt überzugehen. Nimmt man weiterhin an, daß die gegenseitige Beweglichkeit der Molekülfäden relativ eng begrenzt ist – sonst wäre der Kautschuk ja plastisch und nicht elastisch – so hat die Dehnung eines Kautschukgegenstandes in einer Richtung zwangsläufig zur Folge, daß sich die ineinander verschlungenen Molekülknäuel nicht entwirren können und deswegen jedes einzelne Molekül mitsamt seiner Umgebung eine geometrisch ähnliche Änderung seiner Gestalt erfährt wie der makroskopische Kautschukgegenstand. Z. B würde das in Abb. 8.5 a abgebildete Molekül bei einer Dehnung des Kautschuks auf die doppelte Länge etwa die in Abb. 8.5 b gezeigte stark gestreckte (und aus diesem Grunde wesentlich unwahrscheinlichere) Gestalt annehmen. Die Rückbildungstendenz der wahrscheinlicheren ursprünglichen Form aller in dem gedehnten Kautschukstück enthaltenen Fadenmoleküle kommt in der der Dehnung entgegengesetzt gerichteten *elastischen Federkraft* zum Ausdruck, die bei der Kontraktion über die Dehnungsstrecke hinweg die oben erwähnte Nutzarbeit leistet.

8.3 Makromolekulare Substanzen und Lösungsmittel

Auch bei der Einwirkung von Lösungsmitteln zeigen die makromolekularen Substanzen ein wesentlich komplizierteres Verhalten als

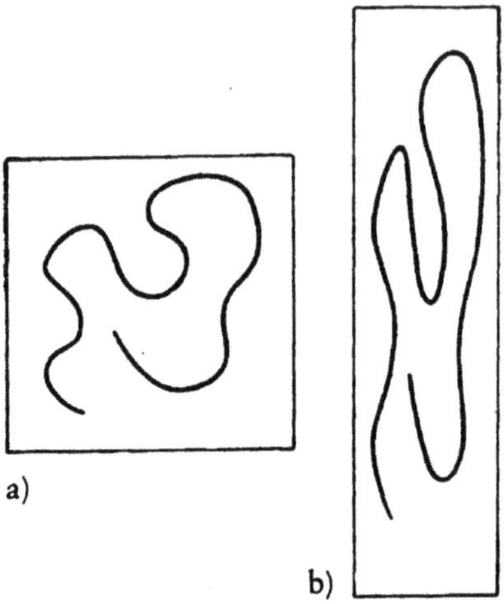

Abb. 8.5 Schema der Verzerrung des in a) schematisch wiedergegebenen Molekülknäuels bei Dehnung auf die doppelte Länge b).

die Stoffe kleinerer Molekülgröße. Von besonderem Interesse sind vor allem die *kolloidale Natur* ihrer Lösungen und die völlig neuartigen *Quellungserscheinungen*.

8.3.1 Die kolloiden Lösungen

Wie schon in 8.1 erwähnt gehen die Fadenmoleküle makromolekularer Verbindungen wie die kleinen Moleküle der niedermolekularen Substanzen einzeln in Lösung. Trotzdem zeigen diese Lösungen ein weitgehend neuartiges Verhalten, auf Grund dessen sie unter dem Begriff der *kolloiden Lösungen* von den normalen Lösungen der niedermolekularen Stoffe abgegrenzt werden. Auch dieser kolloide Charakter der Lösungen ist, unabhängig vom chemischen Aufbau der jeweiligen Substanzen, ausschließlich physikalisch bedingt und kann ohne Schwierigkeit auf die besondere Natur der Fadenmoleküle zurückgeführt werden.

Die auffallendeste Eigenschaft aller kolloiden Lösungen ist ihre relativ hohe *Viskosität*[35], die die des reinen Lösungsmittels und auch die

[35] Viskosität ist ein Ausdruck für die *Zähflüssigkeit* einer flüssigen Substanz und der Beweglichkeit der betreffenden Flüssigkeit umgekehrt proportional. Z. B. besitzt der bereits recht schwer bewegliche *Honig* eine hohe Viskosität.

gleichkonzentrieter Lösungen niedermolekularer Substanzen im gleichen Solvens stets merklich übertrifft. Sie hängt in hohem Maß von der Länge des Fadenmoleküls ab, so daß sie direkt zur *Molekulargewichtsbestimmung* herangezogen werden kann. Wie kommt diese Viskositätserhöhung zustande?

Nach einem von A. Einstein aufgestelltem Viskositätsgesetz ist die Viskosität einer fein verteilten Suspension fester (bzw. Emulsion flüssiger) Teilchen in einer Flüssigkeit, wie etwa der *Milch*, nur abhängig vom Gesamtvolumen aller aufgeschlemmten Partikelchen und damit unabhängig davon, ob bloß relativ wenige große oder viele kleine Teilchen im Solvens suspendiert sind. Danach sollte die Viskosität der molekular gelösten makromolekularen Stoffe unabhängig von der jeweiligen Molekülgröße sein.

Die Nichterfüllung dieser Erwartung ist eine Folge der *Verknäuelung der Fadenmoleküle*. Diese nehmen nämlich auch in Lösung die in 8.2.3 beschriebene wahrscheinlichste Gestalt eines kugelähnlichen Gebildes an, nur daß hier die Hohlräume zwischen den verschlungenen Molekülteilen mit Lösungsmittelmolekülen angefüllt sind. Im Innern dieser Fadenmolekül-Lösungsmittel-Konglomerate, die man als *Gelmoleküle* oder *Gelknäuel* bezeichnet, ist in leicht ersichtlicher Weise die Beweglichkeit der Flüssigkeitsmoleküle stark herabgesetzt. Sie wirken infolgedessen nach außen als kinetische Einheit, so daß man der Berechnung der Viskosität nicht mehr das eigentliche Molekülvolumen, sondern das gesamte *Volumen der Gelmoleküle* zugrundelegen muß. Dieses Gelmolekülvolumen wächst nun in der Tat annähernd proportional dem Quadrat der Länge der Fadenmoleküle an und erklärt damit befriedigend die beobachtete Viskositätszunahme mit wachsender Moleküllänge.

Das Gelmolekülvolumen erreicht bei unverzweigten Fadenmolekülen bereits bei Molekulargewichten um 100 000 das hundertfache des Molekülvolumens. Das bedeutet aber, daß bei Stoffen dieser Molekülgröße formal bei 1-proz. Lösungen das gesamte Lösungsmittel im Innern von Gelmolekülen festgelegt ist. Nur bis maximal zu dieser immer noch recht niedrigen Konzentration – bei den zuweilen auch beobachteten Molekulargewichten von 1 Million sogar nur bis zu 0,1-proz. Lösungen! – besteht somit überhaupt die Möglichkeit, daß die Moleküle einzeln und unabhängig voneinander in

Lösung vorliegen. Derartige Lösungen werden *Sol-Lösungen* genannt.

Viel interssanter, wenn auch theoretisch schwerer zu deuten, sind die konzentrierteren *Gel-Lösungen*, die sich stets durch eine verhältnismäßig hohe Viskosität auszeichnen. Als praktisch wichtige derartige Gel-Lösungen seien angeführt die tierischen und synthetischen Leime, die zum Verkleben von Kautschukwaren dienenden benzolischen *Gummilösungen* sowie die in der Kälte zu *Gelen* (oder *Gallerten*) erstarrenden wäßrigen *Gelatine-* (Aspik) und *Pektinlösungen* (Fruchtgelee). Wie Abb. 8.6 zeigt, können bei höherer Konzentration die Gelmoleküle nicht mehr unabhängig voneinander existieren, sondern verfilzen zu einem unentwirrbaren Molekülkonglomerat, das die ganze Phase durchzieht und bis zu einem gewissen Grade als Ganzes betrachtet werden muß.

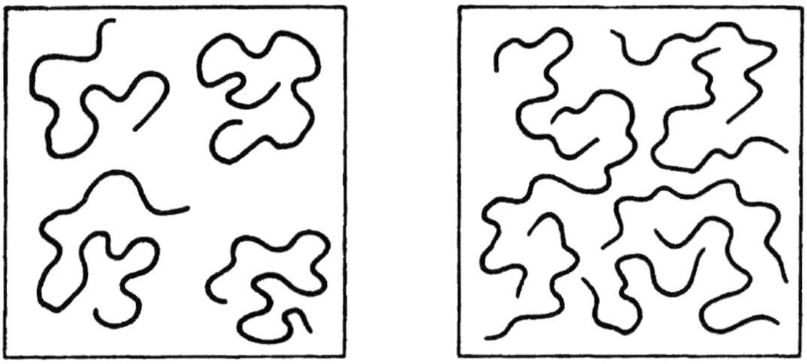

a) b)

Abb. 8.6 Aufbauschema. a) einer Sol-Lösung aus voneinander unabhängigen Fadenmolekülen
b) einer Gel-Lösung aus einem Konglomerat höherer Ordnung von ineinander verfilzten Fadenmolekülen

Die *Verfilzung der Molekülfäden* hat bei den konzentrierteren Gel-Lösungen außer der bereits erwähnten starken Viskositätserhöhung auch eine Reihe weiterer, bei den Lösungen niedermolekularer Substanzen noch nicht beobachteter Eigenschaftsänderungen zur Folge. Von ihnen ist am interessantesten die Bildung von *Gelen*. Sie besteht darin, daß die bei höheren Temperaturen noch flüssigen Gel-Lösungen gewisser Substanzen beim Abkühlen unter eine ziemlich scharf bestimmbare, jedoch von der jeweiligen Konzentration abhängige

Temperatur zu einem echten, wenn auch sehr weichen Festkörper, eben dem *Gel*, erstarren. Die Erscheinung ist in keiner Weise mit dem nur allmählichen Erhärten eines thermoplastischen Stoffs beim Abkühlen zu vergleichen, sondern entspricht eher den ebenfalls bei einer exakt definierten Temperatur erfolgenden Bildung eines Festkörpers aus einer Schmelze.

Auch die bei beiden Vorgängen wirksamen Kräfte sind bis zu einem gewissen Grade die gleichen. Die Bildung von Gelen wird nur bei Substanzen beobachtet, deren Fadenmoleküle Atomgruppen enthalten, die besonders starke, auch in wäßriger Lösung beständige Wasserstoffbrücken auszubilden bestrebt sind, wie etwa *Carboxyl-* (-COOH) oder auch *Carbonestergruppen* (-COO-CH_3). Über diese Gruppen werden die sonst nur verschlungenen Fadenmoleküle der Gel-Lösung in ähnlicher Weise durch Wasserstoffbrücken zu einem formstabilen Gebilde höherer Ordnung zusammengeschweißt, wie die Wassermoleküle bei der Kristallisation des Eises. Nur ist die Zahl der Verknüpfungsstellen pro Volumeneinheit in einem Gel wesentlich niedriger als im Eiskristall, was die geringe mechanische Festigkeit der Gele sofort verständlich macht.

Als weitere interessante Eigenschaften der Gellösungen (und auch der Gele) müssen schließlich noch die Thixotropie und der entgegengesetzte Effekt, die Rheopexie, erwähnt werden. Unter *Thixotropie* versteht man die Erscheinung, daß eine stark viskose Gel-Lösung bei mechanischer Beanspruchung dünnflüssiger wird. Z. B. können die bereits zu Gelen erstarrten Lösungen einiger Kunststoffe schon durch Schütteln wieder verflüssigt werden. Die viele selteneren *rheopexen* Gel-Lösungen werden bei mechanischer Beanspruchung zähflüssiger und verfestigen sich u. U. sogar zu einem Gel. Beide Effekte sind für die Anwendung von Kunststoffen zuweilen von entscheidender Bedeutung. So eignen sich etwa thixotrope Stoffe gut zu *Anstrichfarben*, weil ihre Lösungen unter dem Pinselstrich dünnflüssiger werden und sich nach dem Auftragen sofort wieder verfestigen. Dagegen sind sie schlechte *Klebstoffe*, weil sie bei mechanischer Beanspruchung an Festigkeit verlieren. Umgekehrt sind rheopexe Stoffe *gute Klebemittel* aber *schlechte Anstrichfarbstoffe*, letzteres weil ihre Lösungen schon unter dem Pinselstrich erstarren.

8.3.2 Die Quellung

Unter *Quellung* versteht man eine spezielle Lösungserscheinung. Während sich normalerweise feste Substanzen in einer Flüssigkeit auflösen, d. h. homogen in Form von Einzelmolekülen in ihr verteilen, ist es bei der Quellung umgekehrt eine Flüssigkeit, die sich in Form von Einzelmolekülen homogen in einem Festkörper verteilt.

Es ist leicht einzusehen, daß nur makromolekulare Festkörper zur Aufnahme eines Quellungsmittels befähigt sind, denn der gequollene Gegenstand ist ja noch fest, und das bedeutet, daß seine Moleküle trotz der Einschiebung von Lösungsmittelmolekülen noch einen gewissen Zusammenhalt bewahrt haben. Das ist aber nur bei Makromolekülen möglich, die zumindest in einer Dimension eine wesentlich größere Ausdehnung aufweisen als die Lösungsmittelmoleküle. Nur Makromoleküle können infolgedessen, wie Abb. 8.7 schematisch angedeutet ist, mit gewissen Molekülteilen noch unverändert nebeneinander liegen, während andere Molekülteile bereits durch die Lösungsmittelmoleküle auseinandergedrängt und solvatisiert worden sind.

Wie wirkt sich nun eine derartige Quellung auf die Eigenschaften der makromolekularen Substanz aus?

Das erste in die Augen fallende Merkmal ist die mit dem Einbau des Quellungsmittels unvermeidbar verbundene *Volumenvermehrung*. Sie erfolgt in Abhängigkeit vom Aufbau des Festkörpers verschiedenartig, so daß wir zwischen den folgenden vier Möglichkeiten unterscheiden müssen:

1. In den dreidimensionalen *Atomgittern* ist die Atomverflechtung so eng, daß, wie schon in 7.1.3 erwähnt, nicht einmal Edelgasatome, geschweige denn mehratomige Lösungsmittelmoleküle, in das Gitter eingebaut werden können. Substanzen dieser Art sind aus diesem Grunde *nicht mehr quellbar* und damit in Gegenwart beliebiger Flüssigkeiten absolut form- und volumbeständig.

2. Bei den in *Schichtengittern* kristallisierenden Substanzen besteht dagegen die Möglichkeit des Einbaus der Lösungsmittelmoleküle zwischen die Blattmoleküle, wofür wir in den Tonen und Lehmen bereits ein Beispiel kennengelernt haben (s. 7.3.2). Hier erfolgt die Volumenvermehrung nur in der *einen Dimension* senkrecht zu den

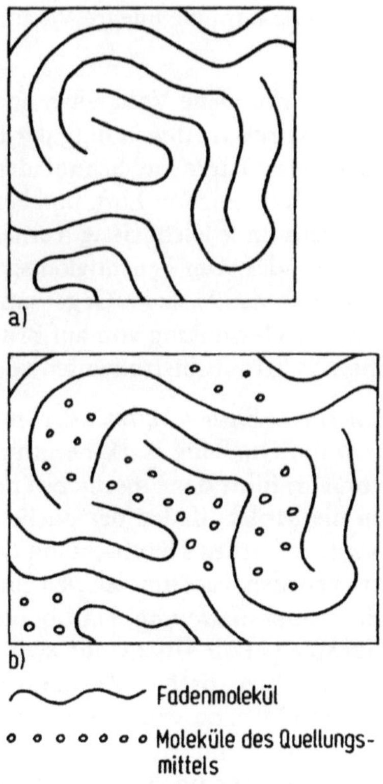

Abb. 8.7 Vergleich der Molekülanordnung in einem amorphen makromolekularen Festkörper a) vor und b) nach Aufnahme von ca. 30 Vol- % eines Quellungsmittels.

Molekülebenen. Parallel zu den Blattmolekülen werden die Kristalldimensionen dagegen wie bei den Atomgittern nicht verändert.

3. Die in *Fadengittern* kristallisierende Faserstoffe quellen bereits in *zwei Dimensionen*, und zwar senkrecht zur Faserachse. Die Fasern werden infolgedessen bei der Quellung gleichmäßig dicker. In der Faserrichtung bleiben sie jedoch ebenfalls streng maßhaltig.

4. Erst bei den *amorphen*, aus Fadenmolekülen aufgebauten Stoffen erfolgt die Quellung in allen *drei Dimensionen* des Raumes gleichmäßig, so daß der quellende Körper unter Erhaltung sämtli-

cher Abstandsverhältnisse nur eine lineare Veränderung seiner Abmessungen erfährt.

Die mit der Quellung verbundene Volumenvermehrung wirkt sich oft störend bei der praktischen Anwendung der betreffenden Substanzen aus. Z. B. klemmen Türen und Schubladen von Möbeln aus nicht furniertem Holz oft in feuchter Luft, und bei extremer Trocknung werden Holzgegenstände leicht rissig. Ferner ist diese Abhängigkeit des Quellungsgrades vom Feuchtigkeitsgehalt der Luft die Hauptursache dafür, daß man Holz im Gegensatz zu den Metallen niemals als Material zur Herstellung von auf Bruchteile von Millimetern maßgerechten Präzisionsinstrumenten verwenden kann.

Auch die *mechanischen Eigenschaften* der makromolekularen Stoffe werden durch die Quellung stark beeinflußt. Wie ebenfalls aus Abb. 8.7 hervorgeht, führt das Einschieben der Lösungsmittelmoleküle zwischen die Molekülfäden der quellenden Substanz zu einer mehr oder weniger starken Herabsetzung der Zahl der Assoziationsstellen zwischen den Fadenmolekülen und damit zu einer u. U. starken *Festigkeitsverminderung*. Darüber hinaus erfolgen in den gequollenen Substanzen die Übergänge zwischen den in 8.2.2 beschriebenen drei charakteristischen Zustandsformen der amorphen makromolekularen Materie jeweils bereits bei tieferen Temperaturen. Man kann es daher ohne Schwierigkeit erreichen, daß ein an sich bei Zimmertemperatur noch zu spröder Kunststoff durch Zusatz eines Quellungsmittels in den *geschmeidigen Zustand* übergeführt wird und dadurch an Gebrauchswert gewinnt. In der Praxis verwendet man zur Vermeidung von Verdunstungsverlusten möglichst hochsiedende und tiefschmelzende Quellungsmittel zu diesem Zweck, die allgemein *Weichmacher* genannt werden. Z. B. ist das bei 290 ° siedenden *Glycerin* ein guter Weichmacher für die ohne Zusatz viel zu spröde und brüchige *Zellophanfolie*.

Mit zunehmender Quellung wird der Zusammenhalt der Molekülfäden immer geringer, bis diese sich schließlich vollständig voneinander lösen und einzeln vom Quellungsmittel solvatisiert werden, d. h. der feste Quellungs- in den flüssigen *Lösungszustand* übergeht. Im Gegensatz zu den niedermolekularen Verbindungen durchschreiten die makromolekularen Stoffe also bei der Auflösung mehrere deutlich gegeneinander abgegrenzte Zwischenstufen:

lösungsmittelfreier Festkörper ⟶ gequollener Festkörper ⟶ Gel-Lösung ⟶ Sol-Lösung

Der Zustand der flüssigen Lösung wird jedoch nicht immer erreicht, weil die Lösungsmittelmoleküle häufig die ineinander verfilzten Fadenmoleküle nicht über einen gewissen maximalen Quellungsgrad hinaus auseinanderdrängen können. In diesem Fall spricht man von einer *begrenzten Quellung*. Beispielsweise zeigen Holz und auch tierische Häute in Wasser nur eine begrenzte Quellung. Eine der möglichen Ursachen für eine derartige Quellungsbegrenzung werden wir in 8.4.2 in der *Vernetzung* kennenlernen.

8.4 Makromoleküle abweichender Gestalt

Bisher hatten wir uns ausschließlich mit streng linearen unverzweigten Fadenmolekülen beschäftigt. Daneben gibt es aber auch gewisse Abarten der Makromoleküle 1. Ordnung, die mit dem Auftreten neuartiger Substanzeigenschaften verbunden sind. Von ihnen interessieren uns vor allem die Möglichkeiten der *Verzweigung* und der *Vernetzung* von Fadenmolekülen.

8.4.1 Der Einfluß von Molekülverzweigungen

Grundsätzlich besteht für alle organischen Kettenmoleküle die Möglichkeit der *Kettenverzweigung*. Hierzu ist es nur erforderlich, daß man einen oder mehrere der einwertigen Liganden der Kettenkohlenstoffatome, die deren überschüssige Valenzen im Sinne der Ausführungen in 8.1 absättigen, durch längere Atomgruppen ersetzt, die allgemein als *Seitenketten* bezeichnet werden. Von einem verzweigten Fadenmolekül im engeren Sinne spricht man jedoch nur dann, wenn das andere Ende der Seitenkette *frei* ist und nicht etwa eine Brücke zu einem zweiten Fadenmolekül schlägt, denn in diesem Fall hätte man es bereits mit der in 8.4.2 beschriebenen Vernetzung zu tun.

In Abb. 8.8 ist die (schematische) Gestalt eines stark verzweigten Fadenmoleküls (a) der eines unverzweigten Fadenmoleküls (b) ähnlicher Molekülgröße gegenübergestellt. Danach ist die Kettenverzweigung nicht nur mit einer starken Verkürzung der (in Abb. 8.8. a stark ausgezogenen) längsten unverzweigten Kette innerhalb des Moleküls verbunden, sondern die einzelnen Molekülteile können sich wegen der engeren Atomverknüpfungen viel weniger weit voneinander entfernen als die entsprechenden Teile eines unverzweigten Moleküls. Beide Effekte wirken sich dahingehend aus, daß bei der Bildung eines Gelmoleküls von den verzweigten Molekülen viel weniger Lösungsmittelmoleküle aufgenommen werden als von den unverzweigten Molekülen gleicher Größe. Die Lösungen der stark verzweigten Kettenmoleküle der *Stärke* und des *Glykogens* sind aus diesem Grunde viel weniger viskos als gleichkonzentrierte Lösungen der chemisch sehr ähnlichen, aber aus unverzweigten Molekülen aufgebauten *Zellulose*.

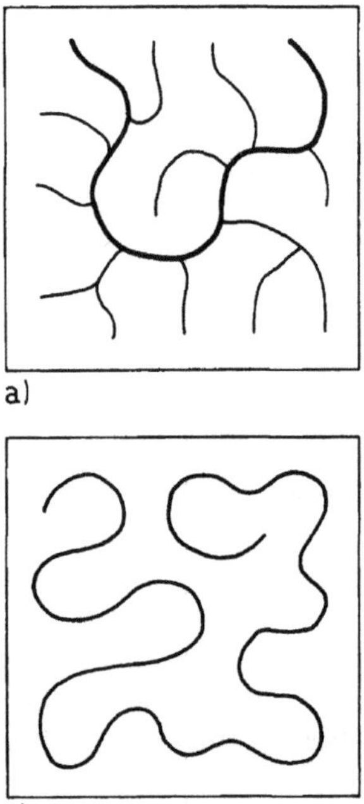

a) b)

Abb. 8.8 Vergleich der Molekülgestalten von a) einem stark verzweigten Fadenmolekül
b) einem unverzweigten Fadenmolekül etwa gleicher Größe

Darüber hinaus verfilzen verzweigte Moleküle mit ihren zahlreichen relativ kurzen Molekülarmen in viel geringerem Grad zu einem Konglomerat höherer Ordnung als unverzweigte Moleküle und bleiben auch in konzentrierteren Gel-Lösungen weitgehend selbstständig. Infolgedessen bilden nur die unverzweigten Moleküle der *Zellulose* und ihrer Derivate mechanisch feste Filme und Fasern, die stark verzweigten Moleküle von *Stärke* und *Glykogen* dagegen bloß mehr oder weniger bröckelige oder auch klebrige Massen.

8.4.2. Die Vernetzung

Sind die Enden der Seitenketten nicht frei, sondern ihrerseits ebenfalls mit Fadenmolekülen verbunden, so liegen aus mehreren Fadenmolekülen aufgebaute Makromoleküle vor, und man spricht von einer *Vernetzung*. Bei einer genügenden Anzahl von derartigen Vernetzungsstellen – minimal bei n-1 Vernetzungsstellen für n Fadenmoleküle – werden sämtliche Fadenmoleküle eines Materiestückes zu einem einzigen riesigen *Makromolekül dritter Ordnung* zusammengeschlossen, das die gesamte jeweilige Phase durchzieht. Das bekannteste Beispiel für einen derartigen vernetzten Stoff ist der *vulkanisierte Kautschuk*, bei dessen Bildung die zunächst rein linearen Kautschukmoleküle durch Zwischenschaltung von aus zwei *Schwefelatomen* bestehende S-S-Brücken miteinander vernetzt werden.

Die Eigenschaften der Substanzen mit vernetzten Fadenmolekülen hängt in starkem Ausmaß vom *Vernetzungsgrad* ab, d. h. von der Zahl der Vernetzungsbrücken pro Volumeneinheit. Obgleich sich die Substanzeigenschaften mit zunehmender Vernetzung nur stetig ändern, so daß man keine scharfen Grenzen ziehen kann, muß man daher die schwach und die stark vernetzten Stoffe getrennt betrachten, denn zwischen ihnen bestehen bereits einige grundsätzliche Unterschiede. In Abb. 8.9 sind die Aufbauschemata der Verbindungen mit unvernetzten (a), schwach vernetzten (b) und stark vernetzten (c) Fadenmolekülen einander gegenübergestellt.

Danach werden bereits bei einer sehr geringfügigen Vernetzung sämtlicher Fadenmoleküle zu einem einzigen Riesenmolekül höherer Ordnung vereinigt, und es erhebt sich die Frage, ob man diese Riesenmolekül noch als *Spezialfall der Fadenmoleküle* betrachten soll, oder ob es schon mit den Atomgittern der Gesteine zusammen zu den *dreidimensionalen Makromolekülen* gerechnet werden muß.

Bei den schwach vernetzten Stoffen hat man sich für die erste Möglichkeit entschieden, weil sie im wesentlichen immer noch aus fadenförmigen Molekülteilen bestehen, die, abgesehen von den wenigen Vernetzungsstellen, von zwei Dimensionen her zugänglich sind und

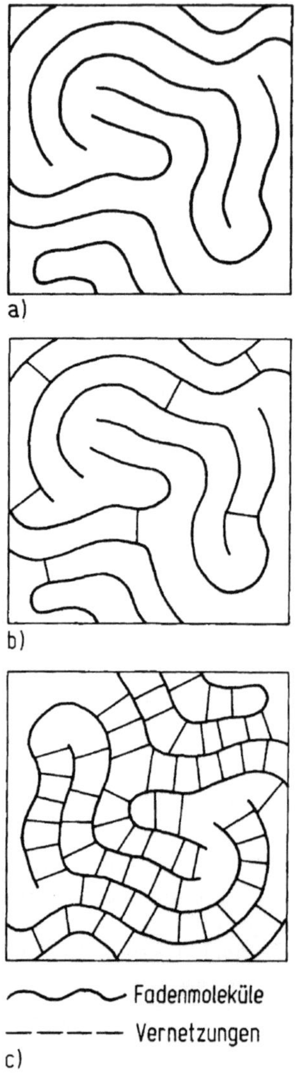

Abb. 8.9 Vergleich des Aufbaus von makromolekularen Substanzen aus:
a) nicht vernetzten Fadenmolekülen
b) schwach vernetzten Fadenmolekülen
c) eng vernetzten Fadenmolekülen

infolgedessen Lösungsmittel unter *Quellung* aufnehmen sowie *chemisch umgesetzt* werden können. Ferner bleibt auch die gegenseitige Beweglichkeit der Molekülteile noch weitgehend erhalten. Man kann hier daher ebenfalls zwischen einem *glasigen*, einem *hochelastischen* und einem *plastischen Zustand* unterscheiden. Nur werden die Übergangstemperaturen zwischen diesen Zuständen durch die Vernertzung heraufgesetzt, und auch die mechanische Festigkeit nimmt zu.

In summa hat man somit in der *Quellung* und in der *Vernetzung* zwei entgegengesetzte Möglichkeiten, den Gebrauchswert eines Werkstoffs zu beeinflussen. Ist das Material zu hart und zu spröde, setzt man durch Beimengung eines *Weichmachers* den für den gewünschten geschmeidigen Zustand günstigsten Temperaturbereich herab. Ist er dagegen zu weich, wie etwa der schon dicht oberhalb 30 °C in den plastischen Zustand übergehende nicht vulkanisierte Kautschuk, so setzt man die Übergangstemperaturen zwischen den verschiedenen Zuständen durch *Vernetzung* (im Falle des Kautschuks z. B. durch *Vulkanisieren*) hinauf.

Nur in einem Punkt weichen auch die schwach vernetzten Stoffe schon grundsätzlich von den nicht vernetzten Verbindungen ab: Die Quellung kann nicht mehr bis zur Lösung fortgeführt werden, weil jeweils das ganze makroskopische Materiestück aus nur einem einzigen Molekül besteht (im Idealfall wenigstens), sich ohne Zerstörung kovalenter Bindungen also nicht in Form einzelner kleiner Partikelchen in einem Lösungsmittel verteilen kann. Die Quellung ist deswegen auch bei schwachem Vernetzungsgrad stets begrenzt. Z. B. verliert der Kautschuk aus diesem Grunde auch bei *schwacher Vulkanisation*, die seine Elastizität noch nicht vermindert, seine *Löslichkeit in Benzol vollkommen.*

In welch hohem Ausmaß ein schwach vernetztes Riesenmolekül bei der begrenzten Quellung aufgebläht werden kann, sei in Abb. 8.10 am Beispiel eines *Polystyrols* gezeigt, in dem nur von jedem 300. (!) Styrolbaustein eine Vernetzungsbrücke ausgeht. Das Volumen steigt hier bei der Quellung in Benzol bis auf etwa das Fünfzigfache (!) an, und trotzdem vermag der nur noch 2% betragende Gewichtsanteil des Polystyrols dem geschwollenen Körper den Charakter eines, allerdings sehr weichen und leicht zerstörbaren Festkörpers zu verleihen.

Gänzlich anders liegen die Verhältnisse dagegen bei den in Abb. 8.9. c schematisch wiedergegebenen *eng vernetzten Makromolekülen*. Mit zunehmender Vernetzung geht die Quellbarkeit zunächst stetig zurück, bis schließlich die Maschen des Molekülnetzes

Abb. 8.10 Maximale Quellung des links abgebildeten schwach vernetzten Polystyrolkörpers in Benzol (nach H. Staudinger)

kleiner werden als die Moleküle des Lösungsmittels. Spätestens von diesem Punkt ab wird die in 8.1 beschriebene Grenze zwischen den nur äußerlich benetzbaren und den auch im Molekülinnern solvatisierbaren sowie chemisch umsetzbaren makromolekularen Substanzen überschritten. Damit tritt aber eine weitgehende Veränderung der Substanzeigenschaften ein, so daß man von einer *neuartigen Klasse makromolekularer Verbindungen* sprechen muß. Hier hat es keinen Sinn mehr, die Moleküle im Sinne der obigen Fragestellung als eine Art der Kettenmoleküle anzusehen, sondern hier liegen tatsächlich mit den Atomgittern vergleichbare *dreidimensionale Makromoleküle* vor.

Das anschaulichste Beispiel für diese grundsätzliche Veränderung des Substanztypus bei zunehmender Vernetzung stellt wiederum der Kautschuk dar. Der *Weichgummi* mit einem Schwefelgehalt von ca. 5 % zeigt noch die optimalen Eigenschaften eines hochelastischen Stoffs. Im *Hartgummi* oder *Ebonit*, der bis zu 40 Gew.-% Schwefel enthält, liegt demgegenüber trotz einer gewissen Ähnlichkeit in der Zusammensetzung ein vollig andersartiger Werkstoff mit einer großen mechanischen Festigkeit vor, der mit dem üblichen Begriff „Gummi" nur noch den Namen gemeinsam hat.

Die durch engere Atomverflechtung bedingte mechanische Verfestigung kommt nicht nur in einer Erhöhung der Reiß- und Bruchfestigkeit zum Ausdruck, sondern darüber hinaus wird auch die gegenseitige Lage der Moleküle weitgehend fixiert, was eine wesentliche Versteifung der Festkörper zu Folge hat. Die für die amorphe Verfilzung unvernetzter Fadenmoleküle typischen Zustände der *Geschmeidigkeit, Hochelastizität* und *Thermoplastizität* verschwinden daher vollkommen, und die Substanzen werden bei allen Temperaturen (bis zur beginnenden chemischen Zersetzung) hart und spröde.

Das Verschwinden der Quellbarkeit hat vor allem die Folge, daß die stark vernetzten Stoffe gegen Flüssigkeiten jeder Art absolut stabil sind – z. B. erweicht Hartgummi im Gegensatz zu Weichgummi nicht mehr in Benzin oder Öl – und auch im Phaseninnern nicht mehr chemisch umgesetzt werden können. Flaschen aus stark vernetzten Kunststoffen eignen sich daher hervorragend zum Transport ätzender Chemikalien

Weiterhin sind die stark vernetzten Kunststoffe wegen dieser Nichtquellbarkeit im Gegensatz zum Holz absolut *maßhaltig*. Ferner zeigen sie, ebenfalls im Gegensatz zu dem in der Faserrichtung leicht spaltbaren Holz, in allen drei Dimensionen exakt die *gleichen Festigkeitswerte. Sie können daher wie die Metalle zu Präzisionsgeräten* verarbeitet werden.

Aber auch gegenüber den *Atomgittern* der Silikatgesteine und gegenüber den ebenfalls in gewisser Beziehung makromolekularen *Metallen* bestehen grundsätzliche Unterschiede. Vor allem liegen zwischen den Vernetzungsbrücken auch bei den höchsten erreichbaren Vernetzungsgraden immer noch verhältnismäßig große organische Molekülteile. Z. B. trifft im *Ebonit* im Durchschnitt erst auf sieben Kohlenstoffatome eine die Fadenmoleküle verknüpfende S-S-Brücke, während im *Diamant* von jedem Atom und im *Quarz* oder auch *β-Cristobalit* immerhin noch von jedem zweiten Atom eine Querverbindung abzweigt. Trotz ihrer relativ großen mechanischen Festigkeit erreichen die dieser Stoffklasse angehörenden Substanzen daher bei weitem nicht die Härte und Sprödigkeit der typischen Steine, sondern es bleibt immer noch ein letzter Rest der Weichheit und Geschmeidigkeit der *organischen Werkstoffe* zurück.

Zusammenfassend liegt in den stark vernetzten organischen Verbindungen also eine unter natürlichen Bedingugnen auf der Erdoberfläche nicht auftretende, völlig *neuartige Substanzklasse* vor, die in ihren Eigenschaften eine interessante Mittelstellung zwischen den anorganischen *Steinen* und *Metallen* einerseits und den aus Fadenmolekülen aufgebauten natürlichen *organischen Materialien* andererseits einnimmt.

Die technisch wichtigsten stark vernetzten Kunststoffe sind die durch Polykondensation von Phenol und Formaldehyd gewonnenen *Phenol-Formaldehyd-Harze* (Bakelite), die heute bereits in Großen zur Herstellung stark beanspruchter Werkstücke (z. B. von Sitzen und Lehnen von Gartenstühlen, Autokarosserien und selbst Sportbooten) verarbeitet werden. Sie haben den „klassischen" *Hartgummi* an Bedeutung schon länst überflügelt.

9. Die Metalle

9.1 Die Packungsdichte der Atome

Eine erste Eigenschft, in der sich die Metalle weitgehend von den anderen Materiearten unterscheiden, ist ihr z. T. erstaunlich hohes *spezifisches Gewicht*. Während die überwiegend aus Silikatgesteinen bestehende Erdrinde nur eine durchschnittliche Dichte von 2,7 aufweist, zeigt bereits das Leichtmetall *Aluminium* das gleiche spezifische Gewicht 2,7, das bei den *Schwermetallen* sogar auf 7,13 (Zink) bis 22,5 $g \cdot cm^{-3}$ (Osmium) ansteigt.

Bei oberflächlicher Betrachtung möchte man meinen, daß die hohen Dichtewerte der Schwermetalle auf ihre hohen *Atommassen* zurückzuführen sind. Das ist jedoch nur bis zu einem gewissen Grade der Fall, denn die Dichte der Materie ist eine komplexe Größe, die außer vom Gewicht der an ihrem Aufbau beteiligten Atome auch von deren *Volumen* und der *Packungsdichte* der Atome abhängt. Gerade diese Packungsdichte der Atome, worunter man den Anteil des eigentlichen *Atomvolumens* am *Gesamtvolumen* der betreffenden Substanz (= Atomvolumen + Zwischenräume) versteht, erreicht aber bei den Metallen den (für gleich große Atome) maximal möglichen Wert. Auf sie muß daher vor der Beschreibung der eigentlichen Metalleigenschaften etwas näher eingegangen werden.

9.1.1 Die verschiedenen Möglichkeiten der Kugelpackung

Die Berechnung der Packungsdichte der Atome in den verschiedenen Materiearten ist nur in den Fällen ohne größeren Rechenaufwand möglich, in denen man die Atome als starre Kugeln mit exakt definiertem Radius ansehen darf. Wir können uns daher im folgenden auf die spezielle Frage beschränken, welche Möglichkeiten der Kugelpackung, und zwar zunächst der *Packung gleich großer Kugeln*, beim Zusammenschluß der Atome zur Materie verwirklicht sind.

Die bei weitem einfachste Packungsart ist die *kubische Packung*. Sie ist dadurch gekennzeichnet, daß sich alle Kugeln in den Schnittpunkten eines *kubischen Raumnetzes* befinden. In diesem Falle sollte nämlich bei sich berührenden Kugeln der Abstand der Kugelschichten voneinander in allen drei Dimensionen des Gitters gleich dem Kugeldurchmesser (2 R) sein, wie in Abb. 9.1 für ein quadratisches Netz einer einzigen Kugelschicht gezeigt ist. Die Packungsdichte wäre dann genau gleich dem Verhältnis der Volumina einer *Kugel* und eines dieser Kugel umschriebenen *Würfels* mit dem Kugeldurchmesser als Kantenlänge, also gleich $4/3\ \pi : 8 = 0{,}524$.

Abb. 9.1 Ebene Kugelanordnung in einem quadratischen Netz
Der Zeilenabstand ist gleich 2 R

Bei dieser einfachen kubischen Packung ist jede Kugel von *sechs Nachbarkugeln* umgeben, von denen vier in einer Ebene liegen (s.

Abb. 9.1)und jeweils eine in der nächst höheren und nächst tieferen Schicht (vgl. auch Abb. 6.1)

Diese einfache kubische Packung ist jedoch noch verhältnismäßig weitmaschig und infolgedessen bei den aus gleichartigen Atomkugeln aufgebauten *Metallen* (im Gegensatz zu den in 9.1.3 beschriebenen Salzen) nur im Falle des *Poloniums* verwirklicht. Bei den meisten Metallen sind die Atome dagegen bestrebt, sich auf Grund der zwischen ihnen herrschenden Anziehungskräfte auf das geringstmögliche Volumen zu konzentrieren, d. h. eine *dichtest mögliche Kugelpackung* auszubilden.

Schon in einer ebenen Schicht kann man die Packungsdichte wesentlich erhöhen, wenn man von dem in Abb. 9.1 gezeigten *quadratischen Netz* zu dem in Abb. 9.2 gezeigten *Dreiecksnetz* übergeht, da sich hier die Kugeln einer jeden waagerechten Zeile in die Lücken der vorhergehenden (und auch nachfolgenden) Zeile eingeschoben haben. Hierdurch geht der Zeilenabstand von 2 R auf den Wert $\sqrt{3}$ R zurück, der gleichzeitig der *minimal mögliche* ist.

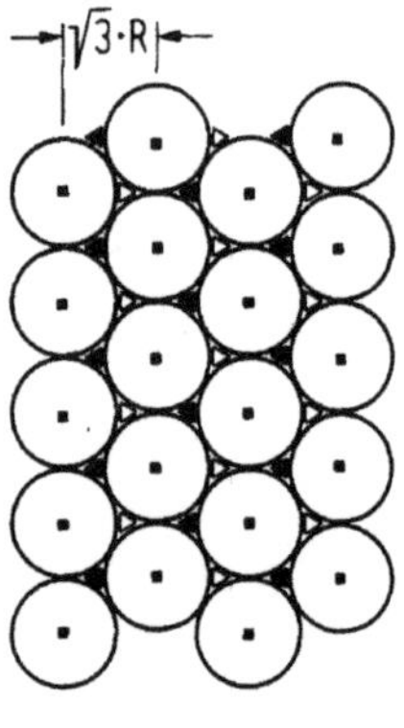

Abb. 9.2 Ebene Kugelanordnung in einem Dreiecksnetz
Der Zeilenabstand ist gleich $\sqrt{3} \cdot R$

Lagert man nun mehrere derartige Dreiecksnetze übereinander, so brauchen sich die Kugeln wiederum nicht im Sinne eines kubischen Netzes senkrecht übereinander anzuordnen, sondern die Kugeln der nächst höheren (und auch der nächst niederen) Schicht haben die Möglichkeit, in analoge Lücken der mittleren Schicht einzutreten. Es sind dies die in Abb. 9.2 durch schwarze und weiße Dreiecke gekennzeichneten Mulden zwischen jeweils drei benachbarten Kugeln, in die sie hineinfallen können. Hierdurch sinkt der Schichtenabstand von 2 R auf den sich aus der Tetraedergeometrie errechnenden *Minimalwert* $\sqrt{8/3}$ R ab.

In summa wird die Packungsdichte durch diese beiden Schritte gegenüber der einer einfachen kubischen Packung um den Faktor $\sqrt{2}$ auf 0,741 erhöht. Der leere Raum zwischen den Kugeln kann bei dieser *dichtest-möglichen Kugelpackung* also bis auf nur noch 25,9 % des Gesamtvolumens herabgedrückt werden. Weiterhin ist für diese dichteste Kugelpackung charakteristisch, daß jede Kugel in unmittelbarer Nachbarschaft von *zwölf anderen Kugeln* umgeben ist, von denen sich sechs mit der zentralen Kugel in einer Ebene befinden und jeweils drei in den unmittelbar über und unter dieser ebenen Schicht liegenden Nachbarschichten.

Eine gewisse Komplikation tritt lediglich dadurch ein, daß es verschiedene Anordnungsmöglichkeiten der Dreiecksnetze in einer derartigen dichtesten Kugelpackung gibt. Wie Abb. 9.2 erkennen läßt, ist die Zahl der Mulden eines Dreiecksnetzes, in die die Kugeln der nächsten Schicht fallen können, doppelt so groß wie die Kugelzahl, so daß zwangsläufig die *Hälfte der Mulden unbesetzt* bleibt.

Diese doppelt so große Zahl von Mulden kann man nun zwei weiteren Dreiecksnetzen zuordnen, die dieselben Abmessungen wie das im folgenden mit A bezeichnete Dreiecksnetz der Kugelmittelpunkte, jedoch diesem gegenüber nach vorne (Dreiecksnetz B) oder nach hinten (Dreiecksnetz C) um $^2/_3$ des Kugelzeilenabstandes verschoben sind. Es gibt also *drei geometrisch gleichwertige Dreiecksnetze*, von denen in Abb. 9.2 das Netz A (der Kugelmittelpunkte) durch *Punkte*, das Netz B (der einen Muldenschar) durch kleine *weiße Dreiecke* und das Netz C (der anderen Muldenschar) durch kleine *schwarze Dreiecke* gekennzeichnet ist.

Unter diesen Umständen bestehen für die Übereinanderlagerung von drei Kugelschichten *zwei Anordnungsmöglichkeiten*. Besetzen die Kugeln der *Mittelschicht* das Netz A und die der *Oberschicht* das Netz B, so können die Kugeln der *Unterschicht* entweder ebenfalls die Mulden des Netzes B besetzen oder aber die des Netzes C.

Im ersteren Fall liegen die Kugeln der Ober- und der Unterschicht genau *senkrecht übereinander*, weil sie die gleiche Muldenschar in der Mittelschicht besetzen. Das bedeutet aber, daß die beim Übergang zwischen zwei aufeinanderliegenden Schichten unvermeidbare Verschiebung des Netzes der Kugelmittelpunkte zwischen den Stellungen A und B beim nächsten Schritt wieder rückgängig gemacht wird. Bei Beibehaltung dieses Aufbauprinzips liegen die Kugeln einer *vierten Schicht* wieder senkrecht über denen der ursprünglichen *Mittelschicht* im Netz A, die einer fünften Schicht senkrecht über denen der ursprünglichen *Ober-* und *Unterschicht* im Netz B usw.. Es werden also nur die Dreiecksnetze A und B, und zwar abwechselnd, mit Kugeln besetzt. Diese Packungsmöglichkeit ist in Abb. 9.3 in seitlicher Ansicht wiedergegeben, so daß die jeweils von links nach rechts oder umgekehrt erfolgende Netzverschiebung beim Übergang zur nächsten Schicht gut zu erkennen ist. Die Schichtenfolge wird am einfachsten durch die Ziffernfolge 1,2; 1.2; 1,2;.....symbolisiert und hat den Namen *hexagonal dichteste Kugelpackung* erhalten.

Im zweiten Fall besetzen die Kugeln von drei aufeinanderfolgenden Schichten *alle drei Netze* A, B und C, so daß keine der Kugeln senkrecht über oder unter einer der Kugeln der beiden anderen Schichten zu liegen kommt. Erst wenn man zu einer *vierten Schicht* übergeht, wird eines der drei Netze zum zweiten Mal besetzt, und zwar bei regelmäßiger Schichtenfolge stets das *drei Stufen niedriger* liegende Netz. Hier ist die Schichtenfolge also 1,2,3; 1,2,3;....Diese zweite Möglichkeit der dichtesten Kugelpackung ist in Abb. 9.4 ebenfalls in seitlicher Ansicht wiedergegeben. Sie wird *kubisch dichteste Kugelpackung* genannt, weil man aus ihr den in Abb. 6.1 besonders deutlich zum Ausdruck kommenden Würfel herausschneiden kann.

Da außer den 8 Ecken auch die 6 *Flächenmittelpunkte* dieses Würfels mit Kugeln besetzt sind, spricht man vielfach auch von einem *kubisch flächenzentrierten Gitter*. Dieser Ausdruck gibt aber nicht eindeutig die dichteste Kugelpackung wieder, denn diese setzt zusätzlich voraus, daß sich die Kugeln gegenseitig berühren. Eine kubisch flächenzentrierte Kugelanordnung ist aber auch bei *größerem Kugelabstand* möglich, z. B. bei sämtlichen Kationen und meistens auch bei Anionen der in 9.1.3 beschriebenen einfach kubischen *Alkalihalogenidgitter*.

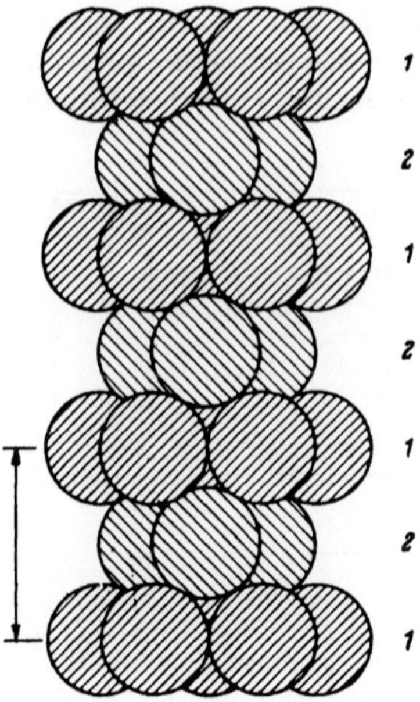

Abb. 9.3 Seitliche Ansicht der hexagonal dichtesten Kugelpakkung mit der Schichtenfolge 1,2; 1,2; 1.2

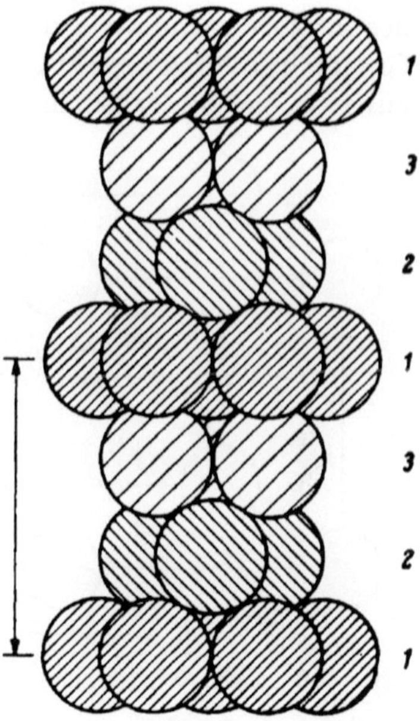

Abb. 9.4 Seitliche Ansicht der kubisch dichtesten Kugelpackung mit der Schichtenfolge 1,2,3; 1.2,3

Eine dritte Anordnungsmöglichkeit für gleich große Kugeln liegt hinsichtlich der Packungsdichte zwischen der einfachen kubischen und der dichtesten Kugelpackung. Sie ist dadurch charakterisiert, daß sich jeweils in den *Würfelzentren* eines einfachen kubischen Gitters eine weitere Kugel befindet, was durch den Namen *kubisch raumzentriertes Gitter* angedeutet werden soll.

In Abb. 9.5 sind zwei benachbarte Würfelzellen eines derartigen kubisch raumzentrierten Gitters wiedergegeben. Die jeweils in den Würfelzentren des durch ausgezogene Linien angedeuteten einfachen kubischen Gitters liegenden Kugeln ordnen sich in einem zweiten, durch gestrichelte Linien gekennzeichneten einfachen kubischen Gitter an, das die gleichen Dimensionen wie das erste Gitter aufweist, jedoch diesem gegenüber um eine halbe Würfeldiagonale verschoben ist. Die Würfelkanten des zweiten Gitters durchschneiden infolgedessen jeweils die Zentren der Würfelflächen des ersten Gitters. In summa besteht das kubisch raumzentrierte Gitter somit aus zwei ineinander geschachtelten einfachen kubischen Gittern.

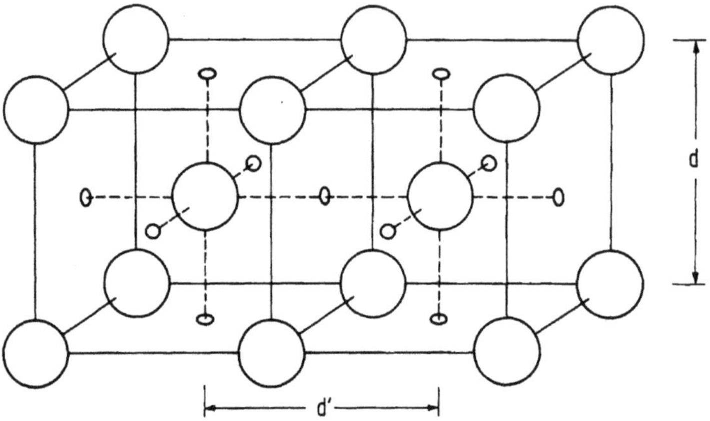

Abb. 9.5 Zwei Würfelzellen eines kubisch raumzentrierten Gitters

Die Packungsdichte dieser kubisch raumzentrierten Kugelanordnung errechnet sich auf Grund der Tatsache, daß die *Würfeldiagonale* bei sich berührenden Kugeln eine Länge von *vier Kugelradien* hat, zu 0,680.

9.1.2. Die Atompackungsdichte einiger Metalle und Nichtmetalle

Die Berechnung der Packungsdichte ist am einfachsten bei den nur aus einer einzigen Atomart aufgebauten *freien Elementen* durchzuführen. Aber auch für diese kann man die oben abgeleiteten Gesetze der verschiedenen Kugelpackungen nur anwenden, wenn die Atome allseitig mit dem *gleichen Radius* in Erscheinung treten und infolgedessen als Kugeln angesehen werden können. Sieht man einmal von den hier nicht interessierenden kristallisierenden Edelgasen ab, sind diese Bedingungen nur bei den *metallischen Elementen* sowie bei den Nichtmetallen *Kohlenstoff, Silicium* und *Germanium* erfüllt, auf deren Anführung wir uns daher hier beschränken wollen.

Bezeichnet man mit V das Volumen (in cm^3), das ein *Grammatom* (= Atomgewicht in Gramm) des betreffenden Elements in der makroskopischen Substanz einnimmt und mit V' die *Summe der Vo-*

lumina aller einzelnen Atomkugeln (ebenfalls in cm^3), die in diesem Grammatom enthalten sind, so ergibt sich auf Grund der oben gegebenen Definition für die Packungsdichte P eines Elements die Gleichung:

$$P = \frac{V'}{V} \qquad (9.1)$$

V ist in leicht ersichtlicher Weise gleich dem Quotienten aus Atommasse und Dichte des betreffenden Elements, während sich für V' mit Hilfe der Avogadroschen Zahl und dem Atomradius (R) der Wert $2{,}522 \cdot R^3$ cm^3 errechnet. Man benötigt somit für die Berechnung von P nur drei im allgemeinen recht genau bekannte Elementkonstante: die *Atommasse* (A), die *Dichte* (D) und den *Atomkugelradius* in der matallischen Phase R_m. In Tabelle 9.1 sind die mit Hilfe obiger Gleichung berechneten Packungsdichten für eine Reihe von Elementen zusammengestellt. Danach weisen *nahezu sämtliche Metalle* übereinstimmend die Packungsdichte 0,741 auf. In ihnen ist also die *dichteste Kugelpackung* stets ideal verwirklicht, wie es der in 3.3.4 beschriebene Aufbau der metallischen Phase erfordert. Bei der Kleinheit der metallischen Bindungsradien sind hier die Dichtewerte daher besonders groß. Eine Ausnahme macht lediglich das *Wolfram*, dessen Atome nicht die dichteste Kugelpackung ausbilden, sondern sich in dem etwas weiteren *kubisch-raumzentrierten Gitter* (s. 9.1.1) mit der Packungsdichte 0,68 anordnen.

Im einzelnen ist bemerkenswert: *Silber* und Gold weisen trotz des großen Unterschieds ihrer Atomgewichte den gleichen R_m- und damit auch den *gleichen V'-Wert* auf. Nur in derartigen seltenen Ausnahmefällen – auch das Paar *Eisen/Kupfer* gehört dazu – steigt die Dichte der Metalle tatsächlich proportional der Atommasse an. In der Reihe Natrium-Magnesium-Aluminium beobachtet man dagegen bei recht ähnlichen Atomgewichten eine erhebliche *Zunahme der Dichtewerte* auf nahezu das Dreifache. Dieser Effekt ist vermutlich darauf zurückzuführen, daß beim Übergang von der ersten zur zweiten und dritten Gruppe des Periodensystems die Zahl der im Elektronengas enthaltenen metallischen Valenzelektronen von 1 auf 2 und 3 Elektronen pro Metallatom ansteigt, was zweifellos mit einer erheblichen Verkürzung der Bindungslänge verbunden ist.

Am interessantesten ist schließlich ein Vergleich der Elemente der *4. Gruppe des Periodensystems*. Kohlenstoff, (in Form des Diamanten), Silicium und Germanium haben übereinstimmend die gegen-

Tabelle 9.1 Die Berechnung der Packungsdichte einiger Metalle und Nichtmetalle aus den angegebenen Elementkonstanten

		A	D in $g \cdot cm^3$	R_m* in pm	V in cm^3	V' in cm^3	P
Natrium		23,0	0,966	191	23,7	17,6	0,740
Magnesium		24,3	1,74	160	14,0	10,3	0,736
Aluminium		27,0	2,70	143	10,0	7,38	0,738
Eisen		55,9	7,87	128	7,10	5,29	0,745
Kupfer		63,5	8,96	127	7,09	5,17	0,729
Silber		107,9	10,5	104	10,3	7,53	0,731
Gold		197,0	19,3	134	10,2	7,53	0,738
Wolfram		183,9	19,3	137	9,53	6,49	0,681
Kohlenstoff	Diamant	12,0	3,51	77	3,42	1,15	0,336
	Graphit	12,0	2,22	71	5,41	0,903	0,167
Silicium		28,0	2,33	117	12,0	4,04	0,337
Germanium		72,6	5,32	122	13,6	4,58	0,337
Zinn		118,7	7,29	158	16,3	9,95	0,610
Blei		207,2	11,3	174	18,3	13,3	0,728

* Für Diamant und Graphit sind die entsprechenden R_B-Werte angeführt.

über den Metallen um den Faktor 2,2 kleinere Packungsdichte von 0,337. In diesenZahlen kommt besonders deutlich der grundsätzliche Unterschied zwischen kovalenten σ-Bindungen und den metallischen Bindungen zum Ausdruck. Bei den ersteren werden die Valenzkräfte bei der Bildung der Bindung abgesättigt, so daß die Zahl der Nachbaratome eines Atoms durch den Bau der Elektronenhülle nach oben begrenzt wird (in vorliegendem Fall auf 4). Die metallischen Bindungskräfte werden dagegen nicht abgesättigt, und die Atome lagern sich deswegen in der dichtest möglichen Packung zusammen. Die relativ geringen Dichten der *diamantoiden Elemente* ist danach hauptsächlich auf die durch die anderen Bindungsverhältnisse bedingte *geringere Packungsdichte* zurückzuführen. Könnten die Atome bei gleichem Bindungsradius so dicht wie die Metallatome gepackt werden, würden auch diese Elemente mit Dichtewerten von 7,73 $g \cdot cm^{-3}$ (für *Diamant*), 5,13 $g \cdot cm^{-3}$ (für

Silicium) und 11,71 g · cm^{-3} (für *Germanium*) ein ähnliches spezifisches Gewicht aufweisen wie die Schwermetalle. Erst vom *Zinn* ab tritt die Bildungstendenz von σ-Bindungen zugunsten der des metallischen Zustands zurück, jedoch wird der ideale Grenzwert der Packungsdichte von 0,74 erst beim *Blei* annähernd erreicht.

Die geringste Packungsdichte von 0,167 beobachtet man schließlich beim *Graphit*, weil hier jedes Kohlenstoffatom nur noch von *drei* unmittelbar benachbarten Atomen umgeben ist und der gesamte Raum oberhalb und unterhalb der Molekülebene leer bleibt (bzw. von den benachbarten Blattmolekülen des Schichtengitters erst in einem Abstand von 335 pm besetzt wird). Bei dem besonders kleinen Bindungsradius des Kohlenstoffs in diesem Falle (71 pm) würde die *dichteste Packung der Graphitkohlenstoffatome* sogar zu einer Dichte von 9,86 führen, die bereits der des Silbers (10,5) nahekäme.

9.1.3 Die Packungsdichte der Ionen einiger Salze

Die Berechnung der Packungsdichte *chemischer Verbindungen* bereitet meistens größere Schwierigkeiten, weil an deren Aufbau stets verschiedenartige Atome unterschiedlicher Größe beteiligt sind, die noch dazu häufig in den verschiedenen Richtungen des Raumes nicht die gleichen Radien aufweisen und deswegen nicht mehr als Kugeln angesehen werden dürfen. Wir wollen uns daher im folgenden auf das einfachste Beispiel der salzartigen *Alkalimetallhalogenide* beschränken, in denen sowohl die Anionen als auch die Kationen einatomige und infolgedessen exakt kugelförmige Teilchen darstellen. Ferner treten diese Ionen in allen ihren Salzen immer mit dem gleichen Radius auf, so daß wir sie für die folgende Betrachtung als *starre Kugeln* ansehen können, die sich in den Kristallgittern *gegenseitig berühren*. Die (z. T. bereits in Tabelle 1.1 angefürten) Ionenradien der in Betracht kommenden Elemente sind in Tabelle 9.2 übersichtlich zusammengestellt.

Aus den schon in 2.3.3 erörterten Gründen sind bei gleicher Zahl der Hüllenelektronen (in Tab. 9.2 jeweils bei den nebeneinander stehenden Ionen) die Radien der *Kationen* um 22-30 % kleiner als die der *Anionen*. Wie Tab. 9.2 zeigt, werden infolgedessen die Radien aller fünf Alkalimetall-Kationen von denen der drei größeren Halogenid-Anionen ($Cl^{\ominus}$, $Br^{\ominus}$ und $J^{\ominus}$) übertroffen, und nur das *Fluorid-Anion* allein ist kleiner als das *Cäsium-* und *Rubidium-Kation*. Mit Ausnahme des Rubidium- und Cäsiumfluorids sind daher in den

Tabelle 9.2 Die Ionenradien (in pm) der Alkalimetall-Kationen (R_{Kat}) und der Halogenid-Anionen (R_{An})

Metall	Symbol	R_{Kat}	Halogen	Symbol	R_{An}
Lithium	Li	60	—	—	—
Natrium	Na	95	Fluor	F	136
Kalium	K	133	Chlor	Cl	181
Rubidium	Rb	148	Brom	Br	195
Cäsium	Cs	169	Jod	J	216

Kristallen sämtlicher Alkalimetallhalogenide die Anionen die größeren Gitterbausteine, mit deren Anordnung wir uns daher im folgenden in erster Linie beschäftigen werden.

Obwohl die Ionengitter in diesem Spezialfall wie die Gitter der metallischen Phasen aus exakt kugelförmigen Teilchen aufgebaut sind, weisen sie den letzteren gegenüber zwei grundsätzliche Unterschiede auf, die die Berechnung der Packungsdichte erschweren. Es sind dies einerseits die unterschiedliche Größe der Kugeln, von der auch bei gleichem Gittertypus in hohem Ausmaß die jeweilige Packungsdichte abhängt, andererseits der Zusammenschluß von Kugeln *entgegengesetzter elektrischer Aufladung*, der eine Ionenanordnung erfordert, bei der jedes einzelne Ion ausschließlich von *ungleichnamigen Ionen* umgeben ist, da nur diese von ihm elektrostatisch angezogen werden.

Die in 9.1.2 angeführte Gleichung 9.1 zur Berechnung der Pakkungsdichte gleich großer Kugeln muß für den vorliegenden Fall geringfügig variiert werden. Insbesondere bedeutet V nunmehr das Volumen eines *Mols des Salzes* (bezogen auf ein Ionenpaar) und V' die *Summe der Volumina beider Ionenkugeln* (also $V'_{An} + V'_{Kat}$). Man erhält somit die folgenden modifizierte Gleichung 9.2, die ebenfalls nur genau bekannte Elementkonstante enthält:

$$P_{Ionengitter} = \frac{V'_{An} + V'_{Kat}}{V} \qquad (9.2)$$

Da sich in der Umgebung eines Ions nur entgegengesetzt geladene Ionen befinden und außerdem in den Alkalimetallhalogeniden stets gleich viel Anionen und Kationen enthalten sind, kann ein regelmäßiges Gitter nur aufgebaut werden, wenn die Zahl n der in unmittelbarer Nachbarschaft eines Ions befindlichen ungleichnamigen Ionen für Anionen und Kationen exakt gleich groß ist. Es erhebt sich also die Frage, für welche Werte von n ist diese Voraussetzung erfüllt.

Gegen die für die *dichteste Kugelpackung* charakteristische Zahl von n = 12 Nachbarionen sprechen bereits rein *geometrische Gründe,* denn man kann zwar in der unmittelbaren Umgebung eines Ions 12 ungleichnamige Ionen unterbringen, nicht aber gleichzeitig um jedes dieser ungleichnamigen Ionen wiederum 12 Ionen der ersten Art. Die dichteste Kugelpackung sämtlicher Ionen fällt also fort.

Erst bei Herabsetzung von n auf 8 oder 6 liegen die Verhältnisse günstiger. *Acht Nachbarkugeln* um jede einzelne Kugel beobachtet man z. B. bei den in 9.1.1 beschriebenen, aus zwei sich gegenseitig durchdringenden einfachen kubischen Gittern bestehenden *kubisch raumzentrierten Gittern* (s. Abb. 9.5). Besetzt man nun das eine dieser einfach-kubischen Gitter ausschließlich mit Anionen und das andere ausschließlich mit Kationen, so resultiert eine Anordnung, bei der in der Tat jedes einzelne Anion und auch jedes einzelne Kation von *acht* in den Ecken eines Würfels stehenden *ungleichnamigen Ionen* umgeben ist.

In analoger Weise besitzt bei der ebenfalls bereits in 9.1.1 beschriebenen *einfachen kubischen Packung* jede Kugel 6 Nachbarkugeln, und auch hier ist, wie Abb. 6.1 zeigt, beim Aufbau des Gitters aus zwei verschiedenen Kugelarten eine Anordnung möglich, bei der jede Kugel nur von Kugeln der anderen Art umgeben ist.

Wenden wir uns zunächst dem *einfach-kubischen Ionengitter* zu. Hier variiert die Packungsdichte in Abhängigkeit vom Größenverhältnis der Kationen und Anionen zwischen den folgenden beiden Extremen:

Die *niedrigste Packungsdichte* beobachtet man bei gleich großen Kugeln (also $R_{Kat} = R_{An} = R$), denn dann liegt die in 9.1.1 beschriebene kubische Packung gleich großer Kugeln mit einer Packungsdichte von nur 0,524 vor. Hier betragen die leeren Räume zwischen den Kugeln also bereits nahezu die Hälfte des Gesamtvolumens.

Für die Berechnung der *maximalen Packungsdichte* liegen die Verhältnisse etwas komplizierter. Wie aus Abb. 6.1 hervorgeht, bilden die Anionen (und auch die in diesem Zusammenhang weniger interessanten Kationen) für sich allein in ähnlicher Weise ein *kubisch flächenzentriertes Gitter* wie die Kugeln einer kubisch dichtesten Packung. Jedoch liegt bei gleicher Größe von Anionen und Kationen noch keine dichteste Packung der Anion-Kugeln vor, weil diese sich wegen des Dazwischendrängens der Kationen noch nicht gegenseitig berühren (bzw. nicht auf den Abstand 2 R nähern) können. Der Kugelabstand errechnet sich vielmehr auf Grund der Würfelgeometrie zu $2 \cdot R \cdot \sqrt{2}$.

Geht man jetzt zu den Salzen über, deren Kationen wesentlich kleiner sind als die Anionen, so werden die letzteren weniger stark auseinander gedrängt, und von einem gewissen Grenzwert ab haben die Kationen sogar zwischen den 6 sie in *oktaedrischer Anordnung* umgebenden Anionen Platz, wenn diese sich gegenseitig berühren. In diesem speziellen Fall weisen also die Anionen allein eine *dichteste Kugelpackung* mit der Packungsdichte 0,741 auf, und die Kationen beanspruchen einen nicht unbeträchtlichen Teil des ohnehin nur 25,9 % des Gesamtvolumens betragenden leeren Raums.
Auf Grund der Geometrie der dichtesten Kugelpackung errechnet sich für ein in diese „*Oktaederlücke*" gerade hineinpassendes Kationen der Radius (R_{Kat}) zu $(\sqrt{2} - 1) \cdot R_{An} = 0{,}414 \cdot R_{An}$. Das Volumen der Kationenkugel ist also gleich dem $0{,}414^3$-fachen (= 7,1 %) des Volumens der Anionenkugel, so daß sich die gesamte Packungsdichte gegenüber der der dichtesten Kugel-Packungen gleich großer Kugeln nochmals um diese 7,1 % auf 0,794 erhöht. Hier beträgt der leere Raum zwischen den Kugeln also nur noch wenig mehr als *20 % des Gesamtvolumens*.

In Tabelle 9.3 sind die mit Hilfe von Gleichung 9.2 berechneten Packungsdichten sämtlicher im einfachen kubischen Gitter kristallisierenden Alkalimetallhalogenide zusammengestellt. Sie liegen mit einer Ausnahme (s. unten) zwischen den angegebenen Grenzwerten, die auf beiden Seiten innerhalb der Fehlergrenzen erreicht werden. Bemerkenswert ist vor allem, daß in allen drei Fällen, in denen $R_{Kat} < 0{,}414 \cdot R_{An}$ ist, der bei gleichgroßen Kugeln absolute obere Grenzwert der Packungsdichte von 0.741 tatsächlich überschritten wird. Ferner nimmt in der ganzen Reihe die Packungsdichte stetig mit steigendem R/R'-Quotient ab. Eine Ausnahmestellung nehmen lediglich das *Cäsiumfluorid* und das *Rubidiumfluorid* ein, für die sich jeweils eine niedrigere Packungsdichte errechnet, als auf Grund der angegebenen Gesetzmäßigkeiten zu erwarten ist.

Für die kubisch raumzentrierte Packung gleich großer Kugeln, in der jede Kugel von 8 Nachbarkugeln umgeben ist, errechnet sich eine wesentlich höhere Packungsdichte (0,680, s. 9.1.1) als für die einfa-

Tabelle 9.3 Die Packungsdichte (P) der Alkalimetallhalogenide in Abhängigkeit von den Quotienten R/R' der Ionenradien*

Salz	P	R/R'	Salz	P	R/R'
a) mit einfachem kubischem Gitter			NaF	0,565	0,70
			KCl	0,556	0,73
			CsF	0,548	0,81
LiJ	0,788	0,28	RbBr	0,544	0,76
LiBr	0,768	0,31	RbCl	0,529	0,82
LiCl	0,756	0,33	KF	0,526	0,98
LiF	0,700	0,44	RbF	0,486	0,92
NaJ	0,674	0,44			
NaBr	0,649	0,49	b) mit kubisch raumzentriertem Gitter		
NaCl	0,633	0,53			
KJ	0,592	0,62			
KBr	0,569	0,68	CsJ	0,653	0,78
RbJ	0,566	0,69	CsBr	0,644	0,87
			CsCl	0,640	0,93

* R bedeutet den kleineren, R' den größeren der beiden Ionenradien, so daß R/R' stets < 1 wird.

che kubische Packung (0,524). Wenn die Ionen eines Salzes daher in ähnlicher Weise wie die Atome einer metallischen Phase die Ausbildung einer möglichst hohen Packungsdichte anstreben würde, sollte man erwarten, daß bei nicht allzusehr voneinander abweichenden Ionenradien das *kubisch raumzentrierte Gitter* bevorzugt wird. Das Gegenteil ist jedoch der Fall, denn das kubisch raumzentrierte Gitter trifft man nur bei den drei in Tabelle 9.3 angeführten Salzen des *Cäsiums* mit den *schweren Halogenen* an, die in der Tat eine in Anbetracht des hohen R/R'-Wertes unerwartet hohe Packungsdichte aufweisen. Daraus kann geschlossen werden, daß die bei den Metallen beobachtete Tendenz zur Ausbildung einer *möglichst hohen Packungsdichte* bei den Salzen überkompensiert wird durch die Tendenz in der Umgebung eines Ions eine *möglichst geringe Zahl* von sich gegenseitig abstoßenden ungleichnamigen Ionen unterzubringen, selbst wenn dadurch die Packungsdichte u. U. auf nahezu 50 % absinkt.

Weiterhin ist zu erwarten, daß sich das kubisch raumzentrierte Gitter nur dann ausbilden kann, wenn die Größe der meist kleineren

Kationen ausreicht, um in seiner Umgebung acht das Kation berührende Anionenkugeln unterzubringen. Auf Grund der Würfelgeometrie sollte dies möglich sein, wenn der Radienquotient R/R' den Wert $\sqrt{3} - 1 = 0{,}732$ überschreitet. Diese Forderung ist bei den in Tab. 9.3 angeführten drei Beispielen tatsächlich erfüllt, aber auch für eine Reihe der im einfachen kubischen Gitter kristallisierenden Salze.

Für die Ausbildung des *kubisch raumzentrierten Gitters* scheint danach noch ein anderer Faktor maßgebend zu sein. Da alle drei Salze dieses Gittertypus nicht nur das *größtmögliche Kation,* sondern auch die drei *größtmöglichen Anionen* als Bausteine enthalten, ist es durchaus denkbar, daß außer den *Quotienten* der Radien (R/R') auch deren *Summe* (R + R') von der die Gitterdimensionen abhängen, eine wichtige Rolle spielt, etwa für die Ausbildung des kubisch raumzentrierten Gitters eine gewisse Mindestgröße überschritten haben muß.

In Tabelle 9.4 sind die *Radienquotien* und die *Radiensummen* der in Frage kommenden Salze zusammengestellt.

Tabelle 9.4 Der Kristallgittertypus einiger Alkalimetallhalogenide in Abhängigkeit von den R/R'- und R+R'-Werten

Salz	R/R'	R+R' (in pm)	Gitter-typus[1])	Salz	R/R'	R+R' (in pm)	Gitter-typus*
KJ	0,62	349	I	CsF	0,81	305	I
RbJ	0,69	364	I	RbCl	0,82	329	I
RbBr	0,76	343	I	CsBr	0,87	364	II
CsJ	0,78	385	II	CsCl	0,93	350	II

* I bedeutet das einfache kubische und II das kubisch raumzentrierte Gitter.

Danach bilden nur die drei Salze CsCl, CsBr und CsJ das *kubisch raumzentrierte Gitter* aus, bei denen sowohl R/R' den Grenzwert 0,73 als auch R + R' den Grenzwert 345 pm überschreitet. Dagegen kristallisieren die Salze ohne Ausnahme im *einfachen kubischen Gitter*, wenn bereits eine der beiden Konstanten unter dem angegebenen Grenzwert liegt, und zwar KJ und RbJ wegen zu kleinem

R/R'-Wert sowie RbBr, CsF und RbCl wegen zu kleinem R + R'-Wert.

9.2 Die mechanischen und thermischen Eigenschaften der Metalle

9.2.1 Die metallischen Bindungskräfte

Die zwischenatomaren Kräfte im Innern einer metallischen Phase sind von ähnlicher Größenordnung wie die im Innern eines Atomgitters, dessen Zusammenhalt durch kovalente Bindungen bewirkt wird. Vergleichbar ist weiterhin die gleichartige Verknüpfung der Atome in allen drei Richtungen des Raumes. Man trifft infolgedessen beim *Wolfram* und einigen anderen *Hartmetallen* Härtegrade an, die die sämtlicher Silikat- und Aluminiumoxidmineralien übertreffen und ihererseits nur noch von der Härte des *Diamanten* übertroffen werden.

Daneben bestehen aber auch eine Reihe von *grundsätzlichen Unterschieden* in den Eigenschaften von Metallen und Silikatgesteinen. Beispielsweise schwankt die mechanische Festigkeit der Metalle trotz stets gleichartigen Aufbaus der metallischen Phase aus Metallkationen und einem Elektronengas innerhalb sehr viel weiterer Grenzen als die innerhalb etwa einer Zehnerpotenz gleich harten Gesteine mit atomgitterartigem Aufbau. So wird etwa beim Übergang vom wachsweichen *Cäsium* zu den nahezu diamantharten *Wolframlegierungen* nahezu die gesamte Härteskala der kristallisierten Stoffe durchschritten, ohne daß sich an einer Stelle eine grundsätzliche Änderung des Substanzaufbaus erkennen läßt.

Diese auffallende Variationsbreite der Metalleigenschaften erklärt sich ohne Schwierigkeit aus der besonderen Natur der *metallischen Bindung*. An einer kovalenten Bindung sind immer genau zwei Elektronen beteiligt, die ausschließlich zwischen den miteinander verbundenen Atomen lokalisiert sind. Von einigen Ausnahmefällen abgesehen sind die kovalenten Bindungen daher in erster Näherung gleich fest. Gänzlich anders liegen die Verhältnisse dagegen bei den Metallen. Hier kann man die an sich ebenfalls die Atome verknüpfenden Elektronen des Elektronengases nicht lokalisieren, sondern muß annehmen, daß sie zu sämtlichen Nachbaratomen gleich starke Bindungen ausbilden. Als Folge dieser hohen Bindungszahl ist die

Zahl der auf jede einzelne Atomverknüpfung entfallenden Bindungselektronen wesentlich kleiner als bei einer kovalenten Bindung. Sie errechnet sich, da an jeder Bindung zwei Atome beteiligt sind, in leicht ersichtlicher Weise zu 2/12 = 1/6 der Zahl der von dem betreffenden Metallatom stammenden Gaselektronen, im Extremfall der einwertigen Alkalimetalle also zu nur 1/6 Bindungselektron (im Mittel). Bei mehrwertigen Metallen steigt sie jedoch proportional der Dichte des Elektronengases (= Zahl der Gaselektronen pro Metallatom) an, was zweifellos mit einer wesentlichen Erhöhung der Bindungsstärke verbunden ist. Die kovalente und die metallische Bindung unterscheiden sich also darin, daß bei der ersteren die Zahl der an jeder Bindung beteiligten Bindungselektronen (und damit annähernd auch die Bindungsstärke) *konstant* ist und nur die Bindungszahl mit der Wertigkeit des betreffenden Elements *ansteigt*, während bei der metallischen Bindung umgekehrt die Zahl der an jeder Atomverknüpfung beteiligten Elektronen (und damit auch die Bindungsstärke) mit der Wertigkeit *ansteigt* und die Zahl der von jedem Atom ausgehenden Bindungen unabhängig von der Wertigkeit *konstant* gleich 12 ist.

Bei der Richtigkeit dieser Überlegungen sollte der Zusammenhalt der Atome in einer metallischen Phase und damit auch die Festigkeit der Metalle unmittelbar von der im folgenden als *metallische Wertigkeit* (im Gegensatz zur *oxidativen Wertigkeit*, *Ionenwertigkeit* usw.) bezeichneten Zahl von Elektronen abhängen, die das betreffende Metallatom an das Elektronengas abgibt. Zur Nachprüfung dieser Hypothese sind am besten die *Sublimationsenergien* geeignete, da sie direkt die Energiebeträge angeben, die zur Zerlegung der betreffenden metallischen Phase in die freien Atome aufgebracht werden müssen. In Tabelle 9.5 sind diese Sublimationswärmen (in kJ pro Grammatom) für die in den ersten beiden langen Perioden 1–12 Stellen nach dem jeweiligen Edelgas (*Argon* bzw. *Krypton*) stehenden Elemente zusammengestellt.

Diese Zahlen lassen die folgenden Gesetzmäßigkeiten erkennen:

1. Bei den ersten fünf Gliedern beider Reihen steigt die Siedetemperatur *stetig* und die Sublimationsenergie sogar annähernd *proportional* der Gruppenzahl n bis auf einen bei keinem andern Element der jeweiligen Periode erreichten *Maximalwert* an. Bei diesen Metal-

Tabelle 9.5 Die Siedetemperaturen (t in °C), Sublimationsenergien (E_S in kJ pro Grammatom) und metallischen Bindungsradien (R_m in pm) für die in der n. Stelle nach den Edelgasen Argon und Krypton stehenden Elemente der ersten beiden langen Perioden

	1. lange Periode					2. lange Periode			
	n	t	E_S	R_m		n	t	E_S	R_m
Kalium	1	754	90,0	227	Rubidium	1	696	85,9	248
Calcium	2	1420	193	197	Strontium	2	1385	164	215
Scandium	3	2832	389	144	Yttrium	3	3337	431	162
Titan	4	3262	469	132	Zirkon	4	4750	523	145
Vanadin	5	3500	503	122	Niob	5	5100	772	134
Chrom	6	2300	337	118	Molybdän	6	4800	651	130
Mangan	7	2030	286	117	Technetium	7	5030	—	127
Eisen	8	2735	405	117	Ruthenium	8	4150	670	125
Kobalt	9	3100	440	116	Rhodium	9	3610	578	125
Nickel	10	2840	423	115	Palladium	10	2930	389	128
Kupfer	11	2350	340	117	Silber	11	1980	289	134
Zink	12	909	131	123	Cadmium	12	767	113	141

len liegt die Annahme nahe, daß sämtliche über die Argon- bzw. Kryptonschale hinaus aufgenommenen Elektronen (der neutralen Atome) im Innern der metallischen Phase als *Elektronengas* abgegeben werden, so daß jeweils die nächst niedrigere Edelgasschale als Außenschale der Metall-Kationen fungiert. Danach können im Gegensatz zu den Salzen, die kaum je wirklich freie zwei- oder gar dreiwertige Metall-Kationen enthalten dürften, Im Innern von metallischen Phasen bis zu *fünfwertige Metall-Kationen* existieren.

2. Die in der Sublimationsenergie zum Ausdruck kommenden *Bildungsenergien* der metallischen Bindungen steigt in beiden Reihen beim Übergang von den *Alkalimetallen* bis zu den Metallen der *5. Nebengruppe* annähernd proportional der Gaselektronendichte auf mehr als den fünffachen Wert an, wodurch die großen Festigkeitsunterschiede der verschiedenen Metalle sofort verständlich werden.

3. Die mit der Gaselektronenzahl pro Metallatom eingehende Verstärkung der metallischen Bindung hat eine beträchtliche *Volumenkontraktion* zur Folge. Z.B. nimmt beim Übergang von den Alkali-

metallen *Kalium* und *Rubidium* zu den in der 5. Nebengruppe stehenden Elementen *Vanadin* und *Niob* der Bindungsradius um nahezu die Hälfte ab und infolgedessen das Atomvolumen auf nur noch 16 % des ursprünglichen Werts.

4. Entfernt man sich noch weiter von den Edelgasen, so geht (bei im wesentlichen konstanten Bindungsradien) die Siedetemperatur und auch die Sublimationsenergie wieder zurück, und zwar anfangs langsam mit je einem Zwischenmaximum, später rascher, bis schließlich bei den Elementen der *zweiten Nebengruppe* (Zink und Cadmium) die Siedetemperaturen und Sublimationsenergien der *Alkalimetalle* annähernd wieder erreicht werden.

Diese komplizierten Verhältnisse deuten darauf hin, daß höher als fünfwertige Atom-Kationen auch in einer metallischen Phase nicht mehr beständig sind, weil sie dem Elektronengas eine mehr oder weniger große Elektronenzahl unter Auffüllung der ursprünglichen *Argon-* (bzw. *Krypton-)Außenschale* von 8 auf 18 Elektronen entziehen (bzw. diese Elektronen überhaupt nicht mehr an das Elektronengas abgeben).

Zusammenfassend ergibt sich also, daß wertvolle Gebrauchsmetalle in erster Linie bei den *mittleren Elementen der langen Perioden* zu finden sind, die relativ weit nach und auch vor einem Edelgas stehen. Einerseits weist nämlich das metallische Elektronengas erst bei den vier und mehr Stellen nach einem Edelgas stehenden Elementen eine für die Ausbildung hervorragender mechanischer Eigenschaften ausreichende Elektronendichte auf, andererseits stehen die 4 und mehr Stellen nach einem Edelgas stehenden Elemente der Kurzperioden (*Kohlenstoff, Silicium* und die diesen folgenden Elemente) gleichzeitig 4 oder weniger Stellen vor einem Edelgas, so daß bei ihnen die Tendenz zur Ausbildung *kovalenter Bindungen* die Tendenz zum Aufbau einer metallischen Phase überwiegt. Bei den mittleren Elementen der langen Perioden entfällt jedoch diese Alternative, weil sie im Periodensystem noch sehr weit von dem nächst höheren Edelgas entfernt stehen.

9.2.2 Die Festigkeitseigenschaften der Metalle

Trotz vergleichbarer Bildungsenergie aus den freien Atomen weisen die metallischen Phasen der Gebrauchsmetalle und die Atomgitter der Silikatgesteine nur hinsichtlich der Härte und der Druckfestigkeit, nicht aber hinsichtlich der *Zugfestigkeit* ähnliche mechanische Eigenschaften auf. Die Ursache für die meistens erheblich größere Zugfestigkeit der Metalle ist darin zu erblicken, daß die kovalenten Bindungen wegen der Lokalisierung des Bindungselektronenpaares auf den eng begrenzten Raum zwischen den zu verknüpfenden Atomen viel *starrer* sind als das metallische Bindungssystem mit seinen in allen Richtungen gleich stark wirkenden zwischenatomaren Anziehungskräften. Beim Zerreißen eines Atomgitters werden infolgedessen die relativ wenigen, genau in der Zugrichtung orientierten und deswegen bei Zug besonders stark beanspruchten Bindungen bereits zerstört, ehe sich die anderen Bindungen ebenfalls in die Zugrichtung einstellen können. Die metallischen Bindungen passen sich dagegen viel leichter der Zugrichtung an, so daß in summa der Bruch des Werkstücks die gleichzeitige Zerstörung einer wesentlich größeren Zahl von Atomverknüpfungen pro Querschnitteinheit erfordert, was in einer *Zunahme der Reißfestigkeit* zum Ausdruck kommt.

Die Zugfestigkeit der Metalle übertrifft aus diesem Grunde die sämtlicher steinartiger Materialien bei weitem. Wie Tabelle 9.6 zeigt, erreicht sie bei Spezialstählen Spitzenwerte von nahezu 150 kp/mm^2, d. h. ein nur 3 mm starker Draht vermag ein Gewicht von mehr als 1 t zu tragen. Im Duchschnitt unterscheiden sich die Zugfestigkeiten beider Substanzarten etwa um den Faktor 20. In dieser hohen Zugfestigkeit liegt eine der Hauptursachen für den hohen Gebrauchswert der metallischen Werkstoffe vor.

Tabelle 9.6 Vergleich der Zugfestigkeiten (σ_B in kp/mm^2) einiger metallischer und silikatartiger Materialien

Metall	σ_B	Silikat bzw. Aluminosilikat	σ_B
Messing	30– 60	Quarzit	1
Zinnbronze (hart)	50– 70	Steinzeug	1–1,5
Baustahl (normal)	30– 60	Glimmer	3,9
Spezialstahl	120–145	Hartporzellan	3–5

Mit der Zugfestigkeit eng verbunden ist die *Biegefestigkeit* eines Werkstoffes, denn beim Durchbiegen eines festen Körpers treten an der Außenseite der Biegung immer Zugkräfte auf. Die Biegefestigkeit eines Materials steigt infolgedessen stets direkt proportional der Zugfestigkeit an und erreicht ebenfalls bei den verschiedenen Baustählen Maximalwerte, die von keinem Silikatgestein auch nur annähernd erreicht werden. Beispielsweise erfordert die Überbrükkung eines nur wenige Meter breiten Raumes durch Steine den Bau eines Gewölbes, weil ein waagerecht liegender Stein infolge der Zugbeanspruchung an seiner Unterseite schon unter seinem eigenen Gewicht brechen würde. Mit einem Stahlträger kann man dagegen auch ohne Wölbung mehr als 100 m frei überbrücken.

Eine letzte mit der Zugfestigkeit zusammenhängende Materialeigenschaft, durch die sich die Metalle vorteilhaft vor anderen Werkstoffen auszeichnen, ist ihre *Elastizität.* Zwar ist der in naher Beziehung zur Bindungsstärke stehende *Elastizitätsmodul*[36] bei den wichtigsten Gebrauchsmetallen mit Werten zwischen 12 und 24 kp / mm^2 nur 3–4 mal so groß wie bei *Glas* und *Porzellan* (6–8 kp/mm^2), aber die höhere Zugfestigkeit der Metalle wirkt sich dahingehend aus, daß die metallischen Gegenstände im allgemeinen 10–20mal so stark elastisch verformt werden können wie keramische Materialien, ehe sie zerbrechen. Nur aus Metallen werden aus diesen Gründen sämtliche technisch wichtigen *Federkörper* hergestellt, von der feinsten Uhrfeder bis zu den viele t Gewicht tragenden Spiralfedern eines D-Zugwagens.

9.2.3. Die Kaltverformung der Metalle

Eine weitere Eigenschaft vieler Metalle, in der sie sich grundlegend von den steinartigen Materialien unterscheiden und die ihren Gebrauchswert wesentlich erhöht, ist ihre *nicht-elastische Verformbarkeit* weit unterhalb des Schmelzpunkes, die sich bei den Alkalimetallen mit ihren nur schwachen metallischen Bindungen bis zur *Plastizität* steigern kann. Diese Verformbarkeit ist zweifellos ebenfalls auf die oben erwähnte relativ geringe Starrheit der metallischen Bindung zurückzuführen, die unter Bedingungen, die bereits zum

[36] Elastzitätsmodul ist ein Ausdruck für die bei elastischen Dehnungen auftretende rücktreibende Federkraft. Er wird in kp / mm^2 angegeben und ist als diejenige Kraft definiert, die bei einer (hypothetischen) Gültigkeit der Elastizitätsgesetze über größere Strecken hinweg die Dehnung eines Werkstücks von 1 mm^2 Querschnitt auf die doppelte Länge bewirken würde.

Bruch kovalenter Bindungen führen würde, häufig noch eine Umgruppierung von Atomen unter Erhalt des Phasenzusammenhalts gestattet. Während sämtliche Silikatgesteine mit ihren Atom- oder Schichtengittern so spröde sind, daß sie sofort nach Überschreiten der Elastizitätsgrenze zerbrechen, besteht bei den Metallen noch die weitere Möglichkeit, daß die von außen einwirkenden Kräfte jenseits der Elastizitätsgrenze zunächst eine bei der Entlastung *nicht mehr reversible Formveränderung* hervorrufen. Hinsichtlich des Grades dieser Deformierbarkeit kann man etwa zwischen den folgenden drei Möglichkeiten unterscheiden:

1. Die Metalle sind ähnlich *spröde* wie die Gesteine und zerbrechen relativ bald nach Überschreiten der Elastizitätsgrenze. Hierher gehört von den Gebrauchsmetallen vor allem das *Gußeisen*. Aber auch zahlreiche *Stahlsorten* sind trotz hoher Elastizität nicht mehr kalt verformbar.

2. Die Metalle lassen sich zwar in der Kälte *ohne Bruch deformieren* (z. B. Stangen mehr oder weniger stark verbiegen), sie erleiden hierbei jedoch eine gewisse Zerstörung des Kristallgefüges, so daß nach häufigem Hin- und Herbiegen Bruch eintritt. Dies ist bei den meisten Gebrauchsmetallen der Fall.

3. Die Metalle lassen sich durch mechanische Bearbeitung *ohne Schädigung des Kristallgefüges verformen*, so daß man sie unter voller Erhaltung (oder gar unter Erhöhung) der Festigkeit weit unter ihrer Schmelztemperatur in jede gewünschte Form bringen kann. Diese *„Duktilität"* ist am stärksten bei den Metallen der *Kupfergruppe* (Kupfer, Silber und Gold) ausgeprägt. Z. B. kann man Gold zu noch zusammenhängenden Folien (sog. Blattgold) von nur 1/1000 mm Dicke (Quadratmetergewicht nur 2 g !) aushämmern oder Silber zu feinen *Filigrandrähten* mit Kilometergewichten bis herab zu $^1/_2$ g (!) ausziehen. Technisch wichtiger ist das, allerdings erst bei Rotglut mögliche, *Schmieden des Eisens*.

Wie man bereits unter dem Mikroskop erkennen kann, schieben sich bei diesem duktilen Verformen der Metalle immer gewisse durch ebene Flächen (sog. *Gleitebenen*) begrenzte Schichten der Kristalle aneinander vorbei. Daß dies ohne jegliche weitere Umgruppierung von Atomen möglich ist, läßt sich ebenfalls am einfachsten durch die *Gasnatur* der metallischen Bindungselektronen erklären.

9.2.4 Die Legierungen

Eine wesentliche Erhöhung des Gebrauchswerts vieler Metalle erreicht man durch *Legierung*. In meistens unerwarteter Weise werden die Härte, die Zugfestigkeit, die Elastizität und die Duktilität der Reinmetalle durch die Beimengung oft nur geringer Mengen von Fremdmetallen beeinflußt, ohne daß immer eine Erklärung für diesen Legierungseffekt gegeben werden kann. Wir wollen uns daher im folgenden mit der Anführung einiger charakteristischer Beispiele begnügen.

1. Als nur zwei Stellen hinter dem Edelgas Neon stehendes Element weist Magnesium einerseits einen recht hohen metallischen Bindungsradius (160 pm) und damit die für ein Metall ziemlich niedrige Dichte 1,74 auf, andererseits wegen der kleinen Zahl von nur zwei Gaselektronen pro Metallatom eine für die praktische Verwendung zu geringe mechanische Festigkeit. Legiert man es aber mit nur 10 Gew. - % *Aluminium, Kupfer* oder einigen anderen Metallen zu den sog. *Elektronmetallen*, steigt seine Festigkeit stark an. Sie erreicht zwar bei weitem noch nicht die des *Stahls* und noch nicht einmal die des *Duraluminiums*, ermöglicht aber bei der Herstellung gleich stabiler Konstruktionen gegenüber dem Eisen eine bis zu *80-proz.* und gegenüber dem Aluminium eine *20 -40-proz* Gewichtsersparnis.

2. Auch das älteste Gebrauchsmetall, die schon in vorgeschichtlicher Zeit hergestellte *Bronze*, die einer ganzen Kulturepoche den Namen gegeben hat, ist eine Legierung. Reines *Kupfer* ist als metallischer Werkstoff viel zu weich, so daß es nur als Leiter für den elektrischen Strom praktische Anwendung findet. Legiert man es aber mit *5-25 % Zinn*, so erhält man die relativ niedrig schmelzenden, in Formen gießbaren *Bronzen* mit hervorragenden Festigkeitseigenschaften, die trotz ihres hohen Preises auch heute noch nicht vollständig durch moderne Stahllegierungen ersetzt werden können. Insbesondere ist die Bronze wegen ihrer hohen Elastizität nach wie vor das wichtigste Material für Kirchenglocken.

3. In besonders starkem Ausmaß variieren die Eigenschaften des *Eisens* in Abhängigkeit von nur kleinen *Kohlenstoffmengen* als Legierungsbestandteil. Reines Eisen ist wie reines Kupfer viel zu weich, um praktische Verwendung finden zu können und hat bloß wegen

seiner besonders starken Magnetisierbarkeit einiges Interesse erlangt. Durch Beimengung von nur 0,3–0,5 % Kohlenstoff wird Eisen aber bereits so weit gehärtet, daß es als *Schmiedeeisen* nur noch bei Rotglut verformt werden kann. Steigt der Kohlenstoffgehalt auf 0,5-0,7 % an, gelangt man zu den verschiedenen, wegen ihrer Härte und Elastizität besonders wertvollen *Stahlsorten*. Bei ihnen ist jedoch die *Duktilität* schon so weit zurückgegangen, daß sie nur noch bedingt schmiedbar sind und beim Überschreiten der Elastizität leicht brechen. Z. B. *bricht* eine gute Messerklinge bei Überbeanspruchung ab und *verbiegt* sich nicht. Bei einem Gehalt von 3–4 % Kohlenstoff wird das Eisen schließlich unter Erniedrigung der Elastizitätsgrenze ausgesprochen spröde und damit technisch minderwertiger. Jedoch sinkt gleichzeitig die Schmelztemperatur, und die Schmelze wird ausgesprochen dünnflüssig, so daß sie in Formen gegossen werden kann. Man verwendet dieses *Gußeisen* deswegen immer dann als billigen metallischen Werkstoff, wenn keine hohen Festigkeitsansprüche gestellt werden.

4. Außer Kohlenstoff werden heute auch viele andere Metalle dem Eisen beigemengt. Erwähnenswert sind vor allem die *Eisen-Nickel-* und die *Chrom-Eisen-Nickel-Legierungen*. Erstere zeichnen sich u. a. durch eine große Zähigkeit aus, auf Grund deren sie z. T. kalt auf mehr als das doppelte gestreckt werden können, ohne daß Bruch eintritt. Die Chrom-Nickel-Stähle sind darüber hinaus viel härter als normale Stahlsorten. Sie finden hauptsächlich Anwendung zur Herstellung stark beanspruchter Maschinenteile (z. B.von *Motorachsen*) sowie auch von *Panzerplatten*.

9.3 Weitere auf das Elektronengas zurückzuführende Metalleigenschaften

9.3.1 Die elektrische Leitfähigkeit

Die Metalle sind die einzigen Substanzen, die den elektrischen Strom unmittelbar, d.h. ohne Verschiebung von Materieteilchen durch direkte *Wanderung von Elektronen* innerhalb eines im übrigen unveränderten Mediums weiterleiten können. Man grenzt sie daher unter der Bezeichnung *Leiter 1. Klasse* (oder auch kurz *Elektronenleiter*) von den *Leiter 2. Klasse* (oder *Ionenleiter*) genannten Stoffen (z. B. Salzschmelzen) oder Stoffgemischen (z. B. Salzlösungen) ab, in denen die Fortleitung der Elektrizität durch Wanderung von *elektrisch geladener Materie* geschieht.

Die Erklärung der metallischen Leitfähigkeit hat nach Aufstellung der *Elektronengastheorie* niemals größere Schwierigkeiten bereitet, denn die Elektronengastheorie stellt an sich bereits einen ersten Versuch dar, diese Leitfähigkeit durch Annahme von nicht an bestimmte Atome gebundene und daher im Innern von metallischen Phasen mehr oder weniger *frei beweglichen Elektronen* zu erklären.

Auch das Auftreten des *Ohmschen Widerstands* und im Zusammenhang damit der *Spannungsabfall* im Innern eines stromdurchflossenen Leiters, sowie dessen *Erwärmung* durch die fließende Elektrizität, werden durch die Elektronengastheorie befriedigend erklärt. Die angelegte Spannung bewirkt zunächst eine Beschleunigung der Gaselektronen, aber deren anfangs *gerichtete* Geschwindigkeit nimmt (im Gegensatz zur Beschleunigung in einer Vakuumröhre) nicht proportional dem Spannungsabfall zu, sondern wird infolge der zahlreichen Zusammenstöße mit anderen Gaselektronen und auch den Metall-Kationen rasch abgebremst und in die ungeordnete *allgemeine Wärmebewegung* umgewandelt.

Über die Größenordnung dieses Bremseffekts und die tatsächliche *Wanderungsgeschwindigkeit* der Elektronen (im Zeitmittel) macht man sich meistens ein völlig falsches Bild. Auf Grund der außerordentlichen Feinheit des Elektronengases – der Elektronendurchmesser beträgt nur etwa den zehntausendsten Teil des Durchmessers der kleinsten Partikelchen eines normalen Gases, wie etwa des *Heliumatoms* (244 pm) oder des *Wasserstoffmoleküls* (240 ppm) – erwartet man bei oberflächlicher Betrachtung, daß das Elektronengas eine sehr große Fluidität aufweist und sich wesentlich leichter und mit einer viel größeren Geschwindigkeit verschieben läßt als *Wasser*. Betrachtet man von diesem Gesichtspunkt aus die mittlere Elektronengeschwindigkeit im Wolframdraht einer Glühbirne, so stellt sich jedoch heraus, daß das Elektronengas nur sehr schwer beweglich ist. Bei einer 220-Volt-100-Watt-Birne wird der ca. 0,01 mm starke Glühdraht von einem knapp 0,5 A starken Strom durchflossen. Aus diesen Daten errechnet sich (bei Annahme von 5 Gaselektronen pro Wolframatom) eine mittlere Elektronengeschwindigkeit von 10 cm / sek., die in etwa der eines langsamen Wasserstroms in einer

Röhre entspricht. Aber bei dieser Strömungsgeschwindigkeit wird der Wolframdraht bereits zur hellen Weißglut erhitzt, während der gleich schnell fließende Wasserstrom noch keine meßbare Reibungswärme erzeugt.

Trotzdem ist die Vorstellung eines besonders leicht beweglichen Elektronengases keine reine Fiktion. In der Nähe des absoluten Nullpunkts (0° K) gehen viele Metalle in den *supraleitenden Zustand* über, der sich dadurch auszeichnet, daß auch bei den stärksten elektrischen Strömen kein Ohmscher Widerstand mehr in Erscheinung tritt, das Elektronengas also in der Tat die erwartete extrem hohe Fluidität zeigt.

In Tabelle 9.7 sind die elektrischen Leitfähigkeiten einer Reihe von metallischen Elementen zusammengestellt. Sie variieren zwischen den Grenzwerten $67{,}1 \cdot 10^4\ \Omega^{-1} \cdot \mathrm{cm}^{-1}$ für *Silber* und $0{,}91 \cdot 10^4\ \Omega^{-1} \cdot \mathrm{cm}^{-1}$ für *Wismut*, also innerhalb noch nicht einmal zwei Zehnerpotenzen.

Tabelle 9.7 Die elektrische Leitfähigkeit (L, in $\Omega^{-1} \cdot \mathrm{cm}^{-1}$) der wichtigsten metallischen Elemente

Element	$L \cdot 10^4$	Element	$L \cdot 10^4$	Element	$L \cdot 10^4$
Silber	67,1	Kalium	16,4	Vanadin	5,49
Kupfer	64,5	Nickel	16,3	Strontium	3,30
Gold	48,5	Cadmium	14,1	Barium	2,78
Aluminium	40,0	Ruthenium	14,0	Mangan	2,55
Calcium	25,0	Indium	12,2	Gallium	2,50
Natrium	23,4	Eisen	11,6	Zirkon	2,44
Magnesium	23,2	Palladium	10,2	Titan	2,38
Rhodium	23,0	Rubidium	8,86	Scandium	1,64
Molybdän	19,9	Chrom	7,09	Yttrium	1,25
Kobalt	18,0	Niob	6,57	Quecksilber	1,06
Zink	17,7	Cäsium	5,52	Wismut	0,91

Jeder Versuch, diese Leitfähigkeitswerte in eine einfache Beziehung zur Stellung der Metalle im Periodensystem zu bringen, ist bisher gescheitert, weil immer wieder Unstetigkeiten auftauchen. Beispielsweise nehmen zwar in der Reihe der *Alkalimetalle* die Leitfähigkeiten mit steigendem Atomgewicht ziemlich gleichmäßig ab (Na 23,4;

K 16.4; Rb 8,86; CS 5,52), aber schon bei den im Periodensystem unmittelbar folgenden *Erdalkalimetallen* (Mg 23,2; Ca 25,0; Sr 3,30; BA 2,78) erfolgt der Abfall nicht mehr gleichmäßig, sondern die beiden ersten und die beiden letzten Glieder der Reihe leiten etwa gleich gut, und zwischen diesen beiden Gruppen erfolgt ein steiler Abfall der Leitfähigkeit um nahezu eine Zehnerpotenz. Ähnlich zeigen die Metalle der *ersten Nebengruppe* vergleichbare Werte (Kupfer 64,5; Silber 67,1; Gold 48,5), während von den unmittelbar folgenden Elementen der *zweiten Nebengruppe* nur Zink (17,7) und Cadmium (14,1) nahezu die gleiche Leitfähigkeit aufweisen und Quecksilber (1,06) eine mehr als eine Zehnerpotenz differierende Sonderstellung einnimmt. Auch innerhalb der einzelnen Perioden sind keine klaren Gesetzmäßigkeiten zu erkennen. Nur in der *dritten Periode* sind die Leitfähigkeiten der metallisch auftretenden drei ersten Elemente nahezu gleich groß (Natrium 23,4; Magnesium 23,4; Aluminium 25,0), während sie bei den höheren Perioden mehr oder weniger stark abnehmen. Erst bei den weiter von den Edelgasen entfernt stehenden *Übergangsmetallen* beobachtet man in gleicher Weise bei den Elementen der Kupfergruppe ein sehr deutlich ausgeprägtes *Leitfähigkeitsmaximum* (s. oben), dem ein scharfer Abfall zu einem *Leitfähigkeitsminimum* folgt.

9.3.2 Die optischen Eigenschaften der Metalle

Bei allen in den Kapiteln 5 bis 8 beschriebenen Materiearten treten *durchsichtige Stoffe* auf, die nicht zur Absorption von sichtbarem Licht befähigt sind. Demgegenüber absorbieren die Metalle das gesamte in sie eindringende Licht und erscheinen deswegen bei Versuchen, sie mit beliebigem Licht zu durchstrahlen, absolut *undurchsichtig* (abgesehen von den unten erwähnten dünnen Schichten). Worauf ist diese Sonderstellung der Metalle zurückzuführen?

Zur Beantwortung dieser Frage ist es zweckmäßig, sich nicht nur auf das sichtbare Licht zu beschränken, sondern die Betrachtung auf das gesamte Spektrum der elektromagnetischen Wellen auszudehnen. Dann stellt sich nämlich heraus, daß es absolut durchsichtige Stoffe überhaupt nicht gibt. Jede Materieart vermag vielmehr in dem einen oder andern Spektralbereich, der durch die Struktur der jeweiligen Elektronenorbitale genau festgelegt ist, elektromagnetische Wellen zu absorbieren. Z. B. läßt die *irdische Atmosphäre*, die für sichtbares Licht zweifellos der bei weitem durchsichtigste Stoff ist, mit dem der Mensch in Berührung kommt, nur einen relativ kleinen Teil des gesamten elektromagnetischen Spektralbereichs bis zur Erdoberfläche hindurchdringen, wodurch u. a. die Möglichkeit, die außerirdische Welt zu erforschen, wesentlich eingeschränkt wird.

Die oben gestellte Frage muß daher besser folgendermaßen formuliert werden: Warum absorbieren die nichtmetallischen Materiearten nur einzelne *scharf abgegrenzte Bereiche* des elektromagnetischen Spektrums, die Metalle dagegen ohne jede Ausnahme *alle Arten von* (noch lichtähnlichen) *elektromagnetischen Wellen*?

Betrachten wir zunächst einmal die *nichtmetallischen Stoffe*. Unabhängig davon, ob es sich um niedermolekulare, makromolekulare oder salzartige Stoffe handelt, schwingen in ihnen die den Materiezusammenhalt bewirkenden Bindungselektronen (bzw. bei den Salzen die Außenelektronen der Ionen) stets auf relativ *wenigen, streng lokalisierten Orbitalen*, die jeweils durch ein *exaktes Energieniveau* ausgezeichnet sind. Da auch die bei der Aufnahme von Photonen entstehenden energiereicheren Orbitale immer auf exakt *definierten Energieniveaus* liegen, werden dem Licht in diesem Falle im Sinne der Ausführungen in 2.2.3 nur relativ wenige, durch die Energiedifferenzen (ΔE) zwischen den beteiligten Obitalen bedingte Schwingungsfrequenzbereiche (ν,vgl. Gleichung 2.1) entzogen. Alle anderen Lichtarten gehen dagegen ungehindert durch die nichtmetallische Materie hindurch.

Die Elektronen des *metallischen Elektronengases* befinden sich demgegenüber nicht auf exakt definierten, insbesondere nicht auf durch *konstante Energieniveaus* ausgezeichneten Orbitalen, sondern wechseln dauernd zwischen vielen auf *eng benachbarten Energieniveaus* liegenden Orbitalen hin und her. Hierdurch tritt infolgedessen innerhalb längerer Zeit jeder denkbare ΔE-Wert mehrfach in Erscheinung. Das bedeutet aber, daß auch jede denkbare Schwingungsfrequenz ν zur Absorption gelangt, d. h. das gesamte eingestrahlte Licht *quantitativ absorbiert* wird.

Immerhin muß die metallische Phase eine gewisse *Mindestausdehnung* aufweisen, damit die für eine quantitative Lichtabsorption erforderlichen zahlreichen Schwingungsfrequenzen auch eine ausreichende *Ausbildungswahrscheinlichkeit* besitzen. Metallfolien beginnen deswegen unterhalb einer gewissen Dicke für Licht *durchscheinend* zu werden. Für *Silber* liegt dieser Grenzwert bei einer Schichtdicke von etwa 0,002 mm. Danach findet hier erst bei *8000-10000 übereinandergeschichteten Atomen* eine wirklich quantitative Lichtabsorption statt.

In einem gewissen Widerspruch zur Lichtundurchlässigkeit aller Metalle steht schließlich der bei keiner anderen Materieart in dieser Intensität beobachtete *spiegelnde Glanz* von glatten Oberflächen. Z. B. ist Silber einerseits in feiner Verteilung so intensiv schwarz, daß es in der Schwarz-Weiß-Fotografie als *schwarzer „Farbstoff"* Verwendung findet, andererseits bei glatter Oberfläche ein so ausgezeichneter *Reflektor*, daß es den hellsten Glanz aller Metalle aufweist, in dieser Beziehung also alles andere als schwarz genannt werden kann.

Trotzdem ist dieser Widerspruch nur scheinbar. Die schwarze Farbe beruht auf der *totalen Absorption* aller in das Metall eindringenden Lichtstrahlen, der metallische Glanz dagegen auf der *Reflexion* von gar nicht in das Silber eindringendem Licht an der Metalloberfläche. Zwischen diesen beiden Wechselwirkungen zwischen Licht und Materie muß man streng unterscheiden. Jedoch bestehen zwischen ihnen enge Beziehungen, die nicht nur für die Metalle allein gültig sind.

Betrachten wir z. B. einen reinen kristallisierten Farbstoff wie etwa das *Eosin* der roten Tinte, so stellen wir fest, daß ein Eosinkristall aus weißem Licht die grünen Strahlen herausfiltriert und nur die roten Strahlen ungehindert hindurchgehen läßt, wodurch seine *rote Farbe* eine befriedigende Erklärung findet. Darüber hinaus kann man an gut ausgebildeten Kristallen aber auch beobachten, daß das bei der Spiegelung an der Kristalloberfläche reflektierte Licht intensiv *grün* ist. Wir begegnen hier erstmal einem allgemein gültigen Gesetz: Jeder Stoff besitzt für die diejenigen elektromagnetischen Wellen, die er in seinem Innern absorbiert, ein besonders gutes *Reflexionsvermögen*. Er erschwert also bis zu einem gewissen Grade bereits den Eintritt der betreffenden Strahlen in das Materieinnere.

Für den Spezialfall der Metalle besagt dieses Gesetz, daß die *totale Absorption* aller Lichtarten im Metallinnern eine *bevorzugte Refle-*

xion des gesamten Spektralbereiches an der Oberfläche zur Folge haben sollte. Der beobachtete metallische Glanz wird also von der Theorie direkt gefordert.

Teil III Der Zusammenschluß der Materie zu unserer Umwelt

10. Unsere mineralische Umwelt

10.1 Land und Meer

Von den zahlreichen im II. Teil dieses Buches beschriebenen Substanzgruppen sind es vor allem die makromolekularen *Gesteine*, die aus ihnen durch Verwitterung hervorgegangenen, ebenfalls noch makromolekularen *Erden*, das niedermolekulare *Wasser* sowie schließlich die niedermolekulare *Luft*, die das Bild unserer mineralischen Umwelt auf der Erdoberfläche prägen. Besonders der krasse Unterschied zwischen den makro- und niedermolekularen Umweltbestandteilen fiel dem Menschen schon frühzeitig auf – natürlich, ohne daß er die Ursachen dieses Unterschiedes erkannte – wie u. a. aus der ca. 4000 Jahre alten biblischen Genesis hervorgeht, in der vom dritten Schöpfungstag berichtet wird: „Es werde eine Feste sein zwischen den Wassern".

Diese Unterscheidung zwischen der *Feste* und den *Wassern* ist für den Menschen nämlich deshalb so bedeutungsvoll, weil es sich bei ihnen nicht nur um zwei grundverschiedene Materiearten handelt, sondern weil diese Materiearten darüber hinaus eine gänzlich verschiedene Rolle bei allem Geschehen auf der Erdoberfläche spielen und erst die Wechselwirkung zwischen beiden für unsere irdische Welt charakteristisch ist.

Betrachten wir zunächst einmal die *makromolekularen Gesteine*. Sie sind dem Menschen durch Bohrungen bis etwa 5 km Tiefe und auf Grund von Verwerfungen verschiedener Erdschichten gegeneinander sogar bis zu einer Tiefe von vielleicht 16 km [37] wenigstens in Stichproben noch unmittelbar zugänglich. Man grenzt diese 16 km

[37] = 10 Meilen. Die Abgrenzung wurde von angelsächsischen Forschern vorgeschlagen.

dicke Oberschicht des Erdkörpers deswegen vom eigentlichen Erdinnern ab und rechnet sie unter der Bezeichnung *Erdrinde* noch zur Erdoberfläche.

Die Gesteine der Erdrinde, die mengenmäßig alle anderen Bestandteile unserer Umwelt, insbesondere Wasser und Luft, um mehr als das Zehnfache überwiegen, treten unter den Temperaturbedingungen der Erdoberfläche ausschließlich in *festem Aggregatzustand* auf, und ihre mechanische Festigkeit reicht aus, die gewaltigen Gebirge unserer Erde mit ihren oft kilometerhohen Felswänden aufzubauen bzw. über Jahrmillionen hinweg bestehen zu lassen. Die Tendenz der zu mehr als 80 % am Aufbau der Erdrinde beteiligten Elemente *Silicium, Aluminium* und *Sauerstoff*, die äußere Elektronenschale ihrer Atome durch Ausbildung von kovalenten Bindungen zu stabilisieren und auf diese Weise u. U. sämtliche Atome eines makroskopischen Materiebrockens zu einem einzigen riesigen Makromolekül zusammenzuschweißen, ist also die eigentliche Ursache dafür, daß wir überhaupt eine *harte Erdrinde* haben, also gewissermaßen auf festem Boden stehen. Gleichzeitig stellen wir fest, daß der Zusammenschluß der Atome zu makromolekularen Atomgittern und nicht der zu den scheinbar so viel einfacher gebauten Molekülen niedermolekularer Substanzen die mengenmäßig bei weitem überwiegende Erscheinungsform der Materie auf der Erdoberfläche ist.

Trotz ihrer hohen mechanischen Festigkeit und auch trotz ihrer mengenmäßigen Bedeutung stellt die feste Erdrinde aber nicht mehr als den *starren äußeren Rahmen dar*, innerhalb dessen alle physikalischen und auch chemischen Vorgänge auf Erden ausschließlich durch die niedermolekularen Stoffe bewirkt werden. Ohne Luft und ohne Wasser als die wichtigsten Erdrindebestandteile dieser Art wäre auf der Erdoberfläche nicht nur kein Leben möglich, sondern auch keinerlei wesentlicher Materialtransport und, wie im folgenden Abschnitt näher erläutert wird, keinerlei chemische Reaktionen.

Erst die *kleinen Moleküle* der in der Luft enthaltenen Gase und des Wassers sind genügend beweglich, um mit den makromolekularen Gesteinen wenigstens oberflächlich reagieren zu können und sie von außen her zu zerstören. Nur mit Hilfe des Wassers konnte infolgedessen der im 3. Abschnitt dieses Kapitels beschriebene wichtige Prozeß der Gesteinsverwitterung und im Zusammenhang damit der

der ebenfalls dort beschriebenen Bildung von Sekundärgesteinen vor sich gehen. Außerdem führt das leicht verdunstende Wasser schon unter der Wirkung der Sonneneinstrahlung seinen bekannten Kreislauf aus und besorgt dabei, zusammen mit der ebenfalls als Folge der Sonneneinstrahlung dauernd in Bewegung befindlichen Luft, sämtliche *Materialtransporte* auf der Erde, angefangen von den Sandverwehungen in den Dünen und Wüsten über die Wind- und Wassererosion der Gebirge sowie die riesigen Schuttablagerungen der großen Ströme bis zur Ansammlung der Salze im Meerwasser. Ja, selbst das auf den ersten Blick zur festen Erdoberfläche zählende Eis ist zum nicht geringen Anteil an diesen Materialtransporten beteiligt, wie jede Gletschermoräne beweist.

Die übrigen der in Teil II beschriebenen anorganischen Substanzklassen, die *Metalle* und die *Salze*, treten im Bilde unserer Umwelt weniger in Erscheinung, so daß sie als besondere Materiearten erst später erkannt wurden. Beispielsweise sind die Metalle trotz ihrer z. T. hervorragenden mechanischen Eigenschaften viel zu oxidationsempfindlich, um in Gegenwart des Luftsauerstoffs an der Erdoberfläche frei existieren zu können (vgl. auch Kap. 12.3). Mit Ausnahme der nur sehr seltenen Edelmetalle ist infolgedessen die metallische Materie nicht am Aufbau der Erdrinde beteiligt. Der Mensch konnte die hervorragenden Gebrauchseigenschaften des Kupfers und der Bronze, sowie später vor allem die des Eisens und des Aluminiums, vielmehr erst dann für seine Zwecke auswerten, als es ihm gelang, diese Metalle künstlich aus ihren Erzen freizusetzen.

Bei den Salzen ist es in analoger Weise ihre Wasserlöslichkeit, die es verhindert, daß sie in größerem Umfang als fester Bestandteil der Erdrinde auftreten. Statt dessen haben sie sich, wie schon erwähnt, im Laufe der Jahrmilliarden der Erdgeschichte zum größten Teil in den Weltmeeren angereichert und verhalten sich dort wegen ihres in Lösung erfolgenden Zerfalls in freie niedermolekulare Ionen im wesentlichen wie die normale niedermolekulare Materie.

Immerhin kommen in den Trockengebieten der Erde auch kristallisierte Salze mineralisch vor. Jedoch sind diese festen Salze meistens rückwärts aus ihren Lösungen durch Verdunsten von Meerwasser entstanden und zählen infolgedessen zu den später behandelten *Sekundärmineralien*. Derartige noch relativ junge Anhäufungen fester

Salze beobachtet man u. a. in den zahlreichen Salzwüsten. Daneben sind aber auch viele unterirdische Salzlager bekannt, die sich unter wasserundurchlässigen Tonschichten selbst in regenreichen Gebieten über geologische Zeiträume hinweg unverändert erhalten haben und vom Menschen technisch ausgebeutet werden. Hier sind vor allem die schon im Mittelalter abgebauten Salzvorkommen in den nördlichen Kalkalpen zu nennen, nach denen Salzburg und die zahlreichen den Wortstamm *Hall* in ihrem Namen enthaltenen Orte (Hallein, Hall in Tirol, Hallstadt, Reichenhall usw.) benannt worden sind. Von den erst später erschlossenen norddeutschen Salzvorkommen haben vor allem die für die Kunstdüngergewinnung wichtigen Lager im nördlichen Harzvorland (Staßfurt usw.) eine größere Bedeutung erlangt.

Nicht mehr wie niedermolekulare Substanzen verhalten sich dagegen die in 6.4 beschriebenen *schwerlöslichen Salze,* die aus mehrwertigen Kationen und Anionen aufgebaut sind. Sie ähneln, wie dort bereits kurz gestreift, in allen ihren Eigenschaften weitgehend den normalen makromolekularen Gesteinen und sollen deswegen im folgenden auch mit diesen gemeinsam abgehandelt werden.

10.2 Eine Vorraussetzung für den Ablauf chemischer Reaktionen

Im Gegensatz zu der im nächsten Kapitel beschriebenen „lebenden“ Materie geben die „toten“ Mineralien, insbesondere die makromolekularen Gesteine nicht nur keines der bekannten Lebenszeichen von sich, sondern sind auf den ersten Blick auch *chemisch tot*, d. h. sie bleiben oft lange Zeiträume hindurch unverändert nebeneinander liegen. Trotzdem haben im Laufe der Erdgeschichte eine Reihe von Umsetzungen auch der festesten Gesteine stattgefunden, die zu einer weitgehenden Umgestaltung der Erdoberfläche geführt haben. Um diese chemischen Vorgänge im Mineralbereich verstehen zu können, ist es erforderlich, sich zuvor über eine wichtige Voraussetzung klar zu werden, die für den Ablauf sämtlicher chemischer Reaktionen erfüllt sein muß: die schon in 8.1 diskutierte Möglichkeit des Zusammentreffens der miteinander reagierenden Atome bzw. Moleküle.

Diese Möglichkeit ist optimal verwirklicht bei allen *Flüssigkeiten* und *Gasen*, deren kleinste Teilchen – unter den Bedingungen der Erdoberfläche meistens relativ kleine Moleküle oder Ionen – infolge der Wärmebewegung (sog. Brownsche Bewegung) dauernd durcheinanderwirbeln und deswegen genügend oft zusammenstoßen, um jedem dieser Teilchen eine ausreichende Umsetzungschance zu gewährleisten. Die in gasförmigem oder flüssigem (einschl. gelöstem) Zustand auftretenden niedermolekularen Substanzen und Salze reagieren daher relativ leicht miteinander. Alle derartigen in Flüssigkeiten oder Gasen vor sich gehenden Reaktionen, wofür die gegenseitige Neutralisation von wäßrigen Säuren- und Basenlösungen oder das Brennen einer Propangasflamme an der Luft als charakteristische Beispiele angeführt seien, nennt man *homogene Reaktionen*.

Gänzlich anders liegen die Verhältnisse dagegen bei den *Festkörpern*, deren Innenatome ohne Zerstörung der Oberfläche von keinem Fremdatom mehr erreichbar sind und die deswegen nur von der Oberfläche her Schicht um Schicht chemisch in Reaktion treten können. Aber selbst das ist nur mit niedermolekularen Flüssigkeiten oder Gasen möglich, deren kleinste Teilchen, wieder wegen der erwähnten Durchwirbelung, mit jedem beliebigen Oberflächenatom des Festkörpers in ausreichendem Maße zusammentreffen können.

Die Umsetzungen dieser Art haben den Namen *heterogene Reaktionen* erhalten. Als Beispiel für eine solche heterogene Umsetzung eines Festkörpers mit einer Flüssigkeit sei die Auflösung von Metallen in Salz- oder Salpetersäure unter Bildung von deren Salzen angeführt. Ähnlich findet eine heterogene Reaktion zwischen Festkörper und Gas bei der Verbrennung des makromolekularen Kokses an der Luft sowie auch bei der Wassergasbildung aus Koks und Wasserdampf statt. Jedoch sind die beiden letzteren Reaktionen erst bei Temperaturen oberhalb 1000 °C durchführbar.

Für die letzte Kombinationsmöglichkeit, die unmittelbare *Umsetzung zweier Festkörper* miteinander, besteht schließlich überhaupt keine Umsatzchance mehr, weil hier die an sich vielleicht reaktionsfähigen Atome (bzw. Atomgruppen) der Festkörper ohne Änderung des Aggregatzustands nicht mehr zusammenkommen können. Besonders bei den makromolekularen Silikatgesteinen, deren Atome in den jeweiligen Atomgittern durch Atombindungen in ihren gegenseitigen räumlichen Stellungen absolut fixiert sind, ist dies bei Temperaturen unter 1000 °C stets der Fall. In den Urgesteinen Granit,

Gneis, Porphyr usw., die jeweils aus einem Gemenge verschiedenartiger Mineralien bestehen, hat infolgedessen in Abwesenheit von Wasser in den seit ihrer Entstehung verflossenen Jahrmilliarden nicht der geringste erkennbare chemische Umsatz zwischen den verschiedenen Gefügebestandteilen mehr stattgefunden.

10.3 Chemische Umsetzungen im Mineralbereich

10.3.1 Die Gesteinsverwitterung

Betrachten wir nunmehr von diesem Standpunkt aus die auf der Erdoberfläche möglichen chemischen Reaktionen der festen Mineralien, so muß an erster Stelle die *Verwitterung der Urgesteine* erwähnt werden, durch die vor vielleicht drei Milliarden Jahren eine weitgehende Umgestaltung der Erdoberfläche eingeleitet wurde und die ein eindrucksvolles Beispiel für die Bedeutung gerade des niedermolekularen Wassers für alles Geschehen auf der Erdoberfläche darstellt.

Die verwitternden Urgesteine sind nämlich sämtlich *Silikate* (bzw. *Alumosilikate*) und als solche absolut luftbeständig. In den wüstengebieten der Erde findet infolgedessen – abgesehen von der nur mechanischen Lufterosion durch das „Sandstrahlgebläse" der Sand- und Staubstürme – keinerlei chemische Verwitterung statt. Erst mit *flüssigem Wasser* können die Atomgitter der Silikate in Reaktion treten.

Die wichtigste dieser Verwitterungsreaktionen ist die *Bildung der Tone* und *Lehme* aus dem in den Urgesteinen enthaltenen Glimmer und verwandten Mineralien mit *Schichtengitterstruktur*. Diese sind nämlich wegen der Möglichkeit des Eindringens von Quellungswasser zwischen die Blattmoleküle und der dadurch bedingten Schwächung des Kristallzusammenhalts relativ feuchtigkeitsempfindlich. Insbesondere werden durch das Wasser alle freien Kationen aus dem Kristall herausgelöst – sie haben sich in den Jahrmilliarden der Erdgeschichte im Meer angesammelt – so daß schließlich zwischen den Schichten nur noch die relativ schwachen Wasserstoffbrückenkräfte wirksam sind. Die Kristalle zersplittern infolgedessen leicht zu den mikroskopisch kleinen Plättchen der tonartigen Substanzen, die noch in Wasser quellbar sind und in feuchtem Zustand als „Lehme" die eigentlichen *Erden* darstellen (vgl. auch 7.3.2).

Neben diesen Tonen und Lehmen gibt es auch noch ein zweites kleindimensioniertes Verwitterungsprodukt der Urgesteine: die *Sande*. Die Urgesteine stellen nämlich ein aus dem Schmelzfluß erstarrtes und deswegen mechanisch sehr festes Konglomerat kleiner Kriställchen verschiedener Silikate dar, die z. T. *Atomgitterstruktur, z. T. aber auch Schichtengitterstruktur* aufweisen. Die Zerstörung des Glimmers und ähnlicher schichtengitterartiger Bauelemente der Urgesteine bei der Verwitterung haben zur Folge, daß der Zusammenhalt zwischen den wegen ihrer chemischen Indifferenz nicht verwitternden Gefügebestandteilen des ursprünglichen Gesteins immer mehr gelockert wird, bis diese schließlich ebenfalls feinkörnig anfallen. Im Laufe der Zeit findet also eine vollständige Zerbröckelung auch des härtesten Urgesteins in zwei verschiedene kleinkristalline Mineralien statt.

Diese nicht-verwitternden Gefügebestandteile der Urgesteine grenzt man als *Sande* von den oben erwähnten *Erden* ab, weil sich beide Substanzarten (trotz des gleichen äußeren Habitus in trockenem Zustand) gegen Wasser grundsätzlich verschiedenartig verhalten. Die Sandkörner sind, abgesehen von ihrer Kleinheit, letzten Endes noch „normale" Steine, die von Wasser nur äußerlich benetzt werden und infolgedessen in nassem Zustand weder ihre Form noch ihre Festigkeit auch nur im geringsten verändern. Sie sind daher für die Bildung eines fruchtbaren Ackerbodens nicht geeignet und häufen sich an den Meeresstranden und in den Sandwüsten in riesigen Lagern an.

Gänzlich anders liegen die Verhältnisse dagegen bei den *Erden*, die wegen ihrer Fähigkeit, Wasser unter Quellung zwischen den Flächenmolekülen ihres Schichtengitters aufzunehmen, bis zu einem gewissen Grade das Regenwasser im Boden speichern können. Sie stellen deswegen in erster Linie die *Grundsubstanz unserer Ackerböden* dar, deren Qualität allerdings zusätzlich noch durch die Beimengung von *Humus*, also vermoderter organischer Substanz, wesentlich gesteigert wird. Trotz der Beschränkung des Vorkommens dieser Erden auf die dem Wasser zugängliche unmittelbare Oberschicht der Erdrinde ist ihre Bedeutung, insbesondere für die Entwicklung des Lebens auf dem Festland, so groß, daß sie und nicht die mengenmäßig weit überwiegenden Gesteine (einschl. der Sande) unserem Planeten den Namen *Erde* gegeben haben.

10.3.2 Sekundärmineralien und ihre Verwitterung

Wegen ihrer sekundären Bildung aus den beim Abkühlen der Erdrinde primär auskristallisierten Urgesteinen faßt man derartige nachträglich entstandenen Erdrindenbestandteile unter dem Begriff *Sekundärgesteine* oder *Sekundärmineralien* zusammen. Die Sande und Erden, sowie auch die unten beschriebenen Sedimentgesteine oder die aus den Sandkörnern durch starkes Zusammenpressen im Erdinnern entstandenen Sandsteine sind also typische Sekundärmineralien.

Die erwähnten *Sedimentgesteine* haben sich sämtlich zunächst im freien Meer als feinkörniges Material abgeschieden und sind erst später nach dem „Sedimentieren" langsam zum Stein erhärtet. Sie sind hauptsächlich aus den ins Meer geschwemmten Calcium- und Magnesiumionen der verwitterten Gesteine entstanden, die sich dann mit den zweiwertigen Anionen der Kohlensäure und auch Schwefelsäure zu den in 6.4 beschriebenen schwerlöslichen Salzen vereinigt haben. Als wichtigste Mineralien dieses Typs seien angeführt der *Magnesit* (Magnesiumcarbonat $MgCO_3$), der *Dolomit* (Calcium-magnesium-carbonat $CaMg[CO_3]_2$), der *Kalkstein* (Calciumcarbonat $CaCO_3$) und der *Gips* (Calciumsulfat-hydrat, $CaSO_4 \cdot 2H_2O$).

Alle diese Sedimentgesteine kommen als solche noch nicht in den Urgesteinen vor, weil sie als Salze mit Molekülanionen bei der hohen Erstarrungstemperatur der Erdrinde noch nicht existenzfähig waren (s. 6.1). Ihr Auftreten in den heutigen festen Oberflächengesteinen ist somit ein wichtiger Beweis dafür, daß sie erst nachträglich aus den bereits kristallisierten Urgesteinen bei relativ niedriger Temperatur entstanden sind.

Auch die Sedimentgesteine sind noch nicht wetterfest, erleiden jedoch andersartige Verwitterungsreaktionen. Am einfachsten liegen die Verhältnisse beim *Calciumsulfat* $CaSO_4$, das außer im oben erwähnten Gips auch in verschiedenen anderen Formen mineralisch auftritt. Es löst sich bereits ohne eigentliche chemische Reaktion zu etwa 1 % in Wasser auf, was zur Folge hat, daß alle Calciumsulfatgesteine vom Regenwasser langsam wieder aufgelöst werden. Infolgedessen weist das aus Gipsgebirgen zutage tretende Quellwasser stets einen nicht unbeträchtlichen Gehalt an Calciumionen auf, der vor allem in einer gewissen *Wasserhärte* zum Ausdruck kommt.

Chemisch interessanter ist die Verwitterung von *Kalkgestein*, an der außer dem Wasser auch ein Luftbestandteil, das *Kohlendioxid* CO_2 beteiligt ist. Die Reaktion beruht darauf, daß das an sich schwer lösliche und deswegen weitgehend wasserfeste *Calciumcarbonat* $CaCO_3$ mit dem Kohlendioxid der Luft und Wasser das besser wasserlösliche *Calcium-hydrogen-carbonat* $Ca(HCO_3)_2$ (früher Calciumbicarbonat genannt) bildet. Da Regenwasser immer geringe Mengen von Kohlendioxid aus der Luft aufnimmt, läuft die Reaktion letzten Endes auf eine langsame Auflösung des Kalkgesteins im Quellwasser hinaus. Auf diese Weise haben unterirdische Wasserläufe oft riesige Höhlen aus Kalkfelsen herausgewaschen. Wegen des hierdurch bedingten Calciumionengehalts weisen auch die in den Kalkgebirgen entspringenden Quellen eine mehr oder weniger ausgeprägte *Wasserhärte* auf.

Da das gelöste Calciumhydrogencarbonat leicht in Umkehrung seiner Bildungsreaktion unter Abgabe von Kohlendioxid und Wasser das schwerlösliche Calciumcarbonat zurückbildet, kann es u. U. zu einer erneuten Kalkabscheidung kommen. Das bekannteste Beispiel ist die beim Kochen von Calcium-hydrogen-carbonat-haltigem Wasser unter „Enthärtung" erfolgende Bildung von *Kesselstein*. Aber auch bei tiefer Temperatur ist eine derartige Regenerierung des Kalksteins bereits möglich, wie das Auftreten der *Stalagmiten* und *Stalaktiten* in den Tropfsteinhöhlen beweist.

10.3.3 Änderungen der Zusammensetzung der Erdatmosphäre

Schließlich hat auch die Atmosphäre im Verlaufe der Erdgeschichte eine mehrfache weitgehende Umwandlung erfahren, über die man im wesentlichen jedoch bloß Vermutungen anstellen kann. Mit ziemlicher Sicherheit läßt sich nur aussagen, daß der für das Leben so wichtige Luftsauerstoff in der *Uratmosphäre* noch nicht vorhanden war, sondern mindestens zum Teil in den letzten zwei Milliarden Jahren von den Pflanzen im Rahmen der Kohlendioxidassimilation (gewissermaßen als „Nebenprodukt") erzeugt worden ist. Eine derartige Anhäufung des Sauerstoffs in der Erdatmosphäre setzt voraus, daß das Hauptprodukt des Assimilationsvorgangs, die *Koh-*

lenhydrate und von diesen ausgehend die gesamte organische Substanz auf der Erde, nicht sofort wieder an der Luft verbrennt (bzw. in früheren Zeiten verbrannt wurde), sondern zumindest während der Lebzeiten der verschiedenen Organismen erhalten bleibt sowie irgendwie auch in größerem Umfang nach dem Ableben von Pflanzen unter Luftabschluß über geologische Zeiträume hinweg gelagert worden ist. Das ist in den riesigen *Kohle-*, *Erdöl-* und *Erdgaslagern* auch tatsächlich geschehen.

Auf eine weitere Möglichkeit der Sauerstoffbildung in der Exosphäre und die dadurch bedingten Veränderungen in der Uratomosphäre wird in 12.1.2 eingegangen.

10.3.4 Die Geschwindigkeit der Verwitterungsreaktionen

Allen beschriebenen chemischen Reaktionen im Mineralbereich ist eines gemeinsam: die *ungeheure Langsamkeit*, mit der sie vor sich gehen. Während die normalen Reaktionen des Chemikers selten mehr als einige Tage benötigen, um einen vollständigen Umsatz aller beteiligten Stoffe zu erzielen, dauert es bei den unter natürlichen Wetterbedingungen[38] ablaufenden Verwitterungsprozessen oft mehrere Jahrhunderte oder gar Jahrtausende, ehe die oberflächliche Zerstörung der Steine überhaupt sichtbar wird. Dementsprechend hat die Anhäufung größerer Mengen von Sekundärmineralien auf der Erdoberfläche die vielen Jahrmillionen der verschiedenen geologischen Epochen erfordert. Aber auch diese reichten nicht aus, um die Verwitterung vollständig zu machen. Schon auf der Erdoberfläche selbst treten noch zahlreiche Urgesteine zutage und in nur wenigen Kilometern Tiefe unterhalb des Eindringungsbereiches von Regenwasser liegen seit dem Erstarren der Erdrinde noch alle Mineralien unverändert nebeneinander. Die These vom *chemisch toten Mineralbereich* hat also trotz aller Verwitterungserscheinungen für kurzdauernde Zeiträume noch einen hohen Wahrheitsgehalt.

[38] Erst die mit dem modernen Industriezeitalter verbundene Anreicherung von Schwefeldioxid in der Luft, das sich im Regenwasser auflöst und dort durch den Luftsauerstoff zur sehr aggressiven Schwefelsäure oxydiert wird, hat vielfach eine erhebliche Beschleunigung des Verwitterungsprozesses zur Folge gehabt.

11. Die lebende Materie

11.1 Der materielle Aufbau der Lebewesen

Der Welt der toten Mineralien steht die der lebenden Organismen diametral gegenüber. Natürlich ginge man an den Problemen des Lebens völlig vorbei, wenn man nur die die Lebewesen aufbauenden Stoffe als Hauptcharakteristikum des Lebens ansehen würde. Aber es läßt sich nicht leugnen, daß der Ablauf des Lebens unlösbar an eben diese Materiearten gebunden ist, die man deswegen mit vollem Recht als die eigentlichen *materiellen Träger des Lebens* bezeichnen kann. Nur auf diese das Leben tragenden und überhaupt erst ermöglichenden Stoffe, nicht aber auf das Leben selbst mit all seiner Problematik soll in diesem Kapitel kurz eingegangen werden.

Im Gegensatz zur mehr statischen Natur der einzelnen Bestandteile des Mineralreiches, die nur oberflächlich einer langsamen Verwitterung ausgesetzt sind und im wesentlichen unverändert nebeneinander lagern, ist die organische Materie der Lebewesen überwiegend *dynamischen Gesetzen* unterworfen. Allein die Aufrechterhaltung des Lebens ist ein dynamischer Vorgang, der durch einen ununterbrochenen *Stoffwechsel* charakterisiert ist, und bei dessen Unterbrechung sofort der Tod mit seinem „toten Nebeneinander“ sich nicht mehr verändernder Stoffe eintritt[39].

Alle im Innern der Lebewesen ablaufenden Stoffwechselvorgänge sind im wesentlichen *chemischer Natur*. Die lebende Materie muß daher vor allem derart beschaffen sein, daß in ihr auch die erforderlichen chemischen Reaktionen ablaufen können. Von diesem Gesichtspunkt aus werden an die Körper sämtlicher Lebewesen die folgenden beiden Forderungen gestellt:

Einerseits müssen sie alle diejenigen Stoffe enthalten, die im Rahmen des Stoffwechsels in Reaktion treten. Zum andern muß aber auch die in 8.1 und 10.2 erwähnte Voraussetzung für jede chemische Re-

[39] Die Verwesung stellt in diesem Sinne auch noch einen, allerdings durch andere Lebewesen bewirkten Lebensprozeß dar, der durch geeignete Maßnahmen, z. B. durch Mumifizierung oder auch die Konservierungsmethoden der Nahrungsmittelindustrie mehr oder weniger weitgehend unterbunden werden kann (s. auch Anm. 40).

aktion erfüllt sein, daß alle am Stoffwechsel beteiligten Moleküle (bzw. Atomgruppen von Makromolekülen) tatsächlich zusammentreffen können, um sich miteinander umzusetzen. Dann muß aber die lebende Substanz zumindest in den Teilen des jeweiligen Organismus, in denen der Stoffwechsel stattfindet, *flüssig* sein.

Die Beschreibung der in der ersten Forderung erwähnten, für die Durchführung der Lebensprozesse erforderlichen Stoffe würde den Rahmen dieses Buches überschreiten und kann in jedem Lehrbuch über Biochemie nachgelesen werden. Es soll daher in den Abschnitten 11.2–11.4 nur kurz auf einige spezielle Probleme dieser organischen Materie eingegangen werden.

Die Erfüllung der zweiten der oben genannten Forderungen, die Schaffung eines die biochemischen Lebensvorgänge ermöglichenden *flüssigen Reaktionsmediums,* ist für den Aufbau der lebenden Materie von besonderer Problematik. Die am Stoffwechsel teilnehmenden Substanzen sind nämlich zum überwiegenden Teil makromolekular oder haben zumindest eine relativ hohe Molekülmasse von mehreren hundert bis tausend Einheiten. Sie sind infolgedessen Festkörper, die an sich „tot" nebeneinander liegen würden, weil sie, wie in 10.2 beschrieben, keine Möglichkeit besitzen miteinander in Reaktion zu treten[40].

Die Vereinigung aller zum Leben notwendigen Stoffe in einer flüssigen Phase ist praktisch nur in Wasser als *universellem Lösungsmittel* möglich. Eine derartige wäßrige Lösung aller am Stoffwechsel beteiligten Substanzen ist grundsätzlich sogar bereits in flüssigem Zustand lebensfähig, wie die Amöben und einige andere in Wasser lebende schleimartige Urtierchen zeigen. Aber flüssige Lebewesen sind formunbeständig und würden niemals eine derart vielgestaltige Entwicklung des Lebens ermöglicht haben, wie sie besonders auf dem Land, aber auch im Wasser, im Laufe der Erdgeschichte eingetreten ist.

[40] Ein derartiges totes Nebeneinander von an sich lebensfähigen Substanzgemischen beobachtet man z. B. bei den getrockneten Pflanzen eines Herbariums oder bei den mumifizierten Leichen in den ägyptischen Königsgräbern. Ähnlich beruht die Konservierung vieler Nahrungsmittel durch Dörren auf der künstlichen Erzeugung eines solchen toten Nebeneinanders von Stoffen, die früher unmittelbar am Leben teilgenommen hatten und ohne Dörren sofort in einem andersartigen Lebensprozeß verwesen würden.

Bei der Entwicklung der Lebewesen mußten infolgedessen zwei sich bis zu einem gewissen Grade widersprechende Forderungen erfüllt sein: Einerseits können die eigentlichen Lebensvorgänge nur in einer *flüssigen Phase* ablaufen, andererseits ist eine *fest umrissene Körpergestalt* erforderlich, um dem Lebewesen als ganzem eine höhere Lebensführung zu ermöglichen.

Die Natur löste dieses Problem in der Weise, daß sie die an sich tatsächlich flüssige Lebenssubstanz mehr oder weniger fest in ein die Gestalt des betreffenden Lebewesens *mechanisch stabilisierendes Gerüst* einbaute. Das Wasser stellt also, ohne selbst nennenswert an dem eigentlichen biochemischen Geschehen beteiligt zu sein[41], einen integrierenden Bestandteil der Lebenssubstanz dar, so daß seine unvermeidlichen Verluste bei Tier und Pflanze zur Abwendung des sonst erfolgenden Stillstands der Lebensprozesse möglichst rasch wieder ersetzt werden müssen. Die Gefahr des Verdurstens ist größer als die des Verhungerns!

Rein mechanisch betrachtet stellt somit der tierische und auch der pflanzliche Körper lediglich einen „lebenden Wassersack" dar, eine Erkenntnis, die häufig durch die abfällige Bemerkung: „Der menschliche Körper besteht zu 70 % aus Wasser und besitzt infolgedessen nur einen geringen materiellen Wert", zum Ausdruck gebracht wird.

Diese Auffassung schießt jedoch weit am Ziel vorbei und zeugt von einer vollständigen Unkenntnis der tatsächlichen Verhältnisse. Erst wenn man sich der Bedeutung der oben geschilderten Gegensätzlichkeit der an die lebende Materie gestellten Anforderungen voll bewußt wird, kann man ermessen, welche staunenswerte, nahezu vollkommene Leistung die Natur beim Einbau der flüssigen Lebenssubstanz in die Körper eines Hochleistungssportlers, eines zum Sprung ansetzenden Tigers oder auch nur einer mehrere Kilometer von ihrem Stock zu einem Blütenfeld fliegenden Biene vollbracht hat.

Der *Wassergehalt der Pflanzen* ist z. T. noch höher als der der Tiere – z. B. enthalten mehrere Gemüsepflanzen zu über 90 % Wasser! –

[41] Eine Ausnahme machen nur die hydrolytischen Vorgänge, die unter Verbrauch, sowie einige synthetische Reaktionen, die unter Abspaltung von Wasser vor sich gehen.

z. T. aber auch erheblich geringer. Letzteres ist vor allem bei den Bäumen der Fall – der Wassergehalt einer Eiche beträgt beispielsweise nur 35 % – deren gewichtmäßig vorherrschendes Holz als Gerüstsubstanz (s. 11.2.2) nicht mehr wesentlich am Zellgeschehen teilnimmt und deswegen mit nur 1–2 % Wasser auskommt. Hier finden die Lebensvorgänge infolgedessen getrennt in verschiedenen Bezirken statt, vor allem in den Blättern, in den Wurzeln, in der Bastschicht der Stämme und Äste sowie schließlich zur Zeit der Samenbildung auch in den Früchten. Diese verschiedenartigen Bezirke sind dann lediglich durch Leitungen für die jeweiligen Saftströme miteinander verbunden.

11.2 Die Gerüstsubstanzen

Zum Aufbau des die Form der Lebewesen stabilisierenden Gerüstes verwendet die Natur eine große Reihe verschiedenartiger Stoffe, denen lediglich gemein ist, daß sie nach ihrer Abscheidung als Gerüstsubstanz nicht mehr an den Lebensprozessen teilnehmen, also innerhalb der jeweiligen Organismen eine ähnliche Rolle als fester Rahmen allen Geschehens spielen, wie die Gesteine gegenüber Luft und Wasser in der unbelebten Welt.

11.2.1 Anorganische Gerüststoffe

Anfangs dienten den Lebewesen rein mineralische, nicht im eigentlichen Körperinnern eingebaute Stoffe als Gerüst, wofür die *Siliciumdioxidskelette* der Kieselalgen (auch Infusorien oder Diatomeen genannt) sowie die *Kalkablagerungen* der Korallentierchen und von einer Reihe von Einzellern als Beispiele angeführt seien. Alle diese Gerüststoffe sind im Laufe der Zeit in solchen Mengen entstanden, daß sie heute die Rolle von wichtigen Sekundärmineralien spielen, wie z. B. die erdigen Abscheidungen des Siliciumdioxid als *Kieselgur* oder von Calciumcarbonat als *Kreide.* Höher entwickelte Tiere vermögen außerhalb ihres Körpers sogar relativ groß dimensionierte mineralische Gebilde wie *Schneckenhäuser* oder *Muschelschalen* zu erzeugen.

Bei den noch höher entwickelten Wirbeltieren wurden die Gerüstsubstanzen nicht mehr außerhalb des eigentlichen Organismus erzeugt, sondern direkt *in das organische Gewebe eingebaut.* Die Natur erreichte durch diese Kombination von anorganischen und organischen Materialien einerseits eine Herabsetzung der Sprödigkeit der reinen Steine zugunsten einer erhöhten Elastizität, andererseits eine Erhöhung der Druckfestigkeit der an sich genügend elastischen organischen Substanz auf annähernd die vergleichbarer Steine. Die wichtigsten Beispiele für diesen, hauptsächlich im Tierreich verwirklichten Typus von Gerüststoffen sind die *Knochen* und *Zähne* der Wirbeltiere, die durch den Einbau eines basischen Calciumphosphats (sog. Hydroxid-apatit $Ca_5[PO_4]_3OH$) in die relativ weiche organische Knorpelsubstanz entstanden sind. Auch die aus einer Kombination von Calciumcarbonat und Chitin bestehenden *Hummerschalen* gehören hierher.

11.2.2 Das Holz

Ein Höhepunkt dieser Entwicklung liegt schließlich in dem aus rein organischen Bestandteilen zusammengesetzten *Holz* vor, das als wichtigster Gerüststoff sämtlicher höherer Pflanzen die wohl *häufigste organische Substanz* auf der Erde überhaupt darstellt. Wie Abb. 11.1 zeigt, ist das Holz nach dem Stahlbetonprinzip aufgebaut. Den zugfesten Stahlstäben entsprechen ebenfalls sehr reißfeste *Zellulosefäserchen,* die (über eine Zwischenschicht aus *Hemizellulosen*) in amorphes *Lignin* (als druckfeste Füllschicht) eingebettet sind. Wegen des Ersatzes des harten steinartigen Betons durch das weiche organische Lignin weist Holz sogar nicht nur gegenüber dem Stahlbeton, sondern auch gegenüber den tierischen Knochen eine wesentlich *erhöhte Elastizität* und *verminderte Sprödigkeit* auf. Wie vollkommen es der Pflanze gelungen ist, im Holz einen druckfesten und tragfähigen Gerüststoff zu erzeugen, zeigen besonders eindruckvoll die oft über hundert m hohen Mammutbäume der amerikanischen Wälder, die z. T. jahrtausendelang trotz mächtig ausladender Kronen jedem Sturm getrotzt haben. Auch die Tatsache, daß der Mensch für tragende Gebäudeteile (Zimmerdecken, Treppen, Dachgebälk usw.) bis weit ins 20. Jahrhundert hinein überwiegend Holz als Baumaterial verwandte, spricht für die hervorragenden mechanischen Eigenschaften dieses von der belebten Natur erzeugten Produktes.

11.2.3 Zugfeste Gerüststoffe

Außer diesen druckfesten und damit tragfähigen Gerüstsubstanzen wurden von den Lebewesen in den *Häuten, Sehnen, Haaren* und

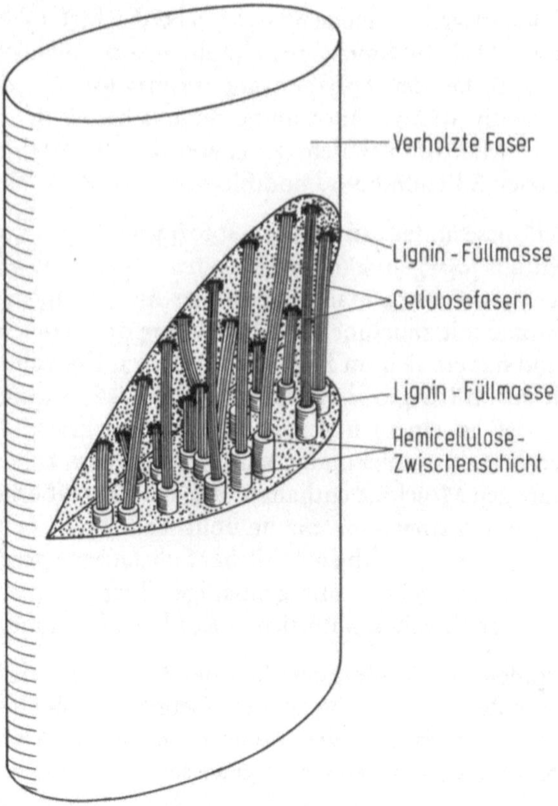

Abb. 11.1 Aufbauschema einer verholzten Faser.

verschiedenen *Faserstoffen* eine Reihe weiterer Gerüststoffe entwikkelt, die zwar infolge ihrer leichten Deformierbarkeit keine Druckkräfte aufnehmen können, aber außerordentlich *zugfest* sind und auf Grund dieser Kombination von Verbiegbarkeit und Zugfestigkeit in der Tierwelt die Bewältigung all der mechanischen Probleme überhaupt erst ermöglichen, die mit der Beweglichkeit der Glieder gegeneinander verbunden sind.

11.3 Mannigfaltigkeitsprobleme

Die Mehrzahl der bisher beschriebenen makromolekularen Substanzen zeigt einen *regelmäßigen Aufbau* aus sich immer wiederholenden gleichartigen Bauelementen. Man beobachtet daher trotz der z. T. riesigen Moleküldimensionen häufig nur einen einzigen Molekültypus (z. B. bei den Polymerisationskunststoffen) oder zumindest nur relativ wenige Anordnungsmöglichkeiten der Atome zu „isomeren" Makromolekülen (z. B. von SiO_2-Bausteinen zu den verschiedenen Siliciumdioxidmodifikationen, s. Kap. 7).

Die Verhältnisse ändern sich jedoch sofort grundlegend, wenn man zu Stoffen aus *unregelmäßig aufgebauten Makromolekülen* übergeht. Hier steigt naturgemäß die Zahl der Anordnungsmöglichkeiten der Atome mit zunehmender Unordnung der Bauelemente sehr steil an und nähert sich im Falle einer „idealen Unordnung" rasch praktisch unendlich großen Werten. D. h. es kann durchaus vorkommen, daß in einem makroskopischen Brocken entsprechend struktuierter makromolekularer Materie überhaupt keine zwei völlig gleichartigen Moleküle enthalten sind, man also überhaupt nicht von einer *einheitlichen Substanz* im üblichen Sinne[42], ja noch nicht einmal von einem Gemisch einheitlicher Substanzen sprechen kann. Ein derartiges weitgehend unregelmäßiges Bauprinzip ist beispielweise in den zahlreichen natürlichen *Kohlearten* verwirklicht.

Dieses Problem der Mannigfaltigkeit der möglichen Molekülarten ist von besonderer Bedeutung auf dem Gebiete der Biochemie, denn wieder einmal stehen sich zwei Forderungen, die an die lebende Materie gestellt werden, bis zu einem gewissen Grad diametral gegenüber.

11.3.1 Die Zahl der möglichen Eiweißstoffe

Betrachten wir z. B. die wichtige Substanzklasse der *Eiweißstoffe*, die, wie der wissenschaftliche Name *Proteine* zum Ausdruck bringen soll, die Ursubstanzen des Lebens darstellen, weil sie an allen Stoffwechselvorgängen – insbesondere auch an allen *Grundprozessen des Lebens*, wie etwa der Atmung – zumindest als Enzyme beteiligt sind. Da jede biochemische Reaktion ein eigenes Enzym erfordert, muß schon allein aus diesem Grunde die in jedem Lebewesen enthaltene Zahl von Proteinen außerordentlich groß sein. Darüber hinaus produzieren aber auch jede Tier- und jede Pflanzenart ihr

[42] Als „einheitlich" bezeichnet man alle aus gleichartigen Molekülen aufgebauten Substanzen.

arteigenes Eiweiß, ja möglicherweiße gibt es auch einige Proteine, die jeweils nur in einem einzigen Individuum auftreten. Die Zahl der auf der Erde vorkommenden Eiweißarten ist also mit Sicherheit ungewöhnlich groß, schätzungsweise in der Größenordnung von 1 Milliarde bis 1 Billion. Das ist aber nur mit einer beträchtlichen *Unregelmäßigkeit im Bau der Makromoleküle* vereinbar.

Trotzdem bedeutet solch eine relativ unregelmäßige Molekülstruktur keineswegs eine völlige Unordnung der Atome im Molekülverband. Das Gegenteil ist vielmehr der Fall. Jede Eiweißart hat nämlich nicht, wie bei völliger Unordnung der Atome zu erwarten, eine zufällige, sondern eine exakt definierte Molekülstruktur, die mitsamt allen Unregelmäßigkeiten in sämtlichen Lebewesen immer wieder neu synthetisiert wird, noch dazu, wie man inzwischen weiß, mit Hilfe einer stets gleichen Grundreaktion. Ein derartiger wiederholbarer stets gleichartiger Zusammenschluß der Eiweißbausteine zum Makromolekül setzt aber wieder eine gewisse *Regelmäßigkeit der Struktur* voraus. Die oben erwähnten entgegengesetzten Anforderungen, die das Leben an die Eiweißstoffe stellt, lauten also: Einerseits sollen die Proteine eine *ausreichende Unregelmäßigkeit* in ihrem Aufbau zeigen, um die Existenz der großen Zahl der auf der Erde vorkommenden Eiweißarten zu ermöglichen, andererseits eine *ausreichende Regelmäßigkeit,* um ihre Synthese mit ein und derselben Grundreaktion durchführen zu können.

Die Natur löste dieses Problem mit einem verhältnismäßig kleinen chemischen Aufwand, indem sie nur etwa 20 verschiedene Aminosäuren als Bausteine der Milliarden von Eiweißarten verwendet und deren ungewöhnlich große Mannigfaltigkeit lediglich durch Variation der *Reihenfolge der Aminosäurebausteine* in den Makromolekülen erreicht. Sämtliche Eiweißaminosäuren besitzen nämlich einen sehr nahe verwandten chemischen Aufbau, den man durch die auf S. 202 wiedergegebene gemeinsame Strukturformel zum Ausdruck bringen kann. Danach sind die neun Atome des „Molekülkopfes" stets die gleichen und gleichartig gebunden. Nur der am zentralen Kohlenstoffatom befindliche Molekülteil R variiert von Aminosäure zu Aminosäure.

Der Zusammenschluß der Aminosäurebausteine zum Makromolekül des eigentlichen Proteins erfolgt „säureamidartig" durch sog.

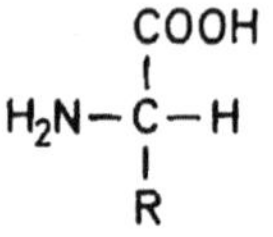

gemeinsame Strukturformel
aller Eiweißaminosäuren

Peptidbindungen -CO-NH- zwischen der -COOH-Gruppe des einen und der -NH_2-Gruppe eines benachbarten Aminosäuremoleküls. Hierbei entstehen Kettenmoleküle der folgenden Struktur:

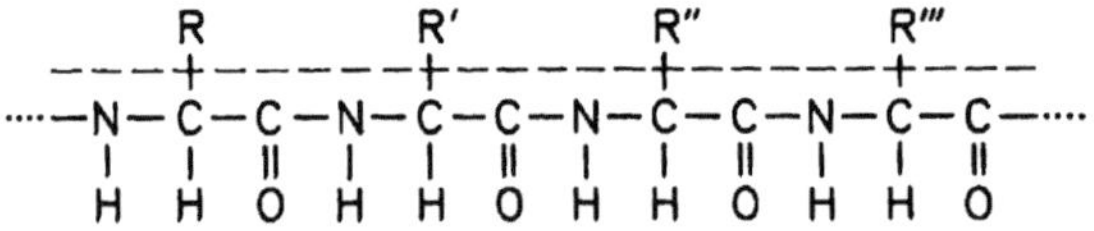

Sie ist dadurch gekennzeichnet, daß an die unterhalb der gestrichelten Trennungslinie stets gleichartigen Atomkette von sich unzählige Male wiederholenden -CH-CO-NH-Bausteinen seitlich an jede CH-Gruppe ein (in der Formel oberhalb der gestrichelten Trennungslinie erscheinender) Rest R von einer der zwanzig Eiweißaminosäuren angegliedert ist. Die stark hydrophilen CO- und NH-Gruppen der allen Eiweißstoffen gemeinsamen Hauptkette des Moleküls sind die eigentliche Ursache für die Löslichkeit der meisten Proteine in (bzw. Benetzbarkeit durch) Wasser, sowie auch für ihre im nächsten Abschnitt beschriebene Formstabilität, während die von Eiweißstoff zu Eiweißstoff wechselnden Reste R für das *biochemische Verhalten* der Proteine verantwortlich sind.

Bei dieser großen strukturellen Ähnlichkeit aller Proteine taucht nun die entscheidende Frage auf, ob der einzige Unterschied zwischen ihnen, die Variation der Reihenfolge der Reste R, R′, R″ usw. innerhalb der Molekülkette (sog. *Aminosäuresequenz*) ausreicht, um die ungeheure Mannigfaltigkeit der in der belebten Natur auftretenden Eiweißarten zu erklären. Wie die folgende kurze Überlegung zeigt, kann diese Frage eindeutig bejaht werden.

Bei den natürlichen Proteinen trifft man relativ häufig eine Molekülmasse von 17000 bis 18000 an (sog. *Svedberg-Einheit*). Die Makromoleküle aller Eiweißstoffe dieses Typs setzen sich danach aus rund 140 Aminosäurebausteinen mit einer duchschnittlichen Bausteinmasse von etwa 125 Atomgewichtseinheiten zusammen und nehmen bei einer mittleren Dichte von 1,35 ein Volumen von ca. $1{,}3 \cdot 10^{-20}$ cm^3 ein. Man erhält also sicher zu niedrige Werte, wenn man die Zahl der möglichen Aminosäuresequenzen für ein nur 100 Aminosäurebausteine enthaltendes Proteinmolekül berechnet und diesem ein Molekülvolumen von 10^{-20} cm^3 zuordnet.

«Für ein aus nur zwei Aminosäurebausteinen bestehendes Protein (sog. *Dipeptid) ergibt sich die Zahl der möglichen Sequenzen in leicht ersichtlicher Weise zu 20^2* (= 400), denn an jedes der 20 möglichen Aminosäuremoleküle kann jedes der gleichen 20 Aminosäuremoleküle als zweiter Baustein angegliedert werden. In analoger Weise erhält man für ein aus drei Aminosäurebausteinen bestehendes *Tripeptid* bereits $20^3 = 8000$ mögliche Aminosäuresequenzen bzw. allgemein 20^n mögliche Sequenzen für ein n Bausteine enthaltenes *Polypeptid*. Für den oben erwähnten hundertgliedrigen Eiweißkörper besteht somit die ungeheuer große Zahl von 20^{100} (= ca. 10^{130})[43] möglichen Aminosäuresequenzen.

Die unvorstellbare Größe dieser Zahl mit 130 Nullen geht sehr schön aus dem im folgenden unternommenen Versuch hervor, das Volumen zu berechnen, das alle diese verschiedenen Eiweißarten einnehmen würden, wenn man von jeder möglichen Aminosäuresequenz nur ein einziges Molekül in Ansatz bringt. Anfangs sehen die Zahlen noch recht bescheiden aus, denn 10^{20} Moleküle nehmen, wie oben abgeleitet, erst das Volumen von 1 cm^3 ein. Aber bei 10^{35} Molekülen steigt das erforderliche Volumen schon auf 1 km^3 an und erreicht bei 10^{47} Molekülen – also immer noch einer Zahl mit nur wenig mehr als einem Drittel der erforderlichen Nullen – bereits die Dimensionen des Erdkörpers. Selbst wenn man beim nächsten Schritt gleich zum Volumen eines *Kubiklichtjahres* übergeht, erhöht sich die Zahl der Nullen nur um 27 auf 74, und auch der allerletzte mögliche Schritt, die Vergrößerung des Volumens auf das ganze derzeit in etwa zu überblickende Weltall, d. h. auf das einer Kugel von vielleicht *12 Milliarden Lichtjahren Radius*, würde günstigstenfalls die Unterbringung von 10^{105} Eiweißmolekülen gestatten. Es fehlen also immer noch 25 Nullen, die man durch Miteinbeziehung der seit der Entstehung der Erde verflossenen rund 3 Milliarden

[43] 2^{10} (= 1024) ist annähernd gleich 10^3.

Jahre (= etwa 10^{17} Sekunden) wenigstens zum größten Teil eliminieren kann. In summa bedeutet somit die zahl von 10^{130} möglichen Aminosäuresequenzen, daß man das gesamte erkennbare Weltall seit 3 Milliarden Jahren in jeder Sekunde 10^8(= 100 Milionen) mal mit verschiedenen Eiweißmolekülen hätte ausfüllen müssen, um jede denkbare Aminosäuresequenz auch nur einmal unterzubringen! Vom Standpunkt der Variationsfähigkeit der Sequenzen aus läge es also durchaus im Bereich der Möglichkeit, daß auf der Erde *keine zwei völlig gleichartigen Eiweißarten* existieren.

11.3.2 Die Mannigfaltigkeit der Nucleinsäuren

Ähnliche Probleme tauchen bei den im nächsten Abschnitt beschriebenen *Desoxyribonucleinsäuren* auf. Auch deren Makromoleküle bestehen aus langen Ketten sich stets gleichartig wiederholender Bausteine, deren Reihenfolge variiert. Nur sind es bloß vier derartige Bausteine (statt zwanzig verschiedene Aminosäuren bei den Proteinen), die in den Makromolekülen miteinander abwechseln, so daß die Zahl der Sequenzmöglichkeiten für ein n Bausteine enthaltenes Molekül „nur" 4^- (statt 20^- bei den Proteinen) beträgt. Trotzdem liegen die Sequenzzahlen vielfach noch über denen in der Eiweißreihe, weil die bei den Nucleinsäuren häufig anzutreffenden Bausteinzahlen von 200 bis 300 die der Aminosäurereste in der Svedbergeinheit erheblich übertreffen. Beispielsweise errechnet sich schon für ein 215 Nucleotidbausteine enthaltendes Nucleinsäuremolekül 4^{215} (= ungefähr 10^{129}) Sequenzmöglichkeiten, also nahezu gleich viel, wie sie oben für ein hundertgliedriges Proteinmolekül errechnet wurde.

11.4 Wasserstoffbrücken in der Biochemie

Bei den meisten niedermolekularen Stoffen sind die zwischen den Molekülen auftretenden Assoziationskräfte im wesentlichen nur für die *physikalischen Eigenschaften* der betreffenden Substanzen, nicht aber für deren *chemisches Verhalten* maßgebend. Beispielsweise bauen die relativ starken Wasserstoffbrücken im Eiskristall zwar in erster Linie das in Abb. 5.3 gezeigte hohlraumreiche Molekülgitter auf und sind damit die unmittelbare Ursache für die geringe Dichte des Eises sowie seine Härte und Sprödigkeit. Aber die chemischen Eigenschaften des Wassers erfahren durch den Kristallisationsprozeß nicht die geringsten Änderungen.

Erst wenn man zur makromolekularen Materie der Lebewesen übergeht, ändern sich die Verhältnisse, und es können u. U. auch die *Assoziationskräfte,* insbesondere die sich hinsichtlich ihrer Bindekraft bereits bis zu einem gewissen Grade den kovalenten Bindungen nähernden *Wasserstoffbrücken* das chemische Verhalten der betreffenden Substanzen beeinflussen. Im folgenden soll an zwei charakteristischen Beispielen gezeigt werden, wie es der Natur gelungen ist, die neben den kovalenten Bindungskräften scheinbar nur zweitrangigen Wasserstoffbrückenkräfte für ihre speziellen Zwecke chemisch auszuwerten.

11.4.1 Die Gestalt der Eiweißmoleküle

Das erste Beispiel betrifft wiederum die *Eiweißstoffe.* Es ist leicht einzusehen, daß die beschriebene Mannigfaltigkeit der Aminosäuresequenzen von der Natur nicht allein zu dem Zweck entwickelt worden ist, um eine möglichst große Zahl verschiedener Eiweißstoffe aufbauen zu können, sondern um Substanzen zur Verfügung zu haben, die zur Durchführung (bzw. Katalyse) der zahlreichen biochemischen Reaktionen befähigt sind. Die Bewältigung dieser ungeheuer umfangreichen Aufgabe mit Hilfe von nur zwanzig verschiedenen, scheinbar willkürlich auf das jeweilige Proteinmolekül verteilten Aminosäureresten (R) ist nur möglich, weil die einzelnen biochemischen Reaktionen jeweils gleichzeitig mehrere derartige Reste R (bis zu 6) zu ihrem Ablauf benötigen. Diese Reste müssen sich also auf der Oberfläche der betreffenden Eiweißmoleküle (oder auch auf den Oberflächen von mehreren nebeneinander liegenden Molekülen) in engster räumlicher Nachbarschaft befinden. Das kann man aber mit Hilfe einer bestimmten, von der Natur „vorausberechneten" Aminosäuresequenz nur erreichen, wenn das Proteinmolekül eine *exakt definierte Gestalt* – für derartige geometrisch eindeutige Formen größerer Moleküle ist der Ausdruck *Konformation* gebräuchlich – annimmt[44].

Wie L. Pauling als Erster erkannte, ist die biochemisch wichtigste (aber nicht einzig mögliche) Konformation der Proteinmoleküle dadurch gekennzeichnet, daß die in der gemeinsamen Strukturformel aller Proteine (s. 11.3.1) durch die gestrichelte Linie abgegrenzte, für alle Eiweißstoffe gleichartige, aus aneinandergereihten -CH-CO-NH-Gruppen bestehende Hauptkette des Moleküls die in Abb. 8.3 a wiedergegebene *schraubenförmige Gestalt* annimmt, die jeweils zwischen zwei übereinanderliegenden Schraubenwindungen durch der Schraubenachse parallele Wasserstoffbrücken zwischen der NH-Gruppe des einen und der CO-Gruppe des nächsthöheren (bzw. nächstniedrigen) Aminosäurebausteins derart stabilisiert wird, daß unter den Existenzbedingungen des Lebens keine Konformationsänderungen eintreten können. Ferner befinden sich sämtliche biochemisch wichtigen Reste R auf der *Außenseite der Schraube* und erstrecken sich mehr oder weniger weit in den Raum hinaus. Diese spezielle Konformation der Proteine macht die folgenden vier grundlegenden Eigenschaften der Eiweißstoffe sofort verständlich:

1. Der Kern dieser Molekülschraube besitzt unabhängig von der Aminosäuresequenz in jedem Protein *exakt die gleichen Ausmaße*, was u. a. die Ursache der früher unerklärlichen Kristallisationsneigung zahlreicher Eiweißstoffe ist.

2. Die biochemisch aktiven reste R befinden sich in der Tat auf der *Oberfläche* des jeweiligen „Eiweißkörpers" und sind infolgedessen von der Zellflüssigkeit als biochemischem Reaktionsmedium aus *leicht zugänglich*.

3. Die benötigte Nachbarstellung der in Reaktion tretenden Gruppen R wird ausschließlich durch die *Aminosäuresequenz* gesteuert, und zwar ist es zur Erzielung einer derartigen Nachbarstellung häufig wichtiger, welcher Aminosäurerest vier Stellen weiter in der nächsthöheren oder nächstniederen Schraubenwindung steht, als welcher Baustein unmittelbar benachbart ist. Auch sind die komplizierteren Eiweißkörper häufig aus mehreren Proteinmolekülen zusammengesetzt, die sich gegenseitig so ausrichten, daß u. U. auch

[44] In unregelmäßig verknäuelten Proteinmolekülen beliebiger Aminosäuresequenz (etwa in Analogie zu den in 8.2.2 beschriebenen Kunststoffilmen) könnte man durch Verdrehen der Molekülteile gegeneinander zwar ebenfalls die verschiedenen Reste R in Nachbarstellung bringen, aber die Wahrscheinlichkeit, daß dies für eine größere Anzahl von Resten R der Fall ist, dürfte nur äußerst gering sein, so daß sich auf Grund einer derartigen Zufälligkeit kein Leben hätte entwickeln können.

aktive Gruppen zweier Nachbarmoleküle gleichzeitig in die Reaktion eingreifen können.

4. Die lebenswichtigen Proteine *denaturieren* ziemlich leicht unter Verlust ihrer Lebensfähigkeit. Beispielsweise werden die Proteine des Hühnereis schon beim Kochen oder beim Fällen mit Alkohol unter Gerinnung „denaturiert", obgleich unter diesen Bedingungen nur die *Konformation der Makromoleküle* zusammenbricht, nicht aber deren in der Konstitutionsformel zum Ausdruck kommende chemische Struktur verändert wird.

Die Beinflussung des biochemischen Verhaltens der Eiweißmoleküle durch die Ausbildung von Wasserstoffbrücken beruht also weniger auf einer Veränderung der chemischen Reaktionsfähigkeit der einzelnen Molekülteile an sich, sondern in erster Linie auf einer gegenseitigen *räumlichen Fixierung mehrerer reagierender Gruppen* für die erforderlichen *Mehrzentrenreaktionen.*

11.4.2 Die Nucleinsäuredoppelmoleküle

Noch bedeutungsvoller ist die Rolle, die die Wasserstoffbrücken bei den oben bereits kurz gestreiften *Nucleinsäuren* spielen, denn diesen ist es nur mit Hilfe bestimmter, exakt definierter Wasserstoffbrükken möglich, ihre biochemische Aufgabe bei der Zellvermehrung zu erfüllen. An sich stellen zwar die Proteine auch nach heutiger Vorstellung noch die Grundsubstanzen des Lebens dar, die als *Biokatalysatoren* (sog. *Enzyme* oder *Fermente*) nahezu alle lebenswichtigen Stoffwechselvorgänge in Gang halten. Aber eines ist ihnen ohne äußere Hilfe nicht möglich: die Synthese eines zweiten Proteinmoleküls der gleichen Aminosäuresequenz zu bewirken, d. h., wie der Fachausdruck lautet, ihr eigenes Molekül *identisch zu reduplizieren* (bzw. kurz zu *replizieren*). Eine derartige Replizierung aller lebenswichtigen Proteine ist aber die Grundvoraussetzung einer jeden Zellteilung und damit auch des Wachstums sowie der Vermehrung vielzelliger Lebewesen.

Hier greifen nun die Nucleinsäuren in das Zellgeschehen ein, indem sie als sog. *Coenzyme* (etwa gleich *Hilfsstoffe der Enzyme*) die an sich ebenfalls durch proteinartige Enzyme katalisierte Synthese der Proteinmoleküle so steuern, daß ein Makromolekül der gewünschten Aminosäuresequenz entsteht, d. h. daß an jeder Stelle der wachsenden Molekülkette aus dem in der Zellflüssigkeit vorliegenden Gemisch aller 20 Aminosäuremoleküle immer nur dasjenige eingebaut wird, das im Strukturplan für diese Stelle vorgesehen ist.

Dieses Wechselspiel zwischen Proteinen und Nucleinsäuren mag auf den ersten Blick reichlich kompliziert erscheinen und den Leser kaum von seiner Notwendigkeit überzeugen. Erst die weitere Erkenntnis, daß die Nucleinsäuren im Gegensatz zu den Proteinen sehr gut imstande sind, sich zu replizieren, macht es verständlich, weshalb die Natur diesen scheinbaren Umweg gegangen ist. Nur mit Hilfe der Nucleinsäuren war es ihr möglich, das mit der Entstehung neuer Individuen und deren Wachstum eng verbundene Reduplikationsproblem zu lösen.

Die lebensnotwendige Reduplikation der Nucleinsäuren erfolgt aber in erster Linie mit Hilfe von *Wasserstoffbrücken*, und das ist auch der Grund, weshalb an dieser Stelle auf diese spezielle Struktur der lebenden Materie eingegangen werden soll.

Die Nucleinsäuren[45] zeigen insofern einen den Proteinen ähnlichen Aufbau, als ihre Makromoleküle, wie schon in 11.3.2 angedeutet, ebenfalls aus einer längeren Kette von aneinandergereihten Bausteinen, den sog. *Nucleotidgruppen*, bestehen, die an einer stets gleichartigen und den Molekülzusammenschluß bewirkenden *Ribose-* bzw. *Deoxyribosephosphatgruppe* seitlich einen von mehreren (hier vier) möglichen Resten gebunden enthalten. Diese seitlich stehenden, in Abb. 11.4 genau formulierten Molekülteile werden in den Nucleinsäuren meistens vereinfacht durch die Anfangsbuchstaben der Namen der betreffenden Nucleotidbausteine wiedergegeben[46], so daß man die Strukturen aller denkbaren Nucleinsäuren durch eine der in Abb. 11.2 übereinander angeordneten beiden Kurzformeln charakterisieren kann, auf Grund deren sich die verschiedenen

[45] Die folgenden Ausführungen beziehen sich streng genommen nur auf die für die Zellvermehrung besonders wichtige Gruppe der *Desoxyribo-nucleinsäuren* (DNS), denen gegenüber man bei der zweiten großen Nucleinsäuregruppe, den *Ribo-nucleinsäuren* (RNS) einige geringfügige Abweichungen beobachtet.

[46] Im einzelnen bedeuten A den Rest der *Adenosin-phosphorsäure*, G den der *Guanosin-phosphorsäure*, C den der *Cytidin-phosphorsäure* und schließlich T den der *Thymidin-phosphorsäure*.

Nucleinsäuren in Analogie zu den Proteinen nur in der *Reihenfolge der Reste A, C, G, und T* unterscheiden.

Das wichtigste bei dem Reduplikationsprozeß in Erscheinung tretende Phänomen ist nun darin zu erblicken, daß die Nucleinsäuren die Tendenz aufweisen, sich paarweise zu *Doppelmolekülen* zusammenzuschließen. In diesen Doppelmolekülen erfolgt, wie ebenfalls aus Abb. 11.2 hervorgeht, die Verknüpfung der beiden Molekülstränge durch die Wasserstoffbrücken, die sich jeweils zwischen zwei einander gegenüberstehenden Nucleotidresten der beiden Makromoleküle ausbilden:

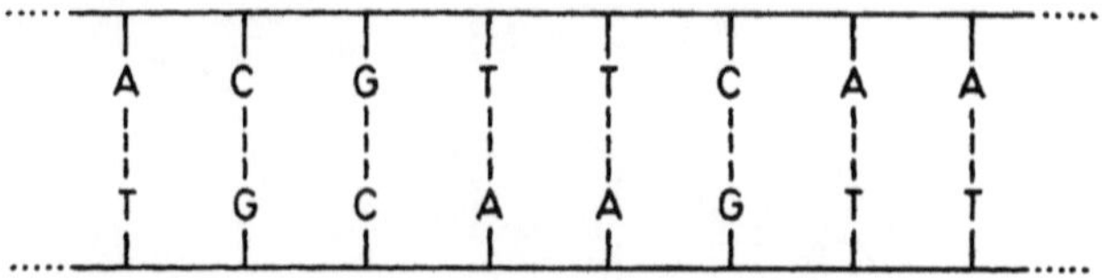

Abb. 11.2 Schema des Aufbaus eines Nucleinsäuredoppelmoleküls aus zwei komplementären Nucleinsäuremolekülen.

Das in diesem Formelschema leiterartig erscheinende Doppelmolekül nimmt räumlich die Gestalt der in Abb. 11.3 wiedergegebenen riesigen Wendeltreppe an, deren seitliche „Holme“ die den Molekülzusammenhalt bewirkenden, stets gleichartigen Hauptketten beider Moleküle bilden und deren einzelne „Stufen“ bei dem Zusammenschluß von jeweils zwei der vier Reste A, C, G und T mittels Wasserstoffbrücken zustandekommen.

Der springende Punkt bei der Bildung der Nucleinsäuredoppelmoleküle liegt nun darin, daß sich die in Abb. 11.2 angedeuteten Wasserstoffbrücken nicht zwischen allen denkbaren Kombinationen von Nucleotidbausteinen ausbilden können, sondern nur in zwei besonders günstig gelagerten Fällen, wenn sich nämlich entweder die *Bausteine A und T* oder die *Bausteine C und G* gegenüberstehen. Die in diesen beiden Fällen sterisch und energetisch begünstigten Wasserstoffbrücken sind in allen Einzelheiten bekannt und in Abb. 11.4 mit ihren genauen Abmessungen formelmäßig wiedergegeben.

Danach kann jeder einzelne Nucleotidbaustein nur mit einem einzigen der vier möglichen Bausteine des Nachbarmoleküls gepaart sein

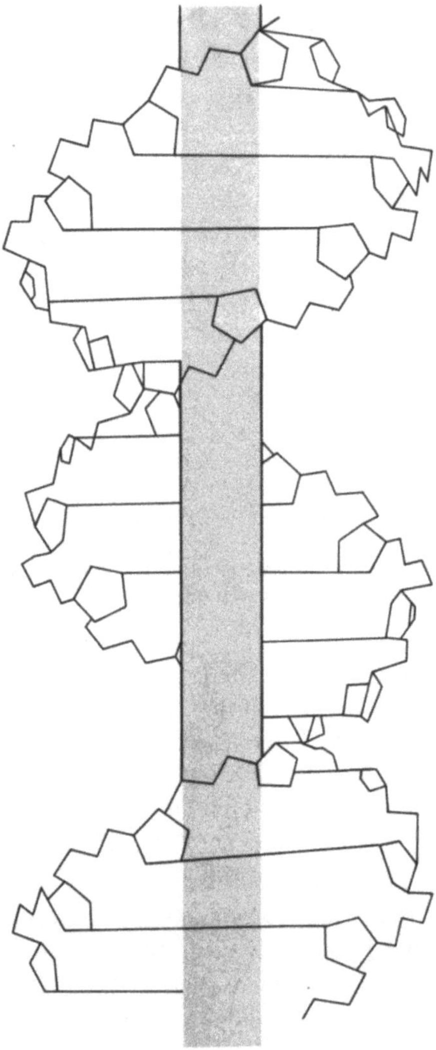

Abb. 11.3 „Wendeltreppenmodell" eines Desoxyribo-nucleinsäure-doppelmoleküls (nach J. O. Watson).

(auch nicht mit sich selbst), so daß, wie in Abb. 11.2 deutlich zu erkennen ist, jeder Nucleotidsequenz des einen Partners eines Doppelmoleküls nur eine einzige, in allen Einzelheiten genau festgelegte

a)

b)

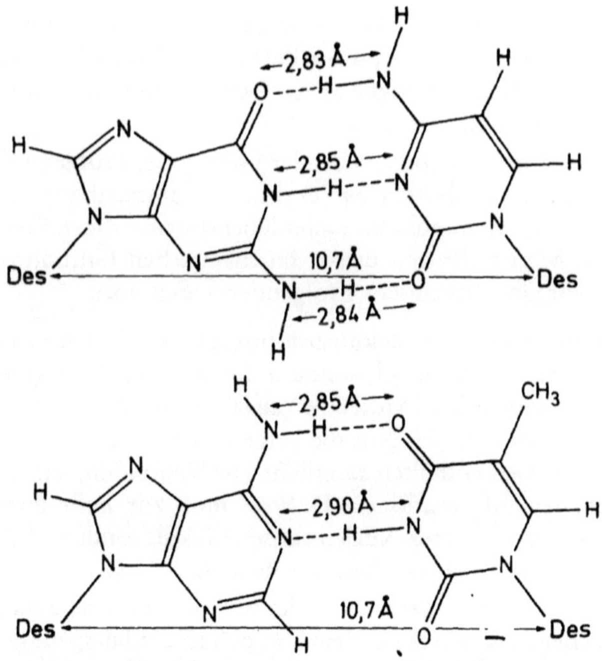

Abb. 11.4 Die Abstandverhältnisse in den Wasserstoffbrückenkomplexen der Desoxyribo-nucleinsäuren (Des = Desoxyribose-Rest).
a) des Nucleotidpaares G und C
b) des Nucleotidpaares A und T

Nucleotidsequenz des anderen Partners gegenübersteht. Jedoch sind die beiden gepaarten Molekülstränge nicht etwa gleichartig (also kleinste Teilchen derselben Substanz). Sie ergänzen sich vielmehr gegenseitig und stehen in einem ähnlichen Verhältnis zueinander wie eine Matrize zu dem aus ihr hergestellten Druckstock. Man spricht aus diesem Grunde zweckmäßig von zwei *komplementären Nucleinsäuremolekülen*, die zusammen ein Doppelmolekül aufbauen.

Wie aber kann solch ein zwei komplementäre Molekülstränge enthaltendes Doppelmolekül entstehen? Wie leicht einzusehen ist, dürfte nämlich die Wahrscheinlichkeit, daß sich zwei bereits fertige Nucleinsäuremoleküle komplementärer Nucleotidsequenz in der Zellflüssigkeit begegnen, äußerst gering sein und kann praktisch vernachlässigt werden. Dann kommt aber nur die weitere Möglichkeit in Betracht, daß der zweite Partner des Doppelmoleküls in Gegenwart des bereits fertigen ersten Partners und unter dessen Steuerung neu synthetisiert wird.

Damit sind wir aber bereits bei der Lösung des Problems der *Reduplikation der Nucleinsäuren* (und im Zusammenhang damit indirekt auch der Reduplikation aller lebensnotwendigen Proteine) angelangt. Man stellt sich diesen biochemischen Grundprozeß aller Lebensvorgänge heute etwa folgendermaßen vor:

Ausgangspunkt der Molekülverdoppelung ist nicht etwa ein einzelnes Nucleinsäuremolekül, sondern das in Abb. 11.3 gezeigte, aus zwei komplementären Molekülen zusammengestzte wendeltreppenartige *Doppelmolekül.* Nur die beiden Partner dieses Doppelmoleküls zusammen enthalten sämtliche zur Neubildung einer Zelle erforderlichen Informationen. D. h. es muß zur Zellteilung jeweils nicht nur ein einzelnes Nucleinsäuremolekül, sondern das *gesamte Doppelmolekül* neu synthetisiert werden.

Zu diesem Zweck lösen sich in der in Abb. 11.5 schematisch wiedergegebenen Weise die in dem Doppelmolekül ursprünglich vereinigten Einzelmoleküle langsam voneinander (etwa wie beim Öffnen

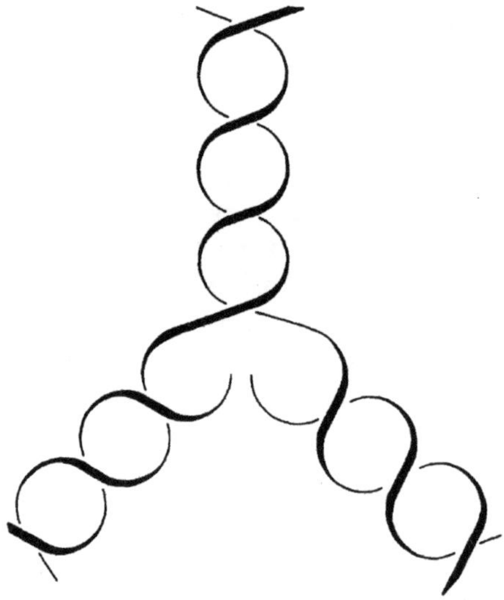

Abb. 11.5 Schema der Reduplikation eines Nucleinsäuredoppelmoleküls (nach J. Lederberg).

eines Reißverschlußes), und anschließend beginnt an den freien Molekülenden die Synthese zweier neuer Nucleinmoleküle, die dann mit den bereits vorhandenen Nucleinsäuremolekülen *zwei neue Doppelmoleküle* bilden.

Der Einbau der jeweiligen Nucleotidbausteine erfolgt *„topochemisch"* in der Weise, daß an die wachsenden Molekülenden aus dem im Zellsaft stets vorliegenden Gemisch aller vier Nucleotide immer dasjenige angegliedert wird, das mit dem gegenüberliegenden Baustein des bereits vorhandenen Nucleinsäuremoleküls die nächste „Stufe" der neuen „Wendeltreppe" auszubilden vermag. Gegenüber einem *Adenosinrest* tritt also immer ein *Tymidinrest* bzw. gegenüber einem *Guanosinrest* ein *Cytidinrest* in die wachsende Kette ein (und umgekehrt), so daß letzten Endes zwei neue, völlig gleichartige Paare von komplementären Nucleinsäuremolekülen vorliegen, die zu zwei neuen Doppelmolekülen zusammengeschlossen sind. In summa hat also die *identische Reduplikation* der Nucleinsäuremoleküle stattgefunden.

Danach wird, wie so oft in der Biochemie, der beabsichtigte Zweck nur auf einem Umweg erreicht. Die direkte Verdoppelung eines Nucleinsäuremoleküls definierter Nucleotidsequenz ist nicht möglich, sondern nur die *Synthese eines Moleküls mit komplementärer Sequenz*. Aus diesem Grunde wird bei der Reduplikation der Nucleinsäuren nicht etwa ein ganzes Doppelmolekül neu geschaffen, das neben dem unveränderten Ausgangsmolekül in Erscheinung tritt, sondern unter Aufspaltung des ursprünglichen gleich zwei neue Doppelmoleküle, die je zur Hälfte aus der Materie des eingetzten Doppelmoleküls und ebenfalls je zur Hälfte aus neu synthetisierten Nucleinsäuremolekülen bestehen.

Da weiterhin jedes Nucleinsäuremolekül unmittelbar als Coenzym die Synthese eines bestimmten Proteins katalysiert[47], hat die Natur

[47] U. a. hat man über den Verlauf dieser Katalyse festgestellt, daß jeweils Gruppen von *drei benachbarten Nucleotidbausteinen* innerhalb des Nucleinsäuremoleküls den Einbau einer *bestimmten Aminosäure* in das wachsende Proteinmolekül bewirken. Beispielsweise katalysiert die Sequenz CAC die Angliederung eines Histidin- bzw. die Sequenz AAA die eines Lysinbausteins. Durch Aneinanderreihung entsprechender Dreiergruppen kann die Zelle infolgedessen für jedes benötigte Protein ein dessen Synthese bewirkendes Nucleinsäuremolekül mit exakt definierter Nucleotidsequenz entwickeln. Nur müssen diese Nucleinsäuremoleküle, wie es auch tatsächlich

in dieser Reduplikation der Nucleinsäuren eine Möglichkeit entwickelt, den *Bauplan aller lebensnotwendigen Eiweißstoffe* bei der Zellteilung an die Folgezellen weiterzugeben. Besonders die zahlreichen *Gene* in den für die Vermehrung der Lebewesen so bedeutungsvollen *Chromosomen* bestehen aus reinen Nucleinsäuredoppelmolekülen ungewöhnlicher Molekülgröße. Sie enthalten, auf Grund der Nucleotidsequenzen beider komplementärer Molekülstränge wie durch einen Telegrammcode festgelegt, sämtliche für die Entwicklung des neuen Lebewesens erforderlichen „Informationen".

Das größte Wunder ist schließlich die *unglaubliche Präzision,* mit der dieser lebenswichtige Vorgang immer wieder abläuft. Nur sie hat es ermöglicht, daß die einmal erworbenen Fähigkeiten des Lebens – wie etwa die Fähigkeit, mit Hilfe des *Sonnenlichts* das Kohlendioxid der Luft zur organischen Materie zu *assimilieren* und dadurch dem Leben eine schier unerschöpfliche Energiequelle zu erschließen, sowie die weitere Fähigkeit, diese organische Materie mit Hilfe des Luftsauerstoffs *kalt zu verbrennen* und dadurch diese neue Energiequelle auch bestmöglich auszuwerten – nicht wieder verloren gegangen sind, sondern nun schon über Jahrmilliarden hinweg von Generation zu Generation an immer neue Einzellebewesen weitergegeben wurden.

12. Physikalisch bedingte Umweltänderungen

Das in den beiden vorangehenden Kapiteln in großen Umrissen beschriebene Bild der materiellen Gestaltung unserer Umwelt ist dem Menschen auf Grund der jahrtausendlangen Gewöhnung derart geläufig, daß es ihm als nahezu selbstverständlich, d. h. als die einzig mögliche Form der Materie erscheint. Das ist aber durchaus nicht der Fall. Wir brauchen nur die Erdoberfläche zu verlassen, um sofort gänzlich andere Bedingungen anzutreffen. In diesem Kapitel soll gezeigt werden, wie allein eine Veränderung der physikalischen Umweltbedingungen das uns bekannte Weltbild u. U. vollständig verschwinden läßt.

der Fall ist, jeweils mindestens die *dreifache Bausteinzahl* aufweisen wie die mit ihrer Hilfe aufzubauenden Proteinmoleküle.

12.1 Atmosphäre und Gravitation

12.1.1 Die physikalischen Grundlagen

Schon die Gravitation ist von erheblichem Einfluß auf die Gestaltung der Oberfläche eines Himmelkörpers, da es von ihr in erster Linie abhängt, ob auf dem betreffenden Stern eine Lufthülle existieren kann oder nicht. Jede Atmosphäre besteht nämlich unabhängig von ihrer stofflichen Zusammensetzung aus rasch durcheinander wirbelnden Gasmolekülen, deren im folgenden mit v' bezeichnete am häufigsten anzutreffende Geschwindigkeit[48] leicht aus dem Molekulargewicht der betreffenden Gase und ihrer Temperatur berechnet werden kann (s. unten, Gleichung 12.3). Auf der anderen Seite kommt die Schwerkraft eines Himmelskörpers in der sog. Fluchtgeschwindigkeit (Fl) zum Ausdruck, unter der man die Mindestgeschwindigkeit versteht, die ein beliebiger Körper besitzen muß, um aus dem Anziehungsbereich des betreffenden Sterns entweichen zu können. Sie läßt sich aus der Schwerkraft auf der Oberfläche des betreffenden Himmelskörpers und dessen Radius ebenfalls leicht berechnen.

Die Kombination beider Größen sagt bereits mit Sicherheit aus, ein Stern kann keine Atmosphäre um sich herum festhalten, wenn $v' > Fl$ ist, denn dann dauert es nur relativ kurze Zeit, bis aus irgend welchen Gründen evtl. doch vorhandene Gasmoleküle (z. B. die Moleküle von nachträglich aus der Festsubstanz ausgetretenen Gasen) einzeln auf Grund ihrer großen Geschwindigkeit in den Weltraum entweichen.

In Wirklichkeit beginnt die Atmosphäre sogar schon bei erheblich niedrigeren Durchschnittsgeschwindigkeiten der Gasmoleküle langsam in den Weltraum hinaus zu diffundieren. Wie das Maxwellsche Verteilungsgesetz besagt, enthält jedes Gasgemisch nämlich nicht nur Moleküle der am häufigsten anzutreffenden Geschwin-

[48] Die am häufigsten anzutreffende Geschwindigkeit v' ist nicht identisch mit dem arithmetischen Geschwindigkeitsmittel aller Moleküle $\bar{v}$, sondern mit diesem durch die Gleichung:

$$v' = 0{,}815\,\bar{v} \qquad (12.1)$$

verbunden. Die für unsere Betrachtung erforderlichen Rechnungen lassen sich am einfachsten mit den $\bar{v}$ sehr ähnlichen v'-Werten durchführen.

digkeit v', sondern daneben auch wesentlich langsamere und wesentlich schnellere. Beispielsweise errechnen sich für 0 °C warmen Sauerstoff für die Wahrscheinlichkeit, daß die Geschwindigkeit v eines Moleküls das n-fache der häufigsten Geschwindigkeit v' beträgt (also für v = n · v'), die in Tabelle 12.1 zusammengestellten relativen[49] Wahrscheinlichkeitswerte (W).

Tabelle 12.1 Relative Wahrscheinlichkeiten (W) für das Auftreten von Sauerstoffmolekülen mit der Geschwindigkeit v (= n · v') bei 0 °C

n	1	2	3	4	5	6
v = n · v' in m/sec	376	752	1128	1504	1880	2256
W	1	$2 \cdot 10^{-1}$	$3 \cdot 10^{-3}$	$5 \cdot 10^{-6}$	$1 \cdot 10^{-9}$	$3 \cdot 10^{-14}$

Danach nimmt W mit wachsendem n anfangs mäßig, später immer rascher ab, so daß von 1 Mrd. Molekülen der Geschwindigkeit v' nur eines die Geschwindigkeit 5v' aufweist, bzw. auf ein Molekül der Geschwindigkeit 6v' sogar 50 Bill. Moleküle der Geschwindigkeit v' kommen. Proportional der Wahrscheinlichkeit W nimmt aber auch der Anteil aller Moleküle ab, die pro Zeiteinheit in den Weltraum diffundieren, wenn die Fluchtgeschwindigkeit von v' auf n · v' ansteigt. Das bedeutet aber: die Zeit bis zum Entweichen des gleichen Anteils aller Moleküle (z. B. von 90 %) muß der relativen Wahrscheinlichkeit W umgekehrt proportional sein. Bezeichnet man diese Zeiten mit $t_{v'}$ (für Fl = v') und $t_{n \cdot v'}$ (für Fl = n · v'), so ist der Quotient $t_{v'}/t_{n \cdot v'}$ gleich W, was man auch durch die folgende Gleichung zum Ausdruck bringen kann:

$$t_{v'} = W \cdot t_{n \cdot v'} \qquad (12.2)$$

Geht man nun zu den planetenartigen Himmelskörpern über, so kann man im Falle des Vorhandenseins einer Atmosphäre schon aus

[49] Statt der nur schwer zu berechnenden absoluten Wahrscheinlichkeiten selbst gibt man zweckmäßig die für die vorliegende Rechnung ausreichenden Quotienten der absoluten Wahrscheinlichkeiten für die Geschwindigkeiten v = v' (W_1) und v = n · v' (W_n) als relative Wahrscheinlichkeit (W) an. W ist also gleich W_n/W_1.

deren Existenz den sicheren Schluß ziehen, daß innerhalb der bisherigen Lebensdauer der Planeten von ca. 5 Mrd. Jahren maximal ein Anteil von vielleicht 90 % der Uratmosphäre in den Weltraum entwichen sein kann. Setzt man diese Zeit von 5 Mrd. Jahren als $t_{n \cdot v'}$ in Gleichung 12.2 ein, so erhält man für $t_{v'}$ die hypothetische Zeit, innerhalb derer für Fl = v' 90 % der Atmosphäre in den Weltraum diffundieren würden. Sie berechnet sich für Fl = 5v' zu $5 \cdot 10^9 \cdot 10^{-9} = 5$ Jahre, für Fl = 6v' dagegen zu nur $5 \cdot 10^9 \cdot 2 \cdot 10^{-14} = 10^{-4}$ Jahre (= 1,14 Stunden).

Da die Zeit für ein 90 proz. Entweichen der Atmosphäre in den Weltraum für Fl = v' sicher mehr als 1 Stunde betragen würde und sich eher der Zeit von einigen Jahren nähern dürfte, kann man für eine erste Schätzung annehmen, daß ein Himmelskörper ein bestimmtes Gas auch über „planetare“ Zeiträume hinweg in seiner Atmosphäre festhalten kann, wenn Fl > 6v' ist. Für Fl < 6v' geht es dagegen im Laufe der Zeit verloren.

Der exakten Auswertung dieser Beziehung steht jedoch der Umstand entgegen, daß auch die in Gleichung 12.1 auftretende, von Gas zu Gas variierende häufigste Geschwindigkeit v' für alle in Betracht kommenden Planetenatmosphären nicht genau angegeben werden kann. An sich ist v' (nach Zusammenfassung aller Konstanten zu einem Faktor) durch die Gleichung:

$$v' = 0{,}129 \cdot \sqrt{\frac{T}{M}} \quad \text{km} \cdot \text{sek}^{-1} \tag{12.3}$$

(für T = absolute Temperatur in K und M = Molekulargewicht)

gaskinetisch exakt definiert, aber welchen Wert soll man für T einsetzen? Die Lufttemperatur nimmt in Abhängigkeit von der Höhe über dem Erdboden sehr unterschiedliche Werte an und erreicht in den höchsten Schichten der Atmosphäre (sog. Exosphäre) infolge der Einwirkung energiereicher Sonnenstrahlen mehrere tausend Grad. Erst in dieser Exosphäre erreichen aber die Moleküle eine freie Weglänge von mehreren Kilometern, so daß nur hier die Chance besteht, daß schnelle Moleküle tatsächlich die Erde verlassen, ehe sie ihre hohe kinetische Energie bei Zusammenstößen wieder auf eine große Molekülzahl verteilen. Man kann aber diese Exosphärentemperaturen nicht unmittelbar in Gleichung 12.3 einsetzen, weil die Gasdichte in dieser Exosphäre so außerordentlich niedrig ist, daß auch ein relativ hoher Anteil an entweichenden Exosphärengasen für die gesamte Lufthülle verschwindend gering ist.

Trotz dieser Komplikationen erhält man ein recht gutes Bild der Verhältnisse, wenn man für die Erde und ihre Nachbarplaneten den für n = 6 empirisch ermittelten Schätzwert von T = 500 K (= 227· C) in Ansatz bringt. Nur wesentliche Änderungen des Abstands von der Sonne und damit der Temperaturverhältnisse müssen zusätzlich berücksichtigt werden.

12.1.2 Die wirklichen Planetenatmosphären

In Abb. 12.1 sind die mit Hilfe von Gleichung 12.3 für T = 500 K berechneten Molekülgeschwindigkeiten v (= 6v') in Abhängigkeit vom Molekulargewicht in logarithmischem Maßstab wiedergegeben und der Fluchtgeschwindigkeit der in Betracht kommenden Himmelskörper gegenübergestellt. Dieser Vergleich macht die folgenden Beochachtungen verständlich:

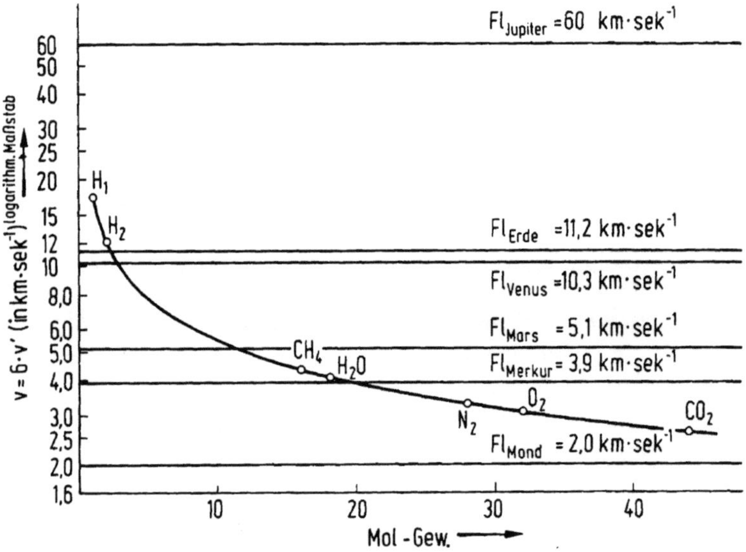

Abb. 12.1 Vergleich der für T = 500 K berechneten Molekülgeschwindigkeiten v (in km · sek^{-1}) mit den Fluchtgeschwindigkeiten (Fl) verschiedener Planeten und Monde.

1. Die Fluchtgeschwindigkeit des Mondes wird von den v-Werten sämtlicher in Betracht kommender Gase so weitgehend überschritten, daß der Mond seine evtl. vorhanden gewesene Uratmosphäre im Verlaufe seiner Existenz vollständig verloren hat. Das bedeutet aber, daß die in 10.1 beschriebene Unterteilung unserer Umwelt in die makromolekularen Gesteine als fester Rahmen und die niedermolekularen Stoffe (hauptsächlich Wasser und Luft) als die diesen Rahmen mit Bewegung ausfüllenden Substanzen, hinfällig wird. Auf dem Mond und ähnlichen Himmelskörpern gibt es infolgedessen nur noch diesen festen Rahmen, und sämtliche auf der Erde beobachteten Vorgänge innerhalb dieses Rahmens (Ablauf des Wetters, fließendes Wasser, Gesteinsverwitterung, Wind- und Wassererosion sowie schließlich auch die Entwicklung des Lebens) fallen fort.

2. Erst bei Erniederung um den Faktor 2 sinken die v-Werte der schweren Gase auf (bzw. unter) die Fluchtgeschwindigkeit des Mondes. Eine Herabsetzung von v (bzw. v') auf die Hälfte bedeutet aber auf Grund von Gleichung 12.3 eine Temperatursenkung auf ein Viertel, d. h. auf 125 K (= −148 °C) und damit annähernd auf die Oberflächentemperatur des Jupiters und seiner Monde. Die Beobachtung, daß der Erdenmond keine und einige der schweren Jupitermonde bei vergleichbaren Fluchtgeschwindigkeiten eine deutlich nachweisbare Atmosphäre besitzen, sind also mit den oben abgeleiteten physikalischen Gesetzen durchaus vereinbar.

3. Bei Venus, Erde und Mars liegen die v-Werte sämtlicher Gase mit Molekulargewichten oberhalb 11 deutlich unter der jeweiligen Fluchtgeschwindigkeit (beim relativ weit von der Sonne entfernten Mars wegen der vermutlich unter 500 K anzusetzenden Temperatur T in Gleichung 12.3 sogar noch etwas tiefer, als in Abb. 12.1 zum Ausdruck kommt). Alle drei Planeten besitzen dementsprechend eine nicht zu vernachlässigende Atmosphäre aus mehreren der angeführten schweren Gase.

4. Unabhängig von den Gravitationsverhältnissen treten jedoch aus chemischen Gründen niemals Methan und Sauerstoff gleichzeitig in einer Atmosphäre auf, weil sich beide Gase bei entsprechender Zündung (z. B. durch Blitzschlag) sofort zu ihren Verbrennungsprodukten (Kohlendioxid und Wasser) umsetzen würden. Aus diesem

Grunde sind auf die Dauer in Planetenatmosphären nur Gasgemische beständig, die die Elemente Wasserstoff, Sauerstoff, Stickstoff und Kohlenstoff entweder in ihrer höchstmöglichen beständigen Reduktionsstufe (H_2, H_2O, NH_3, CH_4) oder in ihrer höchstmöglichen beständigen Oxidationsstufe (H_2O, O_2, N_2, CO_2) enthalten. Nur Wasserdampf ist also in beiden Atmosphärenarten beständig. Im ersten Fall spricht man von reduzierenden Atmosphären, die hauptsächlich auf den sonnenfernen großen Planeten anzutreffen sind, im zweiten Fall von den auf den sonnennahen kleinen Planeten vorherrschenden oxidierenden Atmosphären (vgl. auch Punkt 5).

5. Die Geschwindigkeit der Wasserstoffmoleküle (H_2) und besonders der in Abb. 12.1 mit H_1 bezeichneten Wasserstoffatome ist dagegen so groß, daß sie von keinem der kleinen Planeten mehr über längere Zeit festgehalten werden dürften. Zunächst erscheint diese Feststellung uninteressant, weil in den oxidierenden Atmosphären der kleinen Planeten ohnehin kein Wasserstoff zu erwarten ist. Aber vielleicht ist gerade in diesem Entweichen des Wasserstoffs in den Weltraum der Grund dafür zu sehen, daß sich auf den kleinen Planeten überhaupt eine oxidierende Atmosphäre ausgebildet hat.

Die Menge des in der Erdatmosphäre enthaltenen Sauerstoffs ist nämlich mit $1{,}2 \cdot 10^{15}$ t etwa dreißigmal so groß, wie die Sauerstoffmenge, die bei der Bildung des gesamten in der Biosphäre sowie in den fossilen Kohle-, Erdöl und Erdgaslagern enthaltenen organisch gebundenen Kohlenstoffs auf dem Wege der Photosynthese überhaupt entstanden sein kann (ca. $3{,}7 \cdot 10^{13}$ t). Zudem wurden im Laufe der Erdgeschichte weitere riesige Sauerstoffmengen für die in 12.3.3 beschriebene Oxidation des in Silikaten enthaltenen zweiwertigen Eisens zu den Eisen (III)-oxid-Erzen und die in 12.3.4 beschriebene Oxidation von sulfidisch gebundenem Schwefel zu Sulfatschwefel verbraucht. Es muß also noch eine zweite Möglichkeit der Bildung von freiem Sauerstoff in der Erdatmosphäre gegeben haben bzw. heute noch geben.

Eine solche Sauerstoffbildung findet in der Tat in der Exosphäre durch Zerlegung von Wasser in die freien Elemente Wasserstoff und Sauerstoff unter der Einwirkung energiereicher Sonnenstrahlen statt. Die primär bei dieser Reaktion gebildeten freien Wasserstoffatome sollten sich an sich mit den freien OH-Radikalen[50] als zweitem Bruchstück des Wassermoleküls (oder einem seiner Folgeprodukte) sofort wieder unter Neubildung eines Wassermoleküls vereinigen, aber die Wahrscheinlichkeit für das hierzu erforderliche Zusammentreffen der reagierenden Teilchen ist bei der außerordentlich starken Verdünnung der Exosphärengase so gering, daß ein großer Teil der Wasserstoffatome noch vor einem derartigen Zusammentreffen in den Weltraum entweicht. Die schweren OH-Radikale (oder ihre Folgeprodukte) können dagegen das Schwerefeld der Erde nicht verlassen und stabilisieren sich schließlich, da der zur Rückbildung des Wassermoleküls erforderliche Wasserstoff fehlt, in mehreren Stufen zu den O_2-Molekülen des atmosphärischen Sauerstoffs.

6. Die Gravitationskraft des Jupiters ist demgegenüber so groß, daß weder die Wasserstoffmoleküle (H_2) noch die freien Wasserstoffatome (H_1) auch bei den höchsten in Betracht kommenden Temperaturen jemals die Fluchtgeschwindigkeit von 60 km · sek^{-1} erreichen. Jupiter und sämtliche anderen großen Planeten enthalten infolgedessen nachweislich Wasserstoff in ihren Atmosphären.

Dieser nicht in den Weltraum entweichende Wasserstoff verhindert es aber, daß die an sich durchaus denkbare, infolge der größeren Sonnenferne und des niedrigeren Wasserdampfdrucks allerdings wesentlich langsamer verlaufende Wasserzersetzung in der Exosphäre des Jupiters zu einer Anreicherung von elementarem Sauerstoff führt, denn dieser würde hier in Gegenwart des reichlich vorhandenen Wasserstoffs relativ schnell Wasser zurückbilden. Danach besteht eine gewisse Wahrscheinlichkeit dafür, daß es in erster Linie die für die Festhaltung von Wasserstoff nicht ausreichende geringe Schwerkraft der kleinen Planeten ist, die die Umwandlung der ursprünglich vermutlich ebenfalls reduzierenden in oxidierende Atmosphären zur Folge hatte.

[50] Als „freie Radikale" bezeichnet man die beim Zerreißen von Molekülen entstehenden, noch mehrere Atome enthaltenden Molekülrümpfe, z. B. das beim Zerfall des Wassermoleküls neben dem H-Atom entstehende OH-Radikal. Die freien Radikale sind meistens derart reaktionsfreudig, daß sie normalerweise unbeständig sind und sich nach ihrer Bildung schnell durch irgendwelche Sekundärreaktionen stabilisieren.

7. Der einzige Planet, für den Abb. 12.1 keine eindeutigen Aussagen gestattet, ist der Merkur. An sich liegen die für T = 500 K berechneten v-Werte für Stickstoff, Sauerstoff und besonders Kohlendioxid deutlich unter der Fluchtgeschwindigkeit von 3,9 km $\cdot$ sek^{-1}, wären also mit der Existenz einer diese Gase enthaltenden Atmosphäre vereinbar. Aber bei dem sonnennahen Merkur ist der für die Erde angenommene T-Wert von 500 K zweifellos zu niedrig angesetzt. Schon bei seiner Erhöhung auf die durchaus im Bereich der Möglichkeiten liegende Temperatur von 1000 °C (= 1273 K) würde aber der v-Wert selbst für Kohlendioxid auf 4,15 km $\cdot$ sek^{-1}, also deutlich über die Fluchtgeschwindigkeit des Merkurs ansteigen. Die durch direkte Beobachtung noch nicht endgültig geklärte Frage, ob der Merkur noch nennenswerte Reste einer Atmosphäre besitzt oder nicht, kann also mit Hilfe derartiger Gravitationsüberlegungen nicht beantwortet werden.

12.2 Der Einfluß der Temperatur

Einen wesentlich größeren Einfluß auf das Erscheinungsbild der Materie übt die Temperatur aus, denn durch deren Erhöhung können letzten Endes sämtliche im Teil II dieses Buches beschriebenen, für die Ausbildung der stofflichen Eigenschaften so wichtigen zwischenatomaren Anziehungskräfte und selbst die inneratomaren Kräfte zwischen den Elementarteilchen vollständig überwunden werden, so daß die gesamte Materie schließlich in dem in 12.2.5 beschriebenen Plasmazustand vorliegt. Im einzelnen kann man für den Übergang der festen Materie unserer Umwelt in diesen Plasmazustand etwa zwischen den folgenden fünf charakteristischen Temperaturbereichen unterscheiden.

12.2.1 Der unter 1000 °C liegende Temperaturbereich

Bei diesen tiefen Temperaturen beobachtet man nur hinsichtlich der niedermolekularen Substanzen größere Umweltänderungen. Vor allem trifft man Wasser unterhalb 0° nur als Eis und oberhalb seiner kritischen Temperatur von 374° nur in der Gasphase an. Lediglich in dem schmalen Zwischenbereich von 0 - 374 °C ist die Existenz von flüssigem Wasser überhaupt möglich.

Die festen Gesteine bleiben demgegenüber bis 1000 °C weitgehend erhalten und verlieren ihre Formbeständigkeit noch nicht wesentlich. Immerhin werden einige Mineralien bereits chemisch unbeständig und erleiden Zersetzungsreaktionen. So spaltet beispielsweise der Kalk $CaCO_3$ unter Atmosphärendruck schon bei 908 °C Kohlendioxid CO_2 ab und geht hierbei in gebrannten Kalk CaO über. Ferner verlieren alle wasserhaltigen Gesteine ihr Kristallwasser bereits unter 500°. Das häufigste Eisenerz, der wasserhaltige Brauneisenstein $Fe_2O_3 \cdot H_2O$, tritt infolgedessen nur in Lagern auf, die in den Jahrmillionen seit ihrer Bildung niemals Temperaturen über 500° ausgesetzt gewesen sind. Andernfalls wäre es in den ebenfalls natürlichen vorkommenden Roteisenstein Fe_2O_3 übergegangen. Ähnlich ist das unter dem Namen Anhydrit natürlich auftretende wasserfreie Calciumsulfat $CaSO_4$ ein bei höherer Temperatur entstandenes Entwässerungsprodukt des sich als Sekundärmineral ursprünglich abscheidenden wasserhaltigen Gipses $CaSO_4 \cdot 2H_2O$.

12.2.2 Der Temperaturbereich zwischen 1000 und 2000 °C

Zwischen 1000 und 2000 °C ändern sich die Verhältnisse auch für die festen Erdrindenbestandteile bereits grundlegend. Wenn die Temperaturschwingungen der Atome gegeneinander hier auch noch nicht zum völligen Zerreißen der Makromoleküle ausreichen, so führen sie doch schon zu einem dauernden Platzaustausch der miteinander verknüpften Atome, was in der Praxis auf ein Schmelzen der Gesteine hinausläuft. So wurde in 7.2.1 gezeigt, daß der Quarz bei ca. 1550 °C schmilzt und daß der Schmelzpunkt selbst des reinen Aluminiumoxids (Al_2O_3) mit 2050 °C die Grenze dieses Temperaturbereichs nur knapp überschreitet.

Wie die glutflüssigen Lavaströme bei Vulkanausbrüchen erkennen lassen, existieren deswegen oberhalb 1500 °C kaum mehr feste Gesteine. Unter derartigen Bedingungen gäbe es also auf der Erdoberfläche keinen festen Boden mehr, auf dem man stehen könnte, und alle uns geläufigen Landschaftsformen (Felswände, Berge, Täler und selbst flache Hügel) würden vollständig eingeebnet.

12.2.3 Der Bereich zwischen 2000 und 4000 °C

Zwischen 2000 und 4000 °C verschwinden die formbeständigen Substanzen schließlich vollkommen. Erwähnenswerte Festkörper sind nur noch die Kohlenstoffmodifikationen Graphit und Diamant mit Schmelzpunkten um 3750 °C sowie die Hartmetalle Molybdän

(Smp. 2600 °C), Tantal (Smp. 2990 °C) und Wolfram (Smp. 3380 °C). Als Gefäßmaterial für Umsetzungen in diesem Temperaturbereich kommt infolgedessen nur noch Graphit in Frage. Ähnlich verwandte man als nicht nur formbeständiges, sondern darüber hinaus auch möglichst langsam verdunstendes (d. h. möglichst hoch siedendes) Material für die Glühdrähte unserer Glühbirnen anfangs ebenfalls Kohlenstoff (Sdp. 3370 °C), dann Tantal (Sdp. 6000 °C) und heute fast ausschließlich das ähnlich hoch siedende Wolfram (Sdp. 5700 °C).

Ein weiteres typisches Merkmal dieses Temperaturbereichs ist die beginnende Unbeständigkeit der kovalenten Bindungen. Zwischen 3000 und 4000° neigen selbst so stabile Gebilde wie die Wasser- und Wasserstoffmoleküle schon dazu, bis zu einem gewissen Grade in ihre Bestandteile zu zerfallen, und bei 4000° sind infolgedessen nicht nur die meisten makromolekularen Substanzen zerstört, sondern darüber hinaus auch viele der bekannten kleinen Gasmoleküle zumindestens teilweise in die freien Atome aufgespalten. Die bei tiefer Temperatur beobachtete starke Tendenz der Atome, sich durch Ausbildung von kovalenten Bindungen unter Energieabgabe zu stabilisieren, erlischt also bei höherer Temperatur wieder, weil der bei der Molekülbildung erzielbare Energiegewinn in vielen Fällen schon bei 4000 °C nicht mehr ausreicht, um den Atomzusammenschluß bei den heftigen thermischen Schwingungen der Atome gegeneinander aufrechtzuerhalten.

Diese zunehmende Unbeständigkeit der kovalenten Bindungen schon bei Temperaturen um 4000° ist das erste sichtbare Zeichen dafür, daß an chemischen Reaktionen tatsächlich nur die äußersten Randbezirke der Elektronenhüllen der Atome beteiligt sind, denn die Atomkerne erweisen sich demgegenüber auch bei vielen Millionen von Grad noch als weitgehend beständig (vgl. auch 12.2.5).

12.2.4 Der Bereich zwischen 4000 und 10 000 °C

Mit Ausnahme der unten erwähnten Blitzbahnen treten Temperaturen oberhalb 4000 °C nur noch in den Außenbezirken von Fixsternen natürlich auf. Ihre Einwirkung auf die Materie kann man daher am einfachsten anhand von Sonnen- und Fixsternspektren erforschen.

Dieser schon recht hoch liegende Temperaturbereich ist hauptsächlich dadurch gekennzeichnet, daß in ihm die für die Erdoberfläche charakteristische Tendenz der Atome, sich zu molekülartigen Gebilden zusammenzulagern, allmählich vollständig erlischt, so daß an seiner Obergrenze nur noch die freien Atome existenzfähig sind.

Am leichtesten zerfallen in leicht ersichtlicher Weise die aus mehr als zwei Atomen aufgebauten Moleküle, die in relativ starkem Ausmaß den thermischen Zerreißkräften ausgesetzt sind. Nur wenige Verbindungen mit dreiatomigen Molekülen, wie z. B. Wasser, sind daher bisher in Sternatmosphären nachgewiesen worden.

Wesentlich stabiler werden die Moleküle jedoch, wenn sie nur zwei Atome enthalten und diese durch die besonders festen Dreifachbindungen miteinander verknüpft sind. Beispielweise sind die N≡N-Moleküle des elementaren Stickstoffs und die C≡O-Moleküle des Kohlendioxids noch bei 6000 °C ziemlich beständig und werden bei sehr hohen Drucken selbst bei 10 000 °C noch nicht vollständig zersetzt. Weiterhin sind die durch besonders starke Bindungskräfte zusammengehaltenen metallischen Phasen der Übergangsmetalle der 5. und 6. Nebengruppe des Periodensystems (z. B. Tantal und Wolfram, vgl. 9.2.1) mit Siedetemperaturen zwischen 5000 und 6000 °C auffallend temperaturbeständig.

Als Zwischenstufen zwischen den bei tiefer Temperatur stabilen Molekülen mit allseitig abgesättigten Atomen und den völlig freien Atomen treten in diesem Temperaturbereich eine Reihe von radikalartigen Molekülbruchstücken auf, in denen immer noch mehrere Atome (meistens nicht mehr als zwei) kovalent miteinander verbunden sind. Z. B. sind das CH-Radikal und das bereits in 12.1.2 erwähnte OH-Radikal in Sternatmosphären nachgewiesen worden.

Auch bei derartigen Radikalen erhöht sich die Stabilität beim Vorliegen von Dreifachbindungen zwischen den miteinander verknüpften Atomen. Ziemlich temperaturstabile Radikale dieses Typs sind das freie Cyan ·C≡N und das bereits in 7.1.1 kurz gestreifte Doppelmolekül des vergasten Kohlenstoffs ·C≡C·.

Oberhalb 10 000 °C sind aber auch diese Radikale vollkommen in die freien Atome zerfallen.

12.2.5 Extrem hohe Temperaturen

Jenseits der Zehntausend-Grad-Grenze wird das Bild der Materie in mancher Beziehung ziemlich eintönig, denn sie besteht nunmehr bis zu den vielen Millionen Grad betragenden Temperaturen im Innern der Fixsterne aus einem stets gleichmäßig durchmischten Gas aller vorhandenen Materieteilchen, das keinerlei Differenzierung in verschiedene Substanzen mehr erkennen läßt.

Trotz seiner Eintönigkeit ist dieser Zustand aber von allergrößtem Interesse, denn in diesem allerhöchsten Temperaturbereich erfahren die Bausteine der Materie eine nochmalige völlige Umgestaltung ihrer Struktur, so daß man sie nicht mehr mit den uns geläufigen Materieteilchen der Erdoberfläche vergleichen kann.

Oberhalb 10 000 °C werden nämlich in zunehmenden Maße auch die Atome instabil, weil die elektrostatischen Anziehungskräfte der Atomkerne nicht mehr ausreichen, die entgegengesetzt geladenen Elektronen in ihrer Umgebung festzuhalten. Bei den höchsten Temperaturen kann man infolgedessen die Elektronen nicht mehr bestimmten Atomkernen zuordnen, um die sie eine exakt definierte komplizierte Elektronenhülle aufbauen, sondern die Atomkerne und Elektronen bilden ohne jede nähere Beziehung zueinander unmittelbar die kleinsten Partikelchen des extrem hoch erhitzten Gases. Das bedeutet aber, daß die in Kap. 2 beschriebenen, auf der Erdoberfläche als Materiebausteine fungierenden Atome hier überhaupt nicht mehr existieren, und die Materie deswegen eine gänzlich andere Struktur zeigen muß.

Eine erste wichtige Folge dieses Verlustes der den Atomkern umgebenden Elektronenhülle ist das Verschwinden jeglicher (nicht auf Atomkernprozessen beruhender, s. unten) chemischer Umsetzungen, da diese sich, wie in Kap. 3. gezeigt wurde, ausschließlich innerhalb der Elektronenhülle der Atome abspielen. Selbst so einfache Reaktionen, wie die Verknüpfung von Wasserstoff- und Sauerstoffatomen zu Wassermolekülen oder von Natrium- und Chloratomen zu Natriumchlorid-Ionenpaaren, sind nicht mehr möglich. Die Unterschiede im chemischen Verhalten der verschiedenen Atomarten, die nur auf dem verschiedenartigen Aufbau der jeweiligen Elektronenhüllen beruhen, gehen in diesem Temperaturbereich also vollständig verloren.

Eine Ausnahme machen nur die auf der Erdoberfläche ziemlich seltenen Atomkernprozesse, die mitunter beim Zusammenstoßen von Atomkernen oder auch infolge deren Zerfall stattfinden. Beispielsweise deckt die Sonne ihren ungeheuren Energiebedarf durch eine, hinsichtlich ihres Mechanismus allerdings ziemlich komplizierte Vereinigung von 2 Protonen und 2 Neutronen zu einem Heliumkern. Aber auch dieser Prozeß findet nur relativ selten statt, so daß die Sonne in den etwa 10 Mrd. Jahren ihres Bestehens erst ca 20 % ihres Wasserstoffs zu Helium „verbrannt" hat.

Der Zusammenbruch der Elektronenhüllen der Atome hat noch eine weitere wichtige Folge: Der in 2.2.3 beschriebene relativ große leere Raum im Atominnern, der von den Orbitalen der Hüllenelektronen beansprucht wird und in den unter 10 000° wegen der elektrostatischen Abstoßungskräfte zwischen Elektronen keine fremden Atome mit ihren Hüllenelektronen eindringen können, verliert weitgehend seine Bedeutung als integrierender Atombestandteil. Insbesondere kann sein Volumen nicht mehr als das eigentliche Atomvolumen angesehen werden. Vielmehr sind die Elementarteilchen in diesem Temperaturbereich so energiereich, daß sie sich unter Überwindung sämtlicher elektrostatischer Abstoßungskräfte nahezu beliebig weit einander nähern können. Der Raum in der Umgebung der Atomkerne darf also nicht mehr bestimmten Atomen zugeordnet werden, sondern steht allen anwesenden Elementarteilchen in gleicher Weise als Bewegungsraum zur Verfügung.

Das bedeutet aber, daß bei derartigen extremen Temperaturen nur die gegenüber den normalen Atomvolumina (= Summe der Volumina der Elektronenhüllen) um annähernd den Faktor 1 Bill. kleineren Volumina der Elementarteilchen (= Summe der Kern- und Einzelelektronvolumina) als Eigenvolumen der kleinsten Gaspartikelchen in Erscheinung treten. Die Materie kann unter diesen extremen Bedingungen infolgedessen viel stärker komprimiert werden, als es ohne Zerstörung der Elektronenhülle selbst unter den Druck- (> 3000 kbar) und Temperaturbedingungen (> 3000 °C) im Erdinnern (vgl. 12.3.4) möglich ist.

Beispielsweise folgt aus der hohen Dichte von 1.4 g · cm^{-3} der zu ca. 80 % aus Wasserstoff bestehenden Sonne unmittelbar, daß der im Sonneninnern von einem Proton und einem Elektron beanspruchte Raum im Durchschnitt nur 5,4 % des Volumens beider Elementarteilchen im kristallisierten Wasserstoff, der bei −259,2 °C die Dichte 0,0763 aufweist, beträgt, und daß dieses Volumen bei dem bis mehrere hunderttausend Kilobar ansteigenden Druck im Sonnenzentrum zweifellos nochmals wesentlich zusammenschrumpft.

Noch in einer weiteren physikalischen Eigenschaft weichen die extrem heißen Gase wesentlich von den normal heißen Gasen der Erdoberfläche ab, so daß man direkt von einem zweiten gasartigen Aggregatzustand der Materie spricht, der den Namen Plasmazustand erhalten hat. Diese neuartige Eigenschaft ist die gute elektrische Leitfähigkeit, die alle plasmaartigen Gase zeigen, weil die für sie charakteristischen frei beweglichen Partikelchen elektrisch geladen sind und infolgedessen unter der Einwirkung einer elektrischen Spannung zwangsläufig in der einen oder anderen Richtung wandern. Hierdurch wird makroskopisch der Eindruck eines elektrischen Stroms hervorgerufen.

Die Existenz des Plasmazustands beschränkt sich ausschließlich auf sehr hohe Temperaturen, denn in den niederen Temperaturbereichen sind die energiereichen elektrisch geladenen Partikelchen noch nicht frei beständig, sondern sättigen sich gegenseitig ab (z. B. unter Bildung von Ionenpaaren oder -gittern). Hier kennt man deswegen nur aus Neutralmolekülen (oder allenfalls Ionenpaaren) aufgebaute Gase. Erst ab etwa 3500 °C zeigen sich die ersten Anfänge des Übergangs der gasförmigen Materie in den Plasmazustand. Z. B. beruht die elektrische Bogenlampe auf der Leitfähigkeit des ca. 4000 °C heißen Kohlenstoffdampfes für den elektrischen Strom. Ähnlich kommt die Leitfähigkeit der normalerweise einen vorzüglichen elektrischen Isolator darstellenden Luft für den Blitzstrahl durch Ausbildung eines Plasmas im bis auf 40 000 ° hoch erhitzten innern Kanal der Blitzbahn zustande.

Außer der Leitfähigkeit ist noch eine zweite elektrische Eigenschaft des Plasmas bemerkenswert. Jedes frei bewegliche elektrisch geladene Teilchen stellt bis zu einem gewissen Grade einen kleinen elektrischen Strom dar und wird infolgedessen in seiner Flugbahn von magnetischen und elektrischen Feldern beeinflußt. Besonders die ersteren lassen sich derart gestalten, daß ein jedes schnell fliegende elektrisch geladene Teilchen eine Änderung seiner Flugbahn in Richtung auf das Plasmainnere erfährt und deswegen nicht mehr entweichen kann. Man erreicht auf diese Weise, daß das gesamte Plasma ohne eigentliche Gefäßwände in einer derartigen „magnetischen Flasche" zusammengehalten, ja, bei entsprechend starken Feldern sogar unter Temperaturerhöhung nicht unerheblich komprimiert werden kann. Diese magnetischen Flaschen sind für das Arbeiten bei extrem hohen Temperaturen von großer praktischer Bedeutung, denn sie ermöglichen es erst, die durch den Zwang zur Verwendung eines festen Gefäßmaterials (z. B. eines Graphittiegels) früher bedingte Höchsttemperatur für chemische Umsetzungen von ca. 3000 °C beliebig weit, d. h. hier bis zu einer nur durch die technische Möglichkeit der Temperaturerzeugung gesetzten Grenze, zu überschreiten.

12.3 Der Aufbau der Erdkugel

12.3.1 Die Möglichkeiten zur Erforschung des Erdinnern

Wie schon in 10.1 erwähnt, ist nur die alleräußerste Schale der Erdkugel von vielleicht 16 km Dicke, die sog. Erdrinde, der Untersuchung unmittelbar zugänglich. Alle tieferen Schichten bleiben dem Menschen wohl für immer verschlossen. Trotzdem weiß man über den Aufbau des Erdinnern heute bereits in großen Zügen Bescheid und kann sich ein recht genaues Bild von der Zusammensetzung und den sonstigen Eigenschaften der einzelnen Schichten machen, wie im folgenden an Hand der von R. G. Schwab entwickelten Vorstellungen gezeigt werden soll.

Den tiefsten Einblick in die Struktur des Erdkörpers ermöglicht die Seismik, d. i. die Auswertung des Verlaufs der von Erdbeben sowie in neuerer Zeit auch von Atomexplosionen ausgelösten Druckwellen im Erdkörper. Es gibt zweierlei Arten von derartigen Druckwellen: 1. die auf Longitudinalschwingungen beruhenden Kompressionswellen, die wegen ihrer größeren Geschwindigkeit immer zuerst die Erdoberfläche wieder erreichen und deswegen primäre Wellen (P-Wellen) genannt werden, und 2. die um den Faktor 1,7 langsameren, auf Transversalschwingungen beruhenden Scherungswellen oder sekundären Wellen (S-Wellen). Die P-Wellen durchdringen jede Art von Materie, die S-Wellen dagegen nur kristallisierte Stoffe, weil Flüssigkeiten Scherkräften keinen Widerstand entgegensetzen. An dem Auftreten bzw. Fehlen von S-Wellen kann man also erkennen, ob die betreffende Erdschicht kristallin oder flüssig ist.

Weiterhin steht die Druckwellengeschwindigkeit in naher Beziehung zur Dichte des durchlaufenen Materials. Aus den Geschwindigkeitsänderungen und den damit verbundenen Richtungsänderungen der Stoßwellen kann man sich infolgedessen ein recht genaues Bild von den Dichteverhältnissen in jeder einzelnen Schicht des Erdinnern machen. Durch Addition der Gewichte aller oberhalb einer bestimmten Tiefe liegenden Schichten erhält man dann den dort herrschenden Druck. In der P-Kurve von Abb. 12.2 ist das Ansteigen dieses Drucks mit zunehmender Tiefe graphisch wiedergegeben. Man erkennt deutlich die Unstetigkeit beim Übergang vom Erdmantel zum Erdkern (s. unten). Der Grenzwert am Erdmittelpunkt liegt etwaas über 3000 kbar (≈ 3 Mill. Atmosphären).

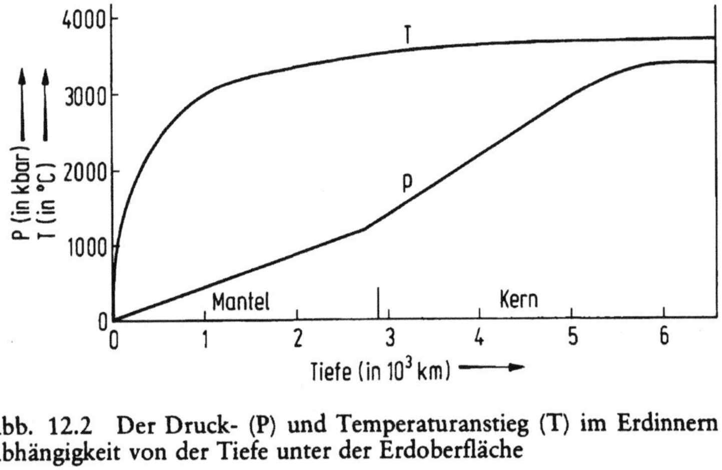

Abb. 12.2 Der Druck- (P) und Temperaturanstieg (T) im Erdinnern in Abhängigkeit von der Tiefe unter der Erdoberfläche

Größere Schwierigkeiten bereitete die Abschätzung der Temperaturen in den jeweiligen Schichten des Erdinnern. In der der Messung unmittelbar zugänglichen Erdrinde hat man einen durchschnittlichen Temperaturanstieg von 30 °C pro Tiefenzunahme um 1 km festgestellt (sog. geothermische Tiefenstufe). Das würde bei stetigem Fortschreiten schon in 100 km Tiefe eine Temperatur von 3000 °C bedeuten und im Erdmittelpunkt sogar eine solche von 200 000 °C.

In Wirklichkeit geht der Anstieg in den tieferen Schichten jedoch wesentlich langsamer vor sich. Wie die T-Kurve in Abb. 12.2 zeigt, nähert sich die Temperatur von einer Tiefe von 1500 km ab asymptotisch dem Grenzwert von knapp 4000 °C.

Diese starke Verlangsamung des Temperaturanstiegs kommt dadurch zustande, daß nur in den äußeren Erdschichten eine stärkere Wärmeproduktion stattfindet (vermutlich durch natürliche radioaktive Prozesse). Die Temperaturen in den tieferen Schichten können nur geschätzt werden, und zwar hauptsächlich auf Grund des seismisch festgestellten mehrfachen Wechsels zwischen kristallinen und flüssigen Zonen im Erdinnern (s. unten).

Am schwersten war es schließlich, die chemische Zusammensetzung der tieferen Erdschichten zu ermitteln. Anfangs kannte man nur die Dichtewerte und zog aus deren relativ raschen Anstieg mit zunehmender Tiefe leicht falsche Schlüsse (z. B. auf das Vorhandensein einer Chalkosphäre, vgl. 12.3.3). Erst durch Kombination der folgenden drei völlig verschiedenartigen Forschungsmöglichkeiten gelang es, sich ein wenigstens einigermaßen wahrscheinliches Bild von der Struktur des Erdkörpers zu machen:

1. Die Druckwellen im Erdinnern stehen nicht nur in naher Beziehung zur Dichte der durchlaufenen Materieschichten, sondern gestatten auch eine Berechnung des durchschnittlichen Atomgewichts der Materie in diesen Schichten. Dadurch können gewisse früher diskutierte Zusammensetzungen einiger Schichten (z. B. der sog. Chalkosphäre, s. unten) von vornherein ausgeschlossen werden.

2. Durch moderne Höchstdruckuntersuchungen kann man bis zu einem gewissen Grade experimentell nachprüfen, ob Substanzen der in Betracht kommenden Zusammensetzung unter den Druck- und Temperaturbedingungen der Tiefe tatsächlich die beobachteten Eigenschaften aufweisen.

3. Es besteht eine gewisse Wahrscheinlichkeit dafür, daß die Erde insgesamt eine ähnliche Zusammensetzung aufweist wie eine Gruppe von Steinmeteoriten (kohlige Chondrite vom Typ I). Dadurch wird die Zahl der für den Aufbau des Erdkörpers in Betracht kommenden Stoffe erheblich eingeschränkt.

Als wichtigstes Ergebnis all dieser Untersuchungen wurde gefunden, daß die Erde nicht aus mehr oder weniger gleichmäßig durchmischtem Gesteinsmaterial besteht, sondern daß sich einige, in ihren Eigenschaften sehr weitgehend voneinander abweichende Substanzarten (wie die Bestandteile eines jeden Gemenges nicht ineinander löslicher Flüssigkeiten) getrennt zusammengeballt und in mehreren Schichten übereinander gelagert haben. Die Verhältnisse können direkt mit der Übereinanderschichtung der drei Flüssigkeiten Quecksilber, Wasser und Benzin verglichen werden. Im einzelnen muß man unterscheiden zwischen 1. der Erdkruste als der eigentlichen Oberflächenschicht, 2. dem bis zu einer Tiefe von 2900 km hinabreichenden Erdmantel, und 3. dem im Zentrum der Erdkugel liegenden Erdkern mit einem Radius von knapp 3500 km.

12.3.2 Die Erdkruste

Die in 10.1 beschriebene Erdrinde ist keine geophysikalisch bedingte, scharf abgegrenzte Erdschicht, denn sie umfaßt bloß die dem Menschen unmittelbar zugänglichen Teile der Erdoberfläche bis zu einer willkürlichen gezogenen Grenze von 16 km (= 10 Meilen) Tiefe. In Wirklichkeit reichen jedoch die Oberflächengesteine mit Sicherheit noch weiter hinab. Im Gegensatz zu dieser nicht naturbedingten Grenze hat A. Mohorovicic schon 1909 in durchschnittlich 33 km Tiefe (unter den Kontinenten) eine nach ihm kurz „*Moho*" genannte echte Phasengrenze nachgewiesen, unterhalb derer die Dichte der Materie bereits merklich zunimmt (s. unten). Die oberhalb dieser Moho liegende Schicht weist mit 2,8 g · cm^{-3} nahezu die gleiche mittlere Dichte auf wie die unmittelbar erforschte Erdrinde (2,7 g · cm^{-3}), so daß die Annahme berechtigt ist, daß die gesamte bis zur Moho herabreichende Schicht, die im Gegensatz zur Erdrinde den Namen Erdkruste erhalten hat, aus im wesentlichen gleichartigen Mineralien besteht und die eigentliche Oberschicht des Erdkörpers darstellt, die noch zu unserer engeren Umwelt gerechnet werden kann.

Naturgemäß sammeln sich in dieser obenauf liegenden Erdkruste die niedermolekularen Erdbestandteile an, die sich sämtlich durch eine gegenüber den Gesteinen wesentlich verminderte Dichte auszeichnen. Zu nennen sind hier vor allem Luft und Wasser, die wesentlich zur Gestaltung der Erdoberfläche beigetragen haben und auch heute noch beitragen (s. Kap. 10). Aber auch Erdöl, Erdgas und die organischen Materialien der Biosphäre (einschließlich der aus diesen entstandenen Kohle) trifft man nur in der Erdkruste an. Wegen der mit größeren Dichteunterschieden verbundenen gegenseitigen Unlöslichkeit vieler dieser Stoffe, haben sich sowohl die festen Gesteine als auch das flüssige Wasser und die gasförmige Luft bis zu einem gewissen Grade getrennt zusammengeballt und unter den Namen Lithosphäre (von griech. λιϑός = Stein), Hydrosphäre (von griech. ὕδωϱ = Wasser) und Atmosphäre (von griech. ατμός = Dunst) eigene „Sphären" als alleroberste Schichten der Erdkugel gebildet. Von ihnen spielen die Hydro- und die Atmosphäre mit Anteilen von nur 4 und 0,017 % der Krustenmasse (bzw. 0,025 und 10^{-4} % der gesamten Erdmasse) zwar mengenmäßig bloß eine untergeordnete Rolle, jedoch stellt trotzdem ihr in Kap. 10 beschriebenes Wechselspiel mit den Gesteinen der Lithosphäre ein wesentliches Merkmal unserer mineralischen Umwelt auf der Erdoberfläche dar, und für den Ablauf der Lebensprozesse auf der Erde sind sie sogar völlig unentbehrlich.

Die Moho ist keine normale ebene Phasengrenze, wie sie sich zwischen zwei Flüssigkeiten ausbildet, sondern weist infolge des Schwimmens der im wesentlichen kristallisierten Krustensteine auf einem im wesentlichen flüssigen Magma erhebliche Differenzen in ihrer Tiefenlage auf. Wie Abb. 12.3 erkennen läßt, liegt sie unter Ozeanböden bereits in 6 km Tiefe (bzw. 10 km unter dem Meeresspiegel), um unter den Kontinenten auf eine Tiefe von durchschnittlich 33, unter hohen Gebirgen sogar bis auf 60 km Tiefe abzusinken.

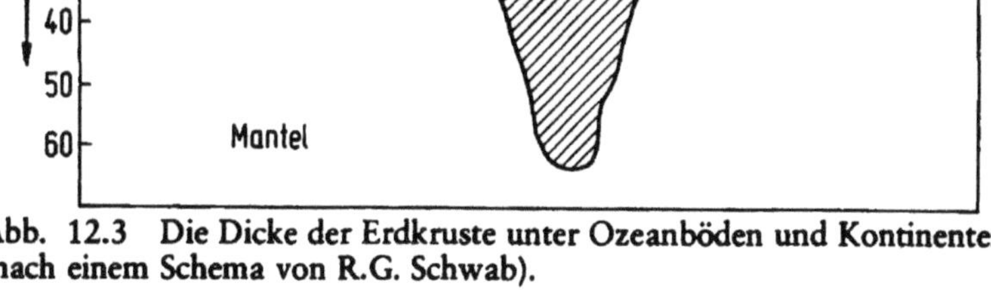

Abb. 12.3 Die Dicke der Erdkruste unter Ozeanböden und Kontinenten (nach einem Schema von R.G. Schwab).

Geometrisch stellt die Erdkruste somit keine gleichmäßig dicke Kugelschale im üblichen Sinne dar, sondern ist eher mit einer Anhäufung mehrerer relativ unabhängiger Kontinentalsockel zu vergleichen, die (wie Eisberge im Meer) in einem rund 12 % dichteren Magma schwimmen und sich im Sinne der Wegnerschen Kontinentaldrift langsam gegeneinander verschieben. Wegen der geringen Dichtedifferenz gegenüber dem Magna taucht die Unterkante dieser Kontinentalblöcke (wie die der Eisberge im Meer) stets mehrmals so tief in das Magma hinein, wie die Oberkante über den Ozeanboden emporragt. Die durchschnittliche Tiefe der Moho kann daher mit 20–25 km nur grob geschätzt werden. Danach nimmt sie in summa nur etwa 1 % des Erdvolumens ein, bzw. enthält in Anbetracht ihrer geringen Dichte von 2.8 g · cm^{-3} bloß ca. 1/2 % der Erdmasse.

12.3.3 Der Erdmantel

Die unterhalb der Moho liegenden Erdschichten weichen infolge der geänderten physikalischen Bedingungen (hauptsächlich Druck und Temperatur) in ihren Eigenschaften bereits merklich von den Oberflächengesteinen ab, so daß sie nicht mehr unmittelbar als mit diesen gleichartig betrachtet werden können. Auf Grund ihrer Zusammensetzung gehören sie jedoch ebenfalls noch zu den Alumosilikaten und werden aus diesem Grunde mit der Erdkruste zusammen zu dem steinartigen Erdmantel zusammengefaßt, den man auch in seiner Gesamtheit als Lithosphäre (s. oben) bezeichnet. Er reicht bis zu einer Tiefe von ziemlich genau 2900 km hinab und umfaßt rund 84 % des Erdvolumens bzw. 69 % der Erdmasse.

Die auffallendste Eigenschaft der Mantelmaterie ist ihre mit zunehmender Tiefe rasch ansteigende Dichte. Diese ist an der Manteluntergrenze bei einem Druck von „nur“ 1200 kbar mit 5,7 g · cm^{-3} bereits doppelt so hoch wie die Durchschnittsdichte der Oberflächengesteine (2,7-2,8 g · cm^{-3}) während die noch tiefer liegende und infolgedessen einem noch höheren Druck ausgesetzte Oberschicht des Erdkerns gegenüber einem entsprechenden Oberflächenmaterial eine Dichteerhöhung von nur 20 bis höchstens 30 % erfahren hat.

Diese unerwartet starke Dichteerhöhung in den unteren Bereichen des Erdmantels versuchte man anfangs durch die Annahme zu erklären, daß sich zwischen Erdmantel und Erdkern ab einer Tiefe von etwa 1100 km eine weitere Schicht aus völlig anderem Material befindet. Auf Grund der Dichte von 5–6 $g \cdot cm^{-3}$ vermutete man, daß sich in dieser Schicht hauptsächlich Schwermetallsulfide angereichert hätten, was durch den Namen Chalkosphäre (von griech. χαλκός = Erz) zum Ausdruck gebracht werden sollte.

Die moderne Auswertung der seismischen Druckwellen ergab jedoch, daß die Erdmaterie bis herab zu der angegebenen Tiefe von 2900 km übereinstimmend das für Silikate charakteristische durchschnittliche Atomgewicht 22.4 aufweist[51]. Der gesamte Erdmantel besteht danach zweifellos aus im wesentlichen gleichartig zusammengesetztem Baumaterial.

Der Grund für die mit der Tiefe rasch ansteigende Dichte ist vielmehr darin zu suchen, daß die in 7.1.2 am Beispiel des β-Cristobalits beschriebene relativ lockere Atompackung in den hohlraumreichen diamantoiden Atomgittern der Silikate mit vierbindigen Siliciumatomen durch hohe Drucke unter Übergang des vierbindigen in sechsbindiges Silicium und Verschwinden der Hohlräume zu stishovitartigen Gittern zusammengepreßt werden. Dieser Vorgang ist im Fall der Umwandlung des β-Cristobalits selbst in Stishovit ohne den zusätzlichen Druck im Erdinnern bereits mit einer Erhöhung der Dichte um 87 % verbunden (s. 7.2.2).

Die Kompression der Silikate im Erdinnern geht in mehreren Stufen vor sich. Relativ gut durch Experimente gestützt ist einer der verschiedenen möglichen Vorgänge, der sich mit großer Wahrscheinlichkeit an der Moho abspielt und den oben beschriebenen „Eisbergeffekt", d. h. das Schwimmen der kristallinen Erdkruste auf dem spezifisch schwereren Magma sofort verständlich macht: Ähnlich wie schmelzendes Eis mit Wasser stehen nämlich die bei Normaldruck weit höher schmelzenden Urgesteine Basalt und Gabbro der Dichte 3,05 bei einem Druck von 15 kbar schon bei 1000 °C mit einer Eklogit genannten Silikatschmelze im Gleichgewicht, die ebenfalls wegen des Verschwindens von Gitterhohlräumen eine um ca. 10 % höhere Dichte (3,40 $g \cdot cm^{-3}$) aufweist.

Aber schon wenige hundert km tiefer ist auch die Eklogitschmelze nicht mehr beständig und wird durch den immer weiter steigenden

[51] Beispielsweise errechnet sich für den in 7.1.3 beschriebenen Kalifeldspat das arithmetische Atomgewichtsmittel 21,4.

Druck trotz der weit über dem Schmelzpunkt an der Erdoberfläche liegenden Temperaturen in ein neues, noch weniger Volumen beanspruchendes Kristallgitter „hineingepreßt". Der bei weitem größte Teil des Erdmantels ist infolgedessen kristallisiert.

Im einzelnen unterscheidet man neben dem bis zu einer Tiefe von 410 km hinabreichenden oberen Erdmantel (Eklogitzone) ein rund 600 km dickes Übergangsgebiet (bis 1050 km Tiefe), in dem sich die Dichte von 3,6 auf 4,0 erhöht, und den darunter liegenden 1850 km dicken unteren Erdmantel mit der um nochmals um 20 % erhöhten Dichte von 4,7 g · cm^{-3}, die sich an der Manteluntergrenze bis zum Grenzwert 5,7 steigert. Erst in dieser Tiefe ist die dichtest mögliche Packung der kovalent gebundenen Atome erreicht.

Wie alle Silikate können die verschiedenen Zonen des Erdmantels vereinfachend durch das Vierkomponentensystem CaO-MgO-Al_2O_3-SiO_2 beschrieben werden. Jedoch findet bis zu einem gewissen Grade ein Austausch der CaO-Komponente durch Na_2O oder K_2O sowie der MgO-Komponente durch FeO statt. Dieses Eisen liegt danach im Gegensatz zu den meisten oberflächlichen Eisenvorkommen in reduzierter (zweiwertiger) Form vor und ist in die Atomgitter der Silikate mit eingebaut. Erst bei der Verwitterung von an die Erdoberfläche gelangten Tiefengesteinen wird dieses zweiwertige Eisen durch den Luftsauerstoff zu dreiwertigem Eisen oxidiert, das sich nicht mehr in Silikate einbauen läßt. Es scheidet sich deswegen in Form von Eisen(III)-oxid oder dessen Hydraten gesondert ab und bildet auf diese Weise die wichtigsten der vom Menschen ausgebeuteten Eisenerze.

12.3.4 Der Erdkern

Der unter dem Erdmantel liegende Erdkern weist mit einem Radius von nahezu 3500 km immer noch 55 % des Erdradius auf. Sein Volumen beträgt zwar nur etwa 1/6 des Erdvolumens, jedoch enthält er in Anbetracht seiner ungewöhlich hohen Dichte von mehr als 10 g · cm^{-3} etwa 31 % der Erdmasse.

Die Grenze zwischen Mantel und Kern zeichnet sich im Gegensatz zur Moho durch einen sehr hohen Dichtesprung (von 5,7 auf 9,7 g · cm^{-3}) aus. Sie liegt infolgedessen völlig waagerecht und ist sehr scharf ausgeprägt, so daß ihre Tiefenlage recht genau zu

2898 ± 3 km angegeben wird. Weiterhin kann man aus dem großen Dichtesprung schließen, daß es sich nicht mehr um eine Grenze zwischen zwei verschiedenen Silikaten handelt, sondern daß hier eine Phasengrenze zwischen weitgehend voneinander abweichenden Materiearten vorliegt.

Trotz der absoluten Unzugänglichkeit des Erdkerns hat an seiner materiellen Zusammensetzung niemals ein Zweifel geherrscht. Einerseits auf Grund seiner hohen Dichte von bis zu 13 $g \cdot cm^{-3}$, andererseits auf Grund des Vergleichs mit den in 12.3.1 erwähnten kohligen Chondrit-Meteoriten, sowie schließlich auch in Anbetracht der Existenz des irdischen Magnetfeldes hat man schon frühzeitig vermutet, daß der Erdkern metallischer Natur ist und zum größten Teil aus Eisen besteht, was ihm auch den Namen Siderosphäre (von griech. σίδηρός = Eisen) eingebracht hat. Ebenso nahm man seit jeher an, daß das Eisen wie in den entsprechenden Meteoriten mit einigen Prozent Nickel legiert ist, ohne dies jedoch jemals experimentell nachgewiesen zu haben oder auch nur nachweisen zu können.

Spätere Untersuchungen ergaben, daß das Durchschnittsatomgewicht der Kernmaterie mit 50 ± 3 etwas tiefer liegt als der für eine Eisen-Nickel-Legierung erwartete Wert von ca. 56. danach scheint der Kern neben nur ca. 85 % Eisen (bzw. einer Eisen-Nickel-Legierung) noch etwa 15 % an leichteren Elementen zu enthalten. Hierfür kommen neben Magnesium in erster Linie die beiden Nichtmetalle Silicium und Schwefel in Betracht, die in den äußeren Erdschichten nur kovalent gebunden und überwiegend (im Falle des Siliciums sogar ausschließlich) in oxidierter Form auftreten. Im Erdkern sind sie aber zweifellos ebenfalls metallisch gebunden und stellen einen Legierungsbestandteil des Eisens dar. Bei Richtigkeit dieser Hypothese würde sogar der überwiegende Teil des irdischen Schwefels im Kern gebunden sein. Während sich Silicium auch schon ohne äußeren Druck legierungsartig in Eisen aufzulösen vermag (z.B. im Rahmen des Hochofenprozesses), also in den metallischen Zustand übergehen kann, bilden Eisen und Schwefel unter „Normalbedingungen" verschiedene Eisensulfide (z.B. Pyrit FeS_2 und Magnetkies FeS) mit kovalenter Atomverknüpfung, die infolge der relativ lockeren Atompackung nur Dichten um 5,0 $g \cdot cm^{-3}$ aufweisen. Erst die außerordentlich hohen Drucke im Kerninnern begünstigen auch beim Schwefel den weniger Raum beanspruchenden metallischen Bindungszustand mit der in 9.1.1 beschriebenen dichtest möglichen Kugelpackung der Atome.

Je nach der Tiefenlage im Erdinnern kann man also drei verschiedene Bindungsarten des Schwefels unterscheiden: Im Erdkern liegt er (in reduzierter Form) im metallischen Bindungszustand als Legierungsbestandteil des Eisens vor, in den Schwermetallsulfiden des Erdmantels (ebenfalls in reduzierter Form) in kovalenter Bindung und in den bei der Verwitterung der Urgesteine entstehenden Sekundärgesteinen infolge der oxidierenden Wirkung des Luftsauerstoffs (in Gegenwart von Wasser) in der oxidierten Form von Sulfat-Ionen (z. B. im Gips $CaSO_4 \cdot 2H_2O$ oder im Schwerspat $BaSO_4$). Es ist anzunehmen, daß der gesamte Sulfatschwefel an der Erdoberfläche auf diese Weise aus Sulfidschwefel entstanden ist, denn die Sulfat-Ionen (und damit auch ihre Salze) sind ihrerseits bei den hohen Temperaturen im Erdinnern noch nicht existenzfähig.

Auch der Erdkern ist nicht völlig gleichmäßig aufgebaut und kann in mehrere Schichten unterteilt werden. Der etwa 2100 km dicke äußere Kern ist flüssig und zeigt eine einigermaßen gleichmäßige Dichte von nahezu $10 \text{ g} \cdot \text{cm}^{-3}$. Dann folgt nach einer nur 140 km dicken Übergangsschicht, in der die Dichte nochmals um rund 25 % auf $12{,}5 \text{ g} \cdot \text{cm}^{-3}$ ansteigt, der kristallisierte innere Kern, der immer noch einen Radius von 1250 km besitzt. Wiederum ist es der, in diesem Fall bereits mehr als 3000 kbar betragende hohe Druck, der trotz der über 3000 °C betragenden Temperatur die Einordnung der Atome in das besonders wenig Raum beanspruchende metallische Atomgitter erzwingt.

In Abb. 12.4 ist der geschilderte Aufbau der Erkugel aus mehreren übereinander lagernden Schichten unterschiedlicher Dichte nochmals übersichtlich zusammengestellt:

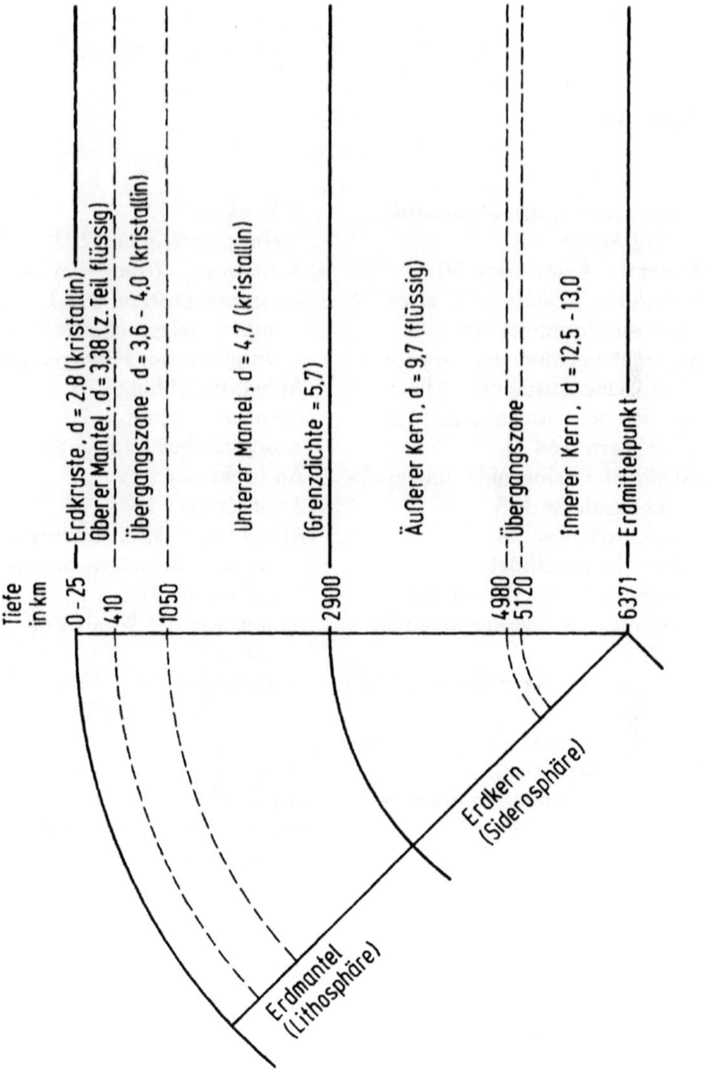

Abb. 12.4 Aufbauschema der Erdkugel. (Die Erdkruste zeigt bei diesem Maßstab eine Breite von nur etwa 1/2 mm, wird also bereits durch die Strichstärke der oberen Begrenzungslinie richtig wiedergegeben.)

Register

Bei Fragen zur Produktsicherheit wenden Sie sich bitte an:
If you have any questions regarding product safety,
please contact:

Walter de Gruyter GmbH
Genthiner Straße 13
10785 Berlin
productsafety@degruyterbrill.com